微积分学习指导

彭勤文　编著

北京大学出版社

PEKING UNIVERSITY PRESS

内 容 提 要

本书用读者乐于阅读的、非全部数学化的语言,提供了微积分里面各种关键论题的阐释与目的说明,尽可能地跳过了一些令人感到枯燥的技术性细节,列举了非常多的经验、技巧。

本书适合作为大学高等数学、微积分等课程的学习辅导书,亦是年轻教师提升教学能力不可多得的备课资料;对于复习考研的学生,具有化繁为简、提纲挈领的作用,也是非常适合的参考资料。

图书在版编目(CIP)数据

微积分学习指导/彭勤文编著. —北京:北京大学出版社,2015.1
ISBN 978-7-301-23820-2

Ⅰ.①微… Ⅱ.①彭… Ⅲ.①微积分—高等学校—教材 Ⅳ.①O172

中国版本图书馆 CIP 数据核字(2014)第 018930 号

书   名:微积分学习指导
著作责任者:彭勤文 编著
策 划 编 辑:胡伟晔
责 任 编 辑:陈斌惠
标 准 书 号:ISBN 978-7-301-23820-2/O · 0965
出   版   者:北京大学出版社
地   址:北京市海淀区成府路 205 号   100871
电   话:邮购部 62752015 发行部 62750672 编辑部 62756923 出版部 62754962
网   址:http://www.pup.cn
电 子 信 箱:zyjy@pup.cn
印   刷   者:北京大学印刷厂
发   行   者:北京大学出版社
经   销   者:新华书店
            787 毫米×1092 毫米 16 开本 12.5 印张 307 千字
            2015 年 1 月第 1 版 2015 年 1 月第 1 次印刷
定   价:32.00 元

致　　谢

感谢北京大学出版社胡伟晔同志为本书的编辑出版所做的持续细致的工作，感谢马祖强博士帮助绘制了部分图表。

前　言

　　作为一名大一新生,随着对大学的新鲜感的渐渐消退,你面对的是一天到晚排得满满当当的各类课程以及在课堂上绵绵不断的、似乎没什么新意的"教授"攻势。最不幸的是,两个星期之后,你对那个被称作"高等数学"或"微积分"的家伙,连跑去听课的勇气都没有了。

　　曾几何时,你坐在教室里很认真地听讲却完全听不懂,可能是因为你的注意力在一个节骨眼上被脑海中突然闪过的其他念头支开或被其他同学的干扰打断,使你的思维出现了空白;也可能是因为老师提到的一些概念在你听来像是天外来客,好像自己什么也不知道了。上课时听得一头雾水,下课后拿起教材、找来各种参考书,想要补上这些空缺,读了很多遍的书却仍然感觉不明白、练习不会做,考试将如何应对呢? 难道要被它挟持了吗?

　　你只好求助于才思敏捷的同窗好友,请他(她)使用你喜欢的语言向你解释课堂上的知识,结果只用了短短几分钟时间,居然让你恍然大悟。你多么希望能够有这样的同窗好友经常陪伴在自己身边,可以随时随地把课堂上的内容都向你解说一番,免去你学习微积分的烦恼呀。

　　如果想使你的大一微积分的学习轻松愉快,让这本书成为你的同窗好友吧。只要你的学习态度积极,肯跟着这位同窗好友前进,那么,学习微积分将不再是困难的事,那个由太多的学哥学姐们真切体会出来的、一直广为流传的**"微积分让人迷惑、补考、重修"**的魔咒将再也不会笼罩在你的头上了。

　　这本书将告诉你:微积分这门课究竟在讲些什么? 为什么要学习它? 微积分该怎么学? 哪些东西必须要学会? 如此,你就能够知道考试要考什么。

　　本书中几乎所有的例题都从读者的直观感受开始,引导解题思路,然后提供给你做习题的模板。只要模仿例题,你就会发现绝大多数的习题都可以自己完成,那么考试就是没有教材在手边的习题任务而已了。

　　本书尽可能地跳过了一些让人感到枯燥的技术性细节,尽可能地使用非数学化的语言,使得你乐于阅读,帮助你理解那些曾经令许多人困惑的命题,从而掌握微积分的内容和意义。

目　　录

第一部分　一元函数的微分学

——近似与最优化问题的基础

　　因为生活阅历浅或者运用高精密数学的机会少,所以我们中的大部分人并不了解什么才是数学的真谛.就拿最基本的数值计算来说,用 3.14 代替 π 或是用 1.414 代替 $\sqrt{2}$,每个人都觉得差不多了.换了其他的,如 $\sin31.5°$,$\ln3$ 等,还真没有几个人能够立刻说出它们的数值,更不要说其他更复杂的函数的数值了.

　　微分学主要论述了关于函数的极限、连续性、导数等概念,它的目的就是教我们了解一些并不很复杂的方法,解决诸如怎样获得近似值并且近似效果很好、怎样才是最优等一系列的问题,从而提升处理关于函数的图形、极值等各种问题的技能.而且,微分学讲述的是对于任何样式的函数都通用的规则,知道这些之后,就能够在具体的问题中大显身手了.

第1章 预备材料
——你应该知道的基本知识

作为学习微积分的准备材料,这里要花上几分钟时间复习一下你在中学数学中学过的东西,包括简单的代数、几何、三角学以及简单函数的内容,它们可都是出现在微积分"聚会"里的常客,而且经常是乔装打扮以后来的.如果你自信对这些内容烂熟于心,大可快速浏览一下.不过,对于大多数的同学来说,作为手边的参考资料,时常翻看翻看,相信每一次你都会有异乎寻常的感受的.

一、常用的一些代数运算公式

(1) 立方和(差)的公式:
$$a^3 + b^3 = (a+b)(a^2 - ab + b^2),$$
$$a^3 - b^3 = (a-b)(a^2 + ab + b^2)$$

(2) $a^n - b^n = (a-b)(a^{n-1} + a^{n-2}b + a^{n-3}b^2 + \cdots + a^2 b^{n-3} + ab^{n-2} + b^{n-1})$

特别地:
$$a^2 - b^2 = (a-b)(a+b)$$

牛顿二项式展开式:
$$(a+b)^n = a^n + \frac{n}{1!}a^{n-1}b + \frac{n(n-1)}{2!}a^{n-2}b^2 + \cdots + \frac{n(n-1)(n-2)\cdots(n-k+1)}{k!}a^{n-k}b^k$$
$$+ \cdots + \frac{n(n-1)(n-2)\cdots 2 \cdot 1}{(n-1)!}ab^{n-1} + b^n$$

(3) 求和公式:
$$1 + 2 + 3 + \cdots + n = \frac{n(n+1)}{2}$$
$$1^2 + 2^2 + 3^2 + \cdots + n^2 = \frac{n(n+1)(2n+1)}{6}$$

等比数列 $\{aq^{n-1}\}$ 的前 n 项和:
$$S_n = a + aq + aq^2 + aq^3 + \cdots + aq^{n-1} = \frac{a - aq^n}{1-q} \quad (q \neq 1)$$

(4) 对数公式:
$$\ln(ab) = \ln a + \ln b, \quad \ln \frac{a}{b} = \ln a - \ln b$$
$$\log_a b = \frac{\log_c b}{\log_c a}, \quad a^b = e^{b\ln a}$$

最后一个公式是对付看上去异常难缠的函数时最为神奇的利刃.现在就把它铭记于心,当面对函数"搭楼梯"的杂技时,可保你稳坐钓鱼台.

(5) 指数运算:
$$(a^x)^y = a^{xy}, \quad (a^x) \cdot (a^y) = a^{x+y}, \quad \frac{a^x}{a^y} = a^{x-y}, \quad \sqrt[y]{a^x} = a^{x/y}$$

（6）面积或体积公式：

长轴为 a，短轴为 b 的椭圆的面积是 πab；当 $a=b=r$ 时就是半径为 r 的圆，圆面积为 πr^2，圆的周长为 $2\pi r$。

高为 h，底圆半径为 R 的圆锥的体积为 $\frac{1}{3}\pi R^2 h$。它是同底等高的圆柱体体积的 $\frac{1}{3}$。半径为 R 的球的体积为 $\frac{4}{3}\pi R^3$，表面积为 $4\pi R^2$。

（7）不等式：

$$|a \pm b| \leqslant |a| + |b| \quad \text{（三角不等式）}$$

$$\sqrt{ab} \leqslant \frac{a+b}{2}(a \geqslant 0, b \geqslant 0) \quad \text{（几何均值不大于算术均值）}$$

二、平面坐标系与曲线的方程

（1）一支从极点 O 开始的箭，绕着极点转圈，组成了**极坐标系**，如图 1-1（a）所示。箭长 r 和转角 θ 的变化，使得箭头指到了平面直角坐标为 (x,y) 的点 A。从简单的直角三角形 $\triangle AOB$，即图 1-1（b）可以发现，平面直角坐标 (x,y) 与极坐标 (r,θ) 的变换关系式为：

$$\begin{cases} x = r\cos\theta, \\ y = r\sin\theta. \end{cases} \quad (0 \leqslant r < +\infty, 0 \leqslant \theta \leqslant 2\pi)$$

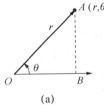 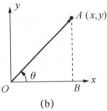

（a）　　　　　　　　　　（b）

图 1-1

（2）平面上经过点 (x_0, y_0)、斜率为 k 的直线的点斜式方程为：

$$y - y_0 = k(x - x_0).$$

当 $k \neq 0$ 时，经过点 (x_0, y_0) 且与该直线垂直的直线（称为**法线**）方程为：

$$y - y_0 = -\frac{1}{k}(x - x_0).$$

（3）曲线的方程与函数表达式经常被混用，其实它们说的就是同一回事，倒是有几种样式值得区分清楚。

直角坐标方程：$y = f(x)$（$a \leqslant x \leqslant b$）。它的另一个名称是：定义在区间 $[a, b]$ 上的函数。也有人讲得更抽象，说它是从 x 的取值范围到 y 的取值范围的一个"单值映射"。我们采用函数的说法。表示函数的记号可以任意选取，但是在同一个问题中，不同的函数要使用不一样的记号以示区别。

极坐标方程：$r = r(\theta)$（$\alpha \leqslant \theta \leqslant \beta$）。这是用极坐标系看函数曲线时发现的函数的另一张面孔。每当看到这个样式的函数时，就应当知道这隐含着极坐标系与平面直角坐标系之间的关联，需要仔细应对。

函数在平面直角坐标 (x,y) 与极坐标 (r,θ) 下的不同样式，可以利用平面直角坐标 (x,y)

与极坐标 (r,θ) 的变换, 即 $\begin{cases} x = r\cos\theta \\ y = r\sin\theta \end{cases}$ 的相互转换来认识它.

例如, 直角坐标系中的圆 $x^2 + y^2 = 2y$, 在极坐标中的方程为 $r = 2\sin\theta$, 它是由 $(r\cos\theta)^2 + (r\sin\theta)^2 = 2r\sin\theta$ 化简而来的.

参数方程: $\begin{cases} x = \varphi(t), \\ y = \psi(t). \end{cases}$ $(\alpha \leqslant t \leqslant \beta)$

圆的参数方程 $\begin{cases} x = R\cos t, \\ y = R\sin t. \end{cases}$ $(0 \leqslant t \leqslant 2\pi, R$ 为半径$)$ 与椭圆的参数方程 $\begin{cases} x = a\cos t, \\ y = b\sin t. \end{cases}$

$(0 \leqslant t \leqslant 2\pi, a, b$ 为椭圆的两个半轴长$)$. 聪明的你可以不费吹灰之力消去其中的参数 t, 而将 x 和 y 的关系写成是圆与椭圆的标准方程. 若有人问变量 x 和 y 之间是否有函数关系, 这可能要费点周折. 不过, 也不必忧虑, 微积分将会告诉你结果.

由参数方程表述的变量 x 和 y 之间的函数关系, 要靠一个中间变量 t 作为过渡. 当中间变量不愿隐身时(有太多的情形, 想要消去参数那是不可能的), x 和 y 的函数关系会变得不明显, 以后会叫做隐函数.

(4) 一个函数不一定要有反函数. 相对于反函数 $y = f^{-1}(x)$ 来说, 函数 $y = f(x)$ 称为直接函数. 函数 $y = f(x)$ 的真正的反函数是 $x = f^{-1}(y)$. 求反函数表达式的做法, 即从方程 $y = f(x)$ 中解出 x, 表示成 $x = f^{-1}(y)$. 习惯地用 x 表示自变量, 用 y 表示因变量, 也就是交换了 x 和 y, 那不就是把坐标系沿着直线 $y = x$ 旋转一周吗, 图形当然是关于直线 $y = x$ 对称的了. 如果不交换 x 和 y 的记号, 则函数 $y = f(x)$ 和它的反函数 $x = f^{-1}(y)$ 的图形是同一条曲线! 因此, 人们经常说: 在同一个坐标系中, 反函数 $y = f^{-1}(x)$ 和直接函数 $y = f(x)$ 的图形关于直线 $y = x$ 对称. 不过, 也因为这个害死人的习惯, 有的人把求反函数的事情, 理解成了在 $y = f(x)$ 中交换 x 和 y 的记号, 也不考察函数的定义域, 以致最后将反函数问题搞得一团糟.

三、简单函数的表示式

(1) 幂函数:
$$y = x^a \qquad (\alpha \text{ 为实数}).$$

(2) 指数函数:
$$y = a^x \qquad (a > 0, a \neq 1).$$

(3) 对数函数:
$$y = \log_a x \qquad (a > 0, a \neq 1).$$

(4) 三角函数:

$$y = \sin x, \ y = \cos x, \ y = \tan x, \ y = \cot x, \ y = \sec x = \frac{1}{\cos x}, \ y = \csc x = \frac{1}{\sin x}.$$

(5) 反三角函数:

① 反正弦函数: $y = \arcsin x$, 定义域为 $x \in [-1, 1]$, 值域为 $y \in \left[-\dfrac{\pi}{2}, \dfrac{\pi}{2}\right]$;

② 反余弦函数: $y = \arccos x$, 定义域为 $x \in [-1, 1]$, 值域为 $y \in [0, \pi]$;

③ 反正切函数: $y = \arctan x$, 定义域为 $x \in (-\infty, +\infty)$, 值域为 $y \in \left(-\dfrac{\pi}{2}, \dfrac{\pi}{2}\right)$;

④ 反余切函数: $y = \text{arccot} x$, 定义域为 $x \in (-\infty, +\infty)$, 值域为 $y \in (0, \pi)$.

读到这里,也许有人要说:这些函数的性质我都忘了,记不清了,我该怎么办呢? 别担心,记住它们的样子就好,剩下的事让微积分来教你解决.

人们习惯于用各种不同的字母来表示变量,诸如 x,y,z,u,v,w,s,t 等,而字母 a,b,c,d 等一般用来表示常数,字母 m,n,k,i,j 等则一般用来表示自然数,以后都按这样约定哦.

微积分正是专门对付各种函数的. 由上面的五种简单函数的表示式,经过加、减、乘、除四则运算以及"函数套函数"即复合运算的结果,被称为**初等函数**. 你会看到,只要遵守一些规则,几乎所有的运算都把五种简单函数作为它们的"垫脚石",当你学好微积分以后,你就不会再为这样的事发愁了.

哎呀,差点忘了告诉你,反三角函数 $y=\arcsin x$ 指的是函数 $y=\sin x$ 的反函数,其中的 arcsin 是反函数的整体记号,其他的几个反三角函数记号类似哦. 想要知道给出的 $\arctan\frac{\sqrt{3}}{3}$ 值是多少,就是在问哪个角(弧度)的正切值是 $\frac{\sqrt{3}}{3}$,所以 $\arctan\frac{\sqrt{3}}{3}=\frac{\pi}{6}$.

四、三角学公式

（1）特殊角的三角函数值：

$$1°=\frac{\pi}{180}弧度,\quad 30°=\frac{\pi}{6},\quad 45°=\frac{\pi}{4},\quad 60°=\frac{\pi}{3},\quad 90°=\frac{\pi}{2},$$

$$\sin\frac{\pi}{6}=\cos\frac{\pi}{3}=\frac{1}{2},\quad \cos\frac{\pi}{6}=\sin\frac{\pi}{3}=\frac{\sqrt{3}}{2},\quad \cos\frac{\pi}{4}=\sin\frac{\pi}{4}=\frac{\sqrt{2}}{2},$$

$$\tan\frac{\pi}{6}=\frac{1}{\cot\frac{\pi}{6}}=\frac{1}{\sqrt{3}},\quad \cot\frac{\pi}{6}=\frac{1}{\tan\frac{\pi}{6}}=\sqrt{3},\quad \cot\frac{\pi}{4}=\tan\frac{\pi}{4}=1.$$

（2）基本恒等式：

$$\sin(\pi-x)=\sin x,\quad \sin(\frac{\pi}{2}\pm x)=\cos x,\quad \cos(\pi-x)=-\cos x,$$

$$\cos(\frac{\pi}{2}-x)=\sin x,\quad \sin(\pi+x)=-\sin x,\quad \cos(\pi+x)=-\cos x,$$

$$\cos(\frac{\pi}{2}+x)=-\sin x,\qquad\qquad \sin^2 x+\cos^2 x=1,$$

$$1+\tan^2 x=\sec^2 x,\quad 1+\cot^2 x=\csc^2 x,\quad \sin 2x=2\sin x\cos x,$$

$$\cos 2x=2\cos^2 x-1=1-2\sin^2 x=\cos^2 x-\sin^2 x.$$

（3）和差化积公式（倒过来叫积化和差公式）：

$$\sin x+\sin y=2\sin\frac{x+y}{2}\cos\frac{x-y}{2},\quad \sin x-\sin y=2\cos\frac{x+y}{2}\sin\frac{x-y}{2},$$

$$\cos x+\cos y=2\cos\frac{x+y}{2}\cos\frac{x-y}{2},\quad \cos x-\cos y=-2\sin\frac{x+y}{2}\sin\frac{x-y}{2}.$$

五、计算机对学习微积分的帮助

在这年头,要是没有计算机在手边,有的人可能没办法打发无聊的时间. 可当你玩得开心的时候,想一下这样的问题:屏幕上花花绿绿的图片、动画是怎么做出来的? 你肯定说"写程序"呗. 但要"写程序"你总得知道计算步骤吧,计算步骤又会是什么呢? 难道它们和微积分有什么关系吗? 如果你想到了这个问题,又要恭喜你了. 现在已经有很多套计算机软件,诸如 Mathematica、Maple、MATLAB 等,它们能够迅速而正确地帮你做各种数值计算,而且能够做微积分的各种符号运算,画出你要求的函数的图像,使得你看一眼就能够发现曲线上的"峰"或"谷",哪里比较陡峭、平缓,有些地方曲线是断开的,有些地方曲线似乎要"顶破天"或要"钻透地".如果你手边有计算机,那么花上几个小时,掌握至少一种软件的使用,你就可以自己验证你的微积分作业是不是都做对了.最后,假如你需要的话,附加地学一点数学公式编辑器(Mathtype)的使用,将你的结果用最方便的 Word 打印出来,你就一定会觉得微积分的学习很有趣了.

既然计算机有这么大的本事,那还要读微积分课本干什么? 其实,计算机压根儿不知道它自己在干什么,想要计算机帮你干活,你必须要知道如何命令计算机,告诉它认识什么、做什么、怎么做,而且最重要的是**解释得到的结果**,计算机可没有这个功能.做好这一点也不是容易的事,那么开始认真读微积分课本吧.

预先声明一下后文中出现的几个词的意思.

定义 (描述一些概念的特征)——在说明某个对象是什么的时候,需要列举出它的特征,这个过程叫做用定义证明.

定理、命题、推论、性质 (关于某些对象的正确结论)——为了得到一些结论或解决一些问题,需要推理、推导步骤,某些环节要引用它们,表述成"根据……得……",为的是方便读者了解你的工作.

证 (说明结论正确性的陈述内容)——书中给出的**证**大部分是做习题时模仿用的.

所以,**定义**、**定理**、**命题**、**推论**、**性质**可以在条件(或特征)完全具备时直接引用到具体的对象,当然要由你来作验证或说明.因此,背诵记忆是需要的.再加上其他公认的算式等,这些最后的、陈述性的内容就是题解过程和步骤了.

横看成岭侧成峰,远近高低各不同

先不用管这个标题要说什么.随手画几个函数的图形,甚至你可以把它们都画在同一个图中,就像下面的图 1-2 和图 1-3 一样.盯着它看几眼,总能够发现点什么吧.

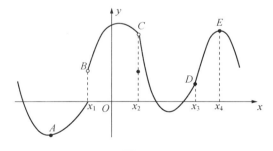

图 1-2

在图 1-2 中,曲线在点 B、C 处断开,点 C 掉在了下方某处,在点 C,D 处发生了转折,尽管不很明显,在该点处是"尖"的.而整体曲线分成了四个部分,形状上有"凹""凸",走势上有"增加""减少"等.

在图 1-3 中,曲线在 A 点处是平缓的,位置最低;在 B 点处是"尖"的,位置最高;在 C 点处也是"尖"的,位置次低;在 D 点处是平缓的转折,位置次高.而整体曲线是连接在一起的,同样在形状上有"凹""凸",走势上有"增加""减少"等.

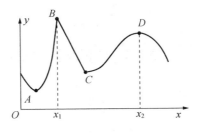

图 1-3

问一下,你有没有自己画几个图,除了上面说的东西以外还发现其他的什么了吗? 如果你认为这没什么而不屑动手,那可不好. 设想你沿着图 1-2 中的道路行走或开车,不看路有多么危险.

对于随手画出的函数图形,也许根本就不知道该图形所对应的函数表达式. 我们不能仅仅从画出的图形来认识世界,况且有些函数根本就画不出它的图形来. 因此,我们的工作要从认识一些函数开始. 那么,对于预先给出的函数表达式 $y = f(x)$ $(a \leqslant x \leqslant b)$,有什么方法可以知道该函数有哪些性质? 怎么知道它的图形有哪些特点? 对这些特点又该作什么样的解释呢?

是时候开始我们的工作了.

第 2 章　研究函数的极限方法

2.1　认识复杂的函数

函数 $y=|x|=\begin{cases}x, & x\geqslant 0 \\ -x, & x<0\end{cases}$ 的定义域为 $(-\infty,\infty)$，值域为 $[0,\infty)$，它的图形如图 2-1 所示. 这个函数称为**绝对值函数**，它还有一个比较花哨的写法 $|x|=\sqrt{x^2}$，可以用来说明分段函数不都是初等函数这样一类无聊的问题.

绝对值函数的真正意义，完全不是一般人所想象的那样，简单地把 x 变成正值. 如果你还记得在中学时有多少包含绝对值的问题让你在考试中丢分的场景，那么，现在我们说它是复杂的函数，应该能够引起你足够的注意. 在微积分里，绝对值函数扮演着非常重要的角色，一旦它出场了，你可得打起十二分的精神喲！

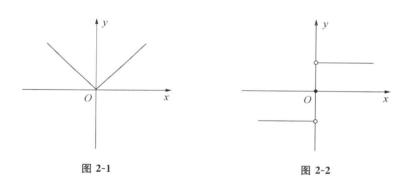

图 2-1　　　　　　　　　　　　　　图 2-2

函数 $y=\mathrm{sgn}\,x=\begin{cases}1, & x>0 \\ 0, & x=0 \\ -1, & x<0\end{cases}$，称为**符号(sign)函数**. 它的定义域为 $(-\infty,+\infty)$，值域为仅有三个值的数集 $\{-1,0,1\}$，图形如图 2-2 所示.

这个函数的确不怎么复杂. 若不是为了说明微积分里很重要的一些概念，确实也用不着把它归入复杂的函数类型.

嗨，你注意到这个函数图形中的一个关键点了吗？要是你对函数的复杂性还没有感觉，看看下面的这个：

函数 $y=D(x)=\begin{cases}0, & x\text{ 为无理数} \\ 1, & x\text{ 为有理数}\end{cases}$ 的定义域为 $(-\infty,\infty)$，值域为集合 $\{0,1\}$，这个函数称为**狄利克雷(Dirichlet)函数**.

也许你会通过图形来认识函数. 在中学数学里，它可能还是一个解题方法吧. 但是，见到这里的"她"，你就会有种不知所措的感觉，因为它的图形是画不出来的. 所以，你由此对人类的创新努力产生了无比的敬意，也不再贸然轻视一切新生的事物，好奇心和求知欲将促使你勤奋用功,对接下来的内容作一番深切的了解,以免自己变成井底之蛙.

函数都是用一个大括号把好几个式子并排写在一起的,在自变量的不同范围内有各自的表达式,函数的图形将被分成好几段,因此以上三个称之为**分段函数**.

相对于通常见到的函数,分段函数的外表是有些古怪.在这个外表下有几个醒目的分段点(不一定属于定义域),在它们的左边或右边,函数的表达式不一样.所以,**凡是要处理在分段点处的问题都必须左看右看地小心应对**(有专门的工具).把这些"关节"点处理好了以后,分段函数与通常的函数就没有多少差别了.

分段函数出现在几乎任何实际的事件里.只要稍微联系一下实际问题,你就可以见到各种各样的分段函数.比如:到达不同地区的邮递费计算公式;促销货物的不同量价关系;不同时段的电话费计费公式;等等.什么地方可能要小心应对呢?设想一下你遇到这类情形时,会有哪些可能的处理方法.

把两个以上的函数套在一起(这个过程叫做"复合")构成了最常见的复杂函数的表达式.一般的数学表示采用这样的描述.

设函数 $y=f(u)$ 与函数 $u=\varphi(x)$ 可以复合,即函数 $u=\varphi(x)$ 的值域属于函数 $y=f(u)$ 的定义域,则把 $y=f(\varphi(x))$ 称作**复合函数**.只要满足复合的条件,可以有多重的复合嵌套.

* *

函数的复合过程给人的感觉似乎是把简单问题复杂化.但千万别以为这是无事生非.五彩斑斓的色彩世界,不就是由三原色变换出来的吗?世界本就很复杂,我们学习知识的目的就是要了解复杂的世界.

* *

非常重要

把任何看起来更复杂的函数,分拆成简单函数或它们的四则运算,这个过程其实就是化繁为简的方法,也正是我们处理复杂问题时的基本技术,当然也是考试的必考点哦.

* *

将复杂函数分拆成一些简单函数或它们的四则运算的复合关系的方法是:按照简单函数的样子,把看上去复杂的部分用变量进行替换,然后再对替换以后的函数重复前面的步骤,最后完成复杂函数的分拆.

例如,函数 $y=\sqrt{\sin\dfrac{x}{2}}$ 是由函数 $y=\sqrt{u},u=\sin v,v=\dfrac{x}{2}$ 复合得到的,而每一次用来复合的函数都是最简单函数的样子.

又如,将函数 $y=\arcsin\sqrt[3]{x^2-1}$ 分拆成一些简单函数的复合关系.

你可以用这样的方法:首先看到反三角函数的样子 $y=\arcsin\square$,于是,把函数 $y=\arcsin\sqrt[3]{x^2-1}$ 写成

$$y=\arcsin\square$$

再把其中的□写成

$$\square = (\heartsuit)^{1/3}$$

然后

$$\heartsuit = x^2 - 1$$

其中的□或♡可以是任何你喜欢的记号. 这样一来, 函数 $y = \arcsin \sqrt[3]{x^2 - 1}$ 就分拆成了简单函数 $y = \arcsin u, u = (v)^{1/3}$ 以及 $v = x^2 - 1$ 的复合关系.

有的时候, 函数的复合出现在四则运算的个别部分, 从而使得函数看起来更复杂. 这个时候, 需要分阶段来处理函数的复合关系.

例如, 函数 $y = \ln(x + \sqrt{x^2 + 1})$ 先由

$$y = \ln u, \quad u = x + \sqrt{x^2 + 1}$$

复合而成, 其中部分 $v = \sqrt{x^2 + 1}$ 又是一层复合关系

$$v = \sqrt{w}, \quad w = x^2 + 1.$$

 警 告

函数 $y = \ln(x + \sqrt{x^2 + 1})$ 由 $y = \ln u, u = x + \sqrt{v}, v = x^2 + 1$ 复合而成的分解是错误的, 因为 $u = x + \sqrt{v}$ 不是简单初等函数.

一个点及其附近点的集合, 叫做该点的**邻域**. 在数轴上, 它是强调中心但不分大小的一个区间, 可以把它想象成你的交际圈.

设 $\delta > 0$, 则开区间 $(a - \delta, a + \delta)$ 称为**点 a 的 δ 邻域**, 记作 $U(a, \delta)$, 即

$$U(a, \delta) = \{x \mid a - \delta < x < a + \delta\} = \{x \mid |x - a| < \delta\}.$$

点 a 称为这个邻域的**中心**, 数 δ 称为这个邻域的**半径**.

把邻域的中心去掉, 称为**点 a 的去心 δ 邻域**, 记作 $\mathring{U}(a, \delta)$, 即

$$\mathring{U}(a, \delta) = \{x \mid a - \delta < x < a + \delta, x \neq a\} = \{x \mid 0 < |x - a| < \delta\}.$$

把开区间 $(a - \delta, a)$ 称为**点 a 的左 δ 邻域**, 开区间 $(a, a + \delta)$ 称为**点 a 的右 δ 邻域**.

下面把表述函数曲线特征的几个性质罗列出来.

(1) **函数的单调性**

设函数 $f(x)$ 的定义域为 D, 区间 $I \subset D$. 如果对于区间 I 上任意两点 x_1 及 x_2, 当 $x_1 < x_2$ 时, 恒有 $f(x_1) < f(x_2)$, 则称函数 $f(x)$ 在区间 I 上是**单调增加的**; 如果对于区间 I 上任意两点 x_1 及 x_2, 当 $x_1 < x_2$ 时, 恒有 $f(x_1) > f(x_2)$, 则称函数 $f(x)$ 在区间 I 上是**单调减少的**.

在某个区间上单调增加和单调减少的函数统称为**单调函数**, 讨论单调性不能脱离所涉及的区间范围.

💡 **提 醒**

可能你还记得, 通过考察 $f(x_1) - f(x_2)$ 或 $\dfrac{f(x_1)}{f(x_2)}$ 验证上面的不等式的技巧, 也许曾为之自豪过. 不过, 在将来有太多的情形会使你陷入束手无策的境地, 好在有微积分可以助你一臂之力.

（2）函数的奇偶性

设函数 $f(x)$ 的定义域 D 关于原点对称. 如果对于任意 $x\in D$, 有 $f(-x)=f(x)$ 恒成立, 则称 $f(x)$ 为定义域 D 上的**偶函数**. 如果对于任意 $x\in D$, 有 $f(-x)=-f(x)$ 恒成立, 则称 $f(x)$ 为定义域 D 上的**奇函数**.

有的函数可能既不是偶函数也不是奇函数. 想要知道函数是不是具有奇偶性, 验证 $f(-x)=f(x)$ 或 $f(-x)=-f(x)$ 就可以了.

（3）函数的周期性

设函数 $f(x)$ 的定义域为 D, 如果存在一个正数 l, 使得对于任意 $x\in D$ 有

$$f(x+l)=f(x)$$

恒成立, 则称 $f(x)$ 为定义域 D 上的**周期函数**, l 称为 $f(x)$ 的周期. 通常说周期函数的周期是指最小正周期, 它不一定存在.

常见的周期函数中, 正弦函数 $\sin x$ 和余弦函数 $\cos x$ 都以 2π 为周期, 正切函数 $\tan x$ 和余切函数 $\cot x$ 都以 π 为周期.

（4）函数的有界性

设函数 $f(x)$ 的定义域为 D, 如果存在数 K_1, 使得对任意 $x\in D$, 有

$$f(x)\leqslant K_1$$

都成立, 则称函数 $f(x)$ 在 D 上有**上界** K_1;

如果存在数 K_2, 使得对任意 $x\in D$, 有

$$f(x)\geqslant K_2$$

都成立, 则称函数 $f(x)$ 在 D 上有**下界** K_2.

如果存在正数 M, 使得对任意 $x\in D$, 有

$$|f(x)|\leqslant M$$

都成立, 则称函数 $f(x)$ 在 D 上**有界**, 否则称函数 $f(x)$ 在 D 上**无界**.

很明显, **函数有界等价于其既有上界又有下界**. 它说的是: 在自变量的变化范围内, 相应的函数值被限制在某个有限的区间内, 从而函数的图形不会"上天入地". 比如, 一间教室的天花板与地板, 就是全体同学身高函数的上界和下界. 而且, 一旦有了上（下）界, 便会有无穷多个的上（下）界.

因为 $|\sin x|\leqslant 1$ 和 $|\cos x|\leqslant 1$ 以及 $|\arctan x|<\dfrac{\pi}{2}$ 和 $|\operatorname{arccot} x|<\pi$, 所以 $\sin x$ 和 $\cos x$ 以及 $\arctan x$ 和 $\operatorname{arccot} x$ 在 $(-\infty,+\infty)$ 上有界, 它们是有界函数的典型代表. 但是, 函数 $\tan x$ 在区间 $\left(-\dfrac{\pi}{2},\dfrac{\pi}{2}\right)$ 上无界. 不过, 要是限制区间为 $\left(-\dfrac{\pi}{2},\dfrac{\pi}{2}\right)$ 内的某个闭区间, 函数 $\tan x$ 却是有界的. 类似的函数 $\cot x$ 在区间 $(-\pi,0)$ 和 $(0,\pi)$ 上也无界. 总之, 谈论有界性时, 要注意相应的区间.

2.2　极限——内容、意义及其求法

人们利用函数来表达所面临的问题, 而我们的世界是动态的, 因此, 在更大程度上, 需要关注变量与变量之间的协同变化"趋势"问题, 尤其是在涉及"无穷"或"无限"等说法的时候. 极限方法是研究这类问题的基本工具.

如果当函数 $y=f(x)$ 中的 x 逐渐增大(减小)或接近于某个定值时,相应的函数值越来越接近于某个定值,这个状态就被称为极限.当然,接近是按照"距离"来衡量的.

下面是当自变量 x 趋于有限值 a 时(记为 $x \to a$)函数 $y=f(x)$ 的极限定义:

定义 2.2.1 设有函数 $y=f(x)$ 和常数 A.如果对于任意给定的正数 $\varepsilon>0$,存在正数 $\delta>0$,使得当 x 满足 $0<|x-a|<\delta$ 时,不等式 $|f(x)-A|<\varepsilon$ 都成立,则称常数 A 是函数 $y=f(x)$ 在 $x \to a$ 时的**极限**,记为

$$\lim_{x \to a} f(x) = A \quad 或 \quad f(x) \to A \quad (x \to a).$$

否则,称函数 $y=f(x)$ 在 $x \to a$ 时的**极限不存在**.

你一定被这个定义搞迷糊了吧.什么"任意给定",什么"存在",说的都是什么呀!很正常的,要知道,就这么几句话,那可是很多数学家花了几十年才提炼出来的精华.其实,通过正数 ε 的任意性变动,你能够感觉到这里描述的是一种"动态"过程,而极限说的是趋势性问题.同时,很小的 $\delta>0$ 的存在性说的是在 a 点的某个很小范围内的事,这也是"微分学"名称的来历.

定义中的不等式 $0<|x-a|<\delta$ 去除了点 a,表明了 $\lim\limits_{x \to a} f(x)$ 取决于在 a 周围的点处 $f(x)$ 的值,并非 $f(x)$ 在 a 的值.所以 $\lim\limits_{x \to a} f(x)$ 存在与否跟函数 $y=f(x)$ 在 a 有没有定义扯不上任何关系.

用一个通俗的讲法,所谓极限,就是:你想让 $|f(x)-A|$ 有多小,只要 $0<|x-a|$ 充分小,则 $|f(x)-A|$ 就可以有你要求的那么小.想怎样就可以怎样,多么美妙的情景.干脆这样说吧,你(a)的朋友圈子中的人(x)都多少知道一点你的秘密(A),想要知道得更清楚,只要他与你的关系足够近,也就是圈子足够小,当然你自己不需要包括在内($x \neq a$).

所谓极限存在,就是:当 x 按照任何方式靠近 a 的时候,相应的 $f(x)$ 步调一致,朝向共同的目标 A 接近(有可能到达,也有可能永远到不了),这样的 A 就是一个数.万一有些(数不清的)不安分的家伙离群叛道(个别的家伙对趋势是无关紧要的),那就是极限不存在了,极限就什么也不是.

💡 **提 醒**

极限存在,这样的 A 就是一个数,它就有资格参与运算;若极限为不存在,那它就什么也不是,只好在一边待着去了.

例如,数列 $a_n=(-1)^{n-1}$,其中的奇数项队列与偶数项队列在 $n \to +\infty$ 时,它们接近的目标(分别为 1 和 -1)不一致,所以 $\lim\limits_{n \to +\infty} a_n$ 不存在.

又如,函数 $\sin x, \cos x$,在 $x \to \infty$ 的过程中,它们的函数值忽高忽低,没有一致的目标,所以 $\lim\limits_{x \to \infty} \sin x$ 和 $\lim\limits_{x \to \infty} \cos x$ 都不存在.

数学上的极限,与我们常说的能耐有多大之类的"极限"很不一样.但凡说起极限,首先要关注的是自变量的变化方式,也就是要看看 x 究竟是如何逐渐接近 a 的.所以,我们有兴趣看看,在 x 从左边或从右边逐渐接近 a 的时候,函数 $y=f(x)$ 的值将会如何变化.

在极限定义中,要求 x 从 a 的右侧(即对 x 附加上限制 $x>a$)逐渐接近 a 或者要求 x 从

a 的左侧(即对 x 附加上限制 $x<a$)逐渐接近 a,可以产生所谓的**左极限、右极限**的概念.

定义 2.2.2　设有函数 $y=f(x)$ 和常数 A,如果对于任意给定的正数 $\varepsilon>0$,存在正数 $\delta>0$,使得当 x 满足 $0<|x-a|<\delta$ 时,不等式 $|f(x)-A|<\varepsilon$ 都成立,则称常数 A 是函数 $y=f(x)$ 在 $x\to a$ 时的**右极限**,记为

$$\lim_{x\to a^+}f(x)=f(a+0)=A \quad \text{或} \quad f(x)\to A \quad (x\to a^+).$$

你自己一定可以写出**左极限**的定义吧,记法为

$$\lim_{x\to a^-}f(x)=f(a-0)=A \quad \text{或} \quad f(x)\to A \quad (x\to a^-).$$

而且下面的结论没有什么困惑吧,就像两只手掌合向一起,发出一声清脆的响声一样.掌声响起,极限就存在了.

定理 2.2.1　$\lim\limits_{x\to a}f(x)=A$ 的充要条件是　$\lim\limits_{x\to a^-}f(x)=\lim\limits_{x\to a^+}f(x)=A.$

因为分段函数在不同的自变量取值范围内有各自的表达式,想要知道函数在那些分段点处的极限,我们不得不左瞧瞧右看看,所以,**对于分段函数在分段点处极限问题的讨论,必须使用左极限、右极限**.类似地,函数在区间端点处的极限也要使用左极限、右极限,你自己说明理由吧.

例如:$\lim\limits_{x\to+\infty}\arctan x=\dfrac{\pi}{2}$,$\lim\limits_{x\to-\infty}\arctan x=-\dfrac{\pi}{2}$,所以 $\lim\limits_{x\to\infty}\arctan x$ 不存在.

$\lim\limits_{x\to+\infty}\text{arccot}\,x=0$,　　$\lim\limits_{x\to-\infty}\text{arccot}\,x=\pi$,所以 $\lim\limits_{x\to\infty}\text{arccot}\,x$ 不存在.

$\lim\limits_{x\to-\infty}\mathrm{e}^x=0$,而 $\lim\limits_{x\to+\infty}\mathrm{e}^x$ 不存在,所以 $\lim\limits_{x\to\infty}\mathrm{e}^x$ 也不存在.

$\lim\limits_{x\to-\infty}a^x=\begin{cases}0, & a>1 \\ \text{不存在}, & 0<a<1\end{cases}$,而 $\lim\limits_{x\to+\infty}a^x=\begin{cases}0 & 0<a<1 \\ \text{不存在}, & a>1\end{cases}$,所以 $\lim\limits_{x\to\infty}a^x$ 也不存在。

* *

重要提醒

在极限问题中,表达式中出现上面这几个函数的样子,都是在告诉你要使用上面的极限,它们是你的"工作经验".作为储备,"工作经验"当然是"多多益善"哦.请仔细分辨下例中的几个式子,你还要学会变通才行.

* *

例 2.2.1　$\lim\limits_{n\to+\infty}\dfrac{1}{2^n}=0$,$\lim\limits_{n\to+\infty}\cos\dfrac{n\pi}{2}$ 不存在,$\lim\limits_{x\to+\infty}2^x$ 不存在,$\lim\limits_{x\to-\infty}2^x=0$,$\lim\limits_{x\to+\infty}\left(\dfrac{2}{3}\right)^x=0$,

可是,$\lim\limits_{x\to+\infty}\left(\dfrac{3}{2}\right)^x$ 不存在;另一方面,$\lim\limits_{x\to-\infty}\left(\dfrac{2}{3}\right)^x$ 不存在,而 $\lim\limits_{x\to-\infty}\left(\dfrac{3}{2}\right)^x=0$.

例 2.2.2　$\lim\limits_{x\to0^-}\mathrm{e}^{1/x}=0$,而 $\lim\limits_{x\to0^+}\mathrm{e}^{1/x}$ 不存在,所以 $\lim\limits_{x\to0}\mathrm{e}^{1/x}$ 也不存在.

定理 2.2.2　对于数列 $\{a_n\}$,任意的子数列 $\{a_{n_k}\}$,有

$$\lim_{n \to +\infty} a_n = A \quad 的充要条件是 \quad \lim_{k \to +\infty} a_{n_k} = A,$$

特别地

$$\lim_{n \to +\infty} a_n = A \quad 的充要条件是 \quad \lim_{k \to +\infty} a_{2k} = \lim_{k \to +\infty} a_{2k+1} = A.$$

方法提示 证明数列极限不存在的一般方法是：找出两个收敛的子数列,通常选择奇数项队列与偶数项队列,但是它们的极限不相等.当然,如果你幸运地发现了一个发散的子数列,那么,原数列肯定是发散的了.

例 2.2.3 数列 $a_n = \dfrac{1 + (-1)^{n-1}}{2}$ 的极限 $\lim\limits_{n \to +\infty} a_n$ 不存在.

证 因为 $a_{2k} = 0 \ (k = 1, 2, 3, \cdots,)$,而 $a_{2k+1} = 1 \ (k = 1, 2, 3, \cdots,)$,并且

$$0 = \lim_{k \to +\infty} a_{2k} \neq \lim_{k \to +\infty} a_{2k+1} = 1.$$

所以 $\lim\limits_{n \to +\infty} a_n$ 不存在.

例 2.2.4 考察函数 $f(x) = \dfrac{|x|}{x}$ 在点 $x = 0$ 处的极限.

对于函数 $f(x) = \dfrac{|x|}{x}$,它的外表不像是分段函数,换种写法就成了

$$f(x) = \frac{|x|}{x} = \begin{cases} 1, & x > 0 \\ -1, & x < 0 \end{cases},$$

所以要应用左极限、右极限来讨论 $\lim\limits_{x \to 0} f(x)$.注意,该函数在点 $x = 0$ 没有定义哦.

解 因为 $\lim\limits_{x \to 0^-} f(x) = \lim\limits_{x \to 0^-} \dfrac{-x}{x} = -1$,$\lim\limits_{x \to 0^+} f(x) = \lim\limits_{x \to 0^+} \dfrac{x}{x} = 1$,所以 $\lim\limits_{x \to 0} f(x)$ 不存在.

例 2.2.5 研究函数

$$f(x) = \begin{cases} \dfrac{x^2}{3}, & -3 \leqslant x \leqslant -1 \\ 1 - x, & -1 < x < 2 \\ 1, & x = 2 \\ x - 3, & 2 < x \leqslant 3 \\ \dfrac{x^2}{9} - 1, & 3 < x \leqslant 4 \end{cases}$$

从外形看,这个函数要算是复杂的了.要是有人不画出它的图形就能够发现这个函数的图形特征,给他一个"天才"的名号不过分吧.

让我们用极限做些工作,考察函数在各个分段点 $x = -1, x = 2, x = 3$ 处的极限.

在 $x = -1$ 处：

$$\begin{cases} \lim\limits_{x \to -1^-} f(x) = \lim\limits_{x \to -1^-} \dfrac{x^2}{3} = \dfrac{1}{3} \\ \lim\limits_{x \to -1^+} f(x) = \lim\limits_{x \to -1^+} (1 - x) = 2 \end{cases}$$

在 $x = -1$ 处的左极限、右极限都存在,但是不相等,且

$$\lim_{x \to -1^+} f(x) - \lim_{x \to -1^-} f(x) = \frac{5}{3}$$

推想函数曲线在 $(-1, 1)$ 处"断开",高低差 $\frac{5}{3}$.

在 $x = 2$ 处:

$$\begin{cases} \lim_{x \to 2^-} f(x) = \lim_{x \to 2^-} (1-x) = -1 \\ \lim_{x \to 2^+} f(x) = \lim_{x \to 2^+} (x-3) = -1 \end{cases}$$

在 $x = 2$ 处的左极限、右极限都存在,而且相等,所以 $\lim\limits_{x \to 2} f(x) = -1$. 推想函数曲线在 $(2, 1)$ 处高低相同,但是 $\lim\limits_{x \to 2} f(x) \neq f(2) = 1$,故曲线仍然是"断开"的.

在 $x = 3$ 处:

$$\begin{cases} \lim_{x \to 3^-} f(x) = \lim_{x \to 3^-} (x-3) = 0 \\ \lim_{x \to 3^+} f(x) = \lim_{x \to 3^+} \left(\frac{x^2}{9} - 1 \right) = 0 \end{cases}$$

在 $x = 3$ 处的左极限、右极限都存在且相等,所以 $\lim\limits_{x \to 3} f(x) = 0$. 推想函数曲线在 $(3, -2)$ 处高低相同,又因为 $\lim\limits_{x \to 3} f(x) = f(3) = 0$,故曲线才真正是连接在一起的.

这个函数的图形如图 2-3 所示.

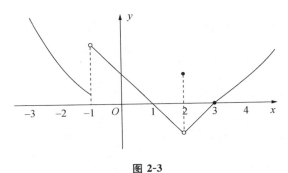

图 2-3

够厉害吧,算出几个极限就能了解这么多,你一定急切地想知道怎么求函数的极限了吧. 在决定干一件大事的时候,首先要明白可能的结局,求极限也不例外. 所以,首先得了解极限有哪些性质特点,懂得如何断定极限存在的方法.

2.2.1　极限的性质与运算规则——遵守规则是个好习惯

在极限的定义中并未提供求出极限的方法. 下面讨论一些极限的性质与运算规则(以 $x \to a$ 时函数的极限为例,对于自变量的其他变化过程,结论完全相同),它们对于理解极限和求极限有重要的意义.

定理 2.2.3(极限的唯一性)　若 $x \to a$ 时函数 $f(x)$ 的极限存在,那么其必唯一.

说明　证明唯一性的方法通常是用**反证法**或**归一法**. 以下给出这个定理的两种证明方法.

证 （反证法） 假设$\lim\limits_{x \to a}f(x)=A$ 并且$\lim\limits_{x \to a}f(x)=B$，但是$A \neq B$. 不妨设$A < B(A > B$时证法类似）.

取定$\varepsilon_0 = \dfrac{B-A}{2} > 0$（由于$\varepsilon$是任意小的，所以你可以选择自己喜欢的，如$\varepsilon_0 = \dfrac{B-A}{3} > 0$等，它们不影响证明）.

因为$\lim\limits_{x \to a}f(x)=A$，由定义知，对于取定的$\varepsilon_0 = \dfrac{B-A}{2} > 0$，存在$\delta_1 > 0$，使得当

$0 < |x-a| < \delta_1$ 时，$|f(x)-A| < \varepsilon_0 = \dfrac{B-A}{2}$，即

$$f(x) < \frac{B+A}{2} \tag{2-1}$$

另一方面，因为$\lim\limits_{x \to a}f(x)=B$，由定义知，对于取定的$\varepsilon_0 = \dfrac{B-A}{2} > 0$，存在$\delta_2 > 0$，使得当

$0 < |x-a| < \delta_2$ 时，$|f(x)-B| < \varepsilon_0 = \dfrac{B-A}{2}$，即

$$f(x) > \frac{B+A}{2} \tag{2-2}$$

令$\delta = \min\{\delta_1, \delta_2\}$，则当$0 < |x-a| < \delta$ 时，式(2-1)、式(2-2)同时成立，但这是不可能的. 矛盾表明定理为真.

（归一法） 假设$\lim\limits_{x \to a}f(x)=A$ 并且$\lim\limits_{x \to a}f(x)=B$.

因为$\lim\limits_{x \to a}f(x)=A$，由定义知，任意取定$\varepsilon > 0$，存在$\delta_1 > 0$，当$0 < |x-a| < \delta_1$ 时，$|f(x)-A| < \varepsilon$；

又因为$\lim\limits_{x \to a}f(x)=B$，由定义知，对上述取定的$\varepsilon > 0$，存在$\delta_2 > 0$，当$0 < |x-a| < \delta_2$时，$|f(x)-B| < \varepsilon$；

令$\delta = \min\{\delta_1, \delta_2\}$，则当$0 < |x-a| < \delta$ 时，

$$|A-B| = |A-f(x)+f(x)-B| \leqslant |f(x)-A| + |f(x)-B| < 2\varepsilon$$

由ε的任意性，此式表明$A-B=0$，即函数的极限$\lim\limits_{x \to a}f(x)$唯一.

定理 2.2.4（局部有界性） 若$\lim\limits_{x \to a}f(x)=A$，那么，在$a$ 的某个邻域内$f(x)$有界.

说明 有界性是要找到正数M，使$|f(x)| < M$ 成立，而在极限定义中有不等式$|f(x)-A| < \varepsilon$. 联想到$|f(x)| \leqslant |f(x)-A| + |A|$，再由$\varepsilon$的任意性，你可以选择喜欢的$\varepsilon > 0$（它们不影响证明），取指定的$\varepsilon$就可以发现要求的$M$了.

证 因为$\lim\limits_{x \to a}f(x)=A$，由定义知，对于$\varepsilon = 1$，存在$\delta > 0$，使得当$0 < |x-a| < \delta$ 时不等式$|f(x)-A| < \varepsilon = 1$ 恒成立. 于是

$$|f(x)| \leqslant |f(x)-A| + |A| < 1 + |A|$$

取$M = 1 + |A| > 0$，则当$0 < |x-a| < \delta$ 时，$|f(x)| < M$.

其实，上面的定理告诉我们：如果函数在某点的极限是一个有限的数，那么在这个点的附近，函数值就被限制在一个有限的范围内，而函数的图形不会"上天入地". 看得见、摸得着，不是很好吗.

请利用类似的方法，具体练习证明下面的定理. 如果讲给同学听后，他也懂得了什么是证明，那你就很了不起了.

定理 2.2.5(局部保号性)　若 $\lim\limits_{x \to a} f(x) = A$，并且 $A > 0$ 或 $A < 0$，那么在 a 的某个邻域内 $f(x) > 0$ 或 $f(x) < 0$.

这个定理谈论的是知道函数极限存在，并且知道极限值的正(负)以后，我们有什么收获的事情. 利用极限值的正(负)号来推断函数值的正(负)号，这在考试题中的使用频率是很高的.

一个小问题　若 $\lim\limits_{x \to a} f(x) = A$ 并且在 a 的某个邻域内 $f(x) > 0$ 或 $f(x) < 0$，是否一定有 $A > 0$ 或 $A < 0$?

结论是否定的. 正确的结论是 $A \geqslant 0$ 或 $A \leqslant 0$.

例如，$\lim\limits_{x \to 0^+} x^2 = 0$，但是，在 0 的右邻域(比如 $(0, 2)$)内有 $x^2 > 0$.

瞧瞧，能够求出函数的极限，对了解函数有多么大的作用. 你应该没有忘记我们要干什么吧. **"求极限"是一个对函数进行加工的过程.**

定理 2.2.6(极限的四则运算法则)　设下列各式中的极限都存在，那么

(1) $\lim\limits_{x \to a} [f(x) + g(x)] = \lim\limits_{x \to a} f(x) + \lim\limits_{x \to a} g(x)$，

(2) $\lim\limits_{x \to a} [f(x) - g(x)] = \lim\limits_{x \to a} f(x) - \lim\limits_{x \to a} g(x)$，

(3) $\lim\limits_{x \to a} [f(x) \cdot g(x)] = \lim\limits_{x \to a} f(x) \cdot \lim\limits_{x \to a} g(x)$，

(4) $\lim\limits_{x \to a} \dfrac{f(x)}{g(x)} = \dfrac{\lim\limits_{x \to a} f(x)}{\lim\limits_{x \to a} g(x)}$，$(\lim\limits_{x \to a} g(x) \neq 0)$.

⚠ **警　告**

上述各式中的极限都存在并且(4)中的 $\lim\limits_{x \to a} g(x) \neq 0$ 是正确进行极限的四则运算的根本条件，几乎所有的错误都来自于不满足这些要求.

四则运算是最基本的运算模式，法则的作用是要你在求极限时，把你所知道的存在的极限(这些都是你的"经验")尽情使用，然后将获得更多的经验. 知道的极限越多，你就越有办法对付新的问题.

例 2.2.6　这样的式子 $\lim\limits_{x \to \infty} \dfrac{\cos x}{x} = \lim\limits_{x \to \infty} \dfrac{1}{x} \cdot \lim\limits_{x \to \infty} \cos x = 0 \cdot \lim\limits_{x \to \infty} \cos x = 0$ 是错误的.

例 2.2.7　求极限 $\lim\limits_{x \to 1} \dfrac{1 - 2x + x^2}{x^2 - 1}$.

因为 $x \to 1$ 时，$x^2 - 1 \to 0$，故不能使用商的极限运算规则. 应先通过因式分解，消去使得分母极限为零的因子 $x - 1$.

解　$\lim\limits_{x \to 1} \dfrac{1 - 2x + x^2}{x^2 - 1} = \lim\limits_{x \to 1} \dfrac{(x-1)^2}{(x-1)(x+1)} = \lim\limits_{x \to 1} \dfrac{x-1}{x+1} = 0$.

💡 **提　醒**

凡是极限过程为 $x \to x_0$ 的情形,都可以考虑使用因式分解,消去使得分母极限为零的因子的方法.

定理 2.2.7(复合函数的极限运算法则) 设函数 $y = f(u)$ 和 $u = g(x)$ 可以复合成函数 $y = f(g(x))$,且极限 $\lim\limits_{u \to u_0} f(u) = A$, $\lim\limits_{x \to a} g(x) = u_0$ 都存在,则复合函数的极限 $\lim\limits_{x \to a} f(g(x))$ 也存在,并且

$$\lim_{x \to a} f(g(x)) = \lim_{u \to u_0} f(u) = A$$

这是求极限最常用的方法. 它把 $\lim\limits_{x \to a} f(g(x))$ 中的极限过程 $x \to a$,通过中间变量 u 转换成了 $\lim\limits_{u \to u_0} f(u)$ 中的极限过程 $u \to u_0$. 于是,求复合函数的极限时由内层函数 $g(x)$ 往外层函数 $f(u)$ 传递进行. 在具体的极限问题中,定理中的 $u = g(x)$ 并不明显,就像是"幽灵(u_0)",需要把它挖掘出来,方法就是拆分复合函数,使用的工具是变量代换.

例 2.2.8 求极限 $\lim\limits_{x \to 2} \sqrt{\dfrac{x-2}{x^2-4}}$.

解 令 $u = \dfrac{x-2}{x^2-4}$,那么,函数 $y = \sqrt{\dfrac{x-2}{x^2-4}}$ 可看作由 $y = \sqrt{u}$ 和 $u = \dfrac{x-2}{x^2-4}$ 复合而成. 因为

$\lim\limits_{x \to 2} u = \lim\limits_{x \to 2} \dfrac{x-2}{x^2-4} = \lim\limits_{x \to 2} \dfrac{1}{x+2} = \dfrac{1}{4}$ 并且 $\lim\limits_{u \to \frac{1}{4}} \sqrt{u} = \dfrac{1}{2}$,所以

$$\lim_{x \to 2} \sqrt{\frac{x-2}{x^2-4}} = \lim_{u \to \frac{1}{4}} \sqrt{u} = \frac{1}{2}.$$

例 2.2.9 求极限 $\lim\limits_{x \to 0} \dfrac{\sqrt{1+x}-1}{\dfrac{x}{2}}$.

解 依根式有理化方法,$\lim\limits_{x \to 0} \dfrac{\sqrt{1+x}-1}{\dfrac{x}{2}} = \lim\limits_{x \to 0} \dfrac{2x}{x(\sqrt{1+x}+1)} = \lim\limits_{x \to 0} \dfrac{2}{\sqrt{1+x}+1} = 1$. 更一般地有

$$\lim_{x \to 0} \frac{\sqrt[n]{1+x}-1}{\dfrac{x}{n}} = 1 \quad (n \text{ 为正整数})$$

根式有理化方法是对付无理函数最常用的法宝之一. 在包含有根式的极限问题中,先进行根式有理化是首选法门!

例 2.2.10(最诱人出错的) 极限 $\lim\limits_{x \to \infty} (\sqrt{x+x^2}-x)$ 不存在.

解　$\lim\limits_{x \to +\infty} (\sqrt{x+x^2}-x) = \lim\limits_{x \to +\infty} \dfrac{x}{\sqrt{x+x^2}+x} = \lim\limits_{x \to +\infty} \dfrac{1}{\sqrt{\dfrac{1}{x}+1}+1} = \dfrac{1}{2}$,

但是　$\lim\limits_{x \to -\infty} (\sqrt{x+x^2}-x) = \lim\limits_{x \to -\infty} \dfrac{x}{\sqrt{x+x^2}+x} = \lim\limits_{x \to -\infty} \dfrac{1}{-\sqrt{\dfrac{1}{x}+1}+1}$ 却不存在. 所以, 极限

$\lim\limits_{x \to \infty}(\sqrt{x+x^2}-x)$ 不存在.

在 $x \to -\infty$ 的情形 $x<0$, 要留心对偶数次根式开方时的符号问题.

例 2.2.11　求 $\lim\limits_{x \to +\infty} \dfrac{x^3+2x+3}{5+x^4}$.

解　$\lim\limits_{x \to +\infty} \dfrac{x^3+2x+3}{5+x^4} = \lim\limits_{x \to +\infty} \dfrac{\dfrac{1}{x}+\dfrac{2}{x^3}+\dfrac{3}{x^4}}{\dfrac{5}{x^4}+1} = 0$

这个方法俗称"抓大头", 也就是用分子、分母中的最高次幂项去除分子和分母, 从而使用 $\lim\limits_{x \to +\infty} \dfrac{1}{x^p} = 0$　$(p>0)$ 和四则运算法则来求极限.

💡 **提　醒**

凡是极限过程为 $x \to +\infty$ 或 $x \to -\infty$ 或 $x \to \infty$ 的情形, 都可以考虑使用这个方法.

这样做求极限的习题　盯住极限的过程, 它可能是 $n \to \infty$, $x \to \infty$, $x \to x_0$ 或 $x \to +\infty$, $x \to -\infty$, $x \to x_0^+$, $x \to x_0^-$ 中的一种. 对趋于无穷大的情形 "抓大头". 对趋于有限值的情形, 先通分再通过因式分解, 消去使分母极限为 0 的因子后, 使用四则运算法则; 遇到有根式的情形, 通常先进行根式有理化. 当极限式中出现函数 e^x, a^x, $\arctan x$, $\text{arccot}\, x$ 的样式, 特别是绝对值函数时, 要考查相应的单侧极限. 特别的, 对于单侧的极限过程 $x \to +\infty$, $x \to -\infty$, $x \to x_0^+$, $x \to x_0^-$, 还应该加以应用 $x>0$, $x<0$, $x-x_0>0$, $x-x_0<0$.

2.2.2　极限存在准则——极限是"挤"出来的

定理 2.2.8 (夹逼准则)　如果函数 $f(x)$, $g(x)$, $h(x)$ 在点 a 的某个邻域内满足
(1) $g(x) \leqslant f(x) \leqslant h(x)$,
(2) $\lim\limits_{x \to a} g(x) = \lim\limits_{x \to a} h(x) = A$,
那么 $\lim\limits_{x \to a} f(x) = A$

看到定理的别名——夹逼准则, 你就能感受到极限是"挤"出来的. 为了达到这样的效果, 需要找到合适的"夹板". 这个工作要求预先储备一些材料, 也就是发现满足定理要求的

$g(x)$、$h(x)$并且$\lim\limits_{x \to a} g(x) = \lim\limits_{x \to a} h(x)$.

看下面的例子.

例 2.2.12　求极限$\lim\limits_{n \to \infty} n \cdot \left(\dfrac{1}{n^2 + \pi} + \dfrac{1}{n^2 + 2\pi} + \cdots + \dfrac{1}{n^2 + n\pi} \right)$.

构成"夹板"的主材料是：加项中最小的$\dfrac{1}{n^2 + n\pi}$与最大的$\dfrac{1}{n^2 + \pi}$，别忘了括号外边的n.

解　因为$n \cdot \dfrac{n}{n^2 + n\pi} < n \cdot \left(\dfrac{1}{n^2 + \pi} + \dfrac{1}{n^2 + 2\pi} + \cdots + \dfrac{1}{n^2 + n\pi} \right) < n \cdot \dfrac{n}{n^2 + \pi}$并且$\lim\limits_{n \to \infty} \dfrac{n^2}{n^2 + n\pi}$
$= 1 = \lim\limits_{n \to \infty} \dfrac{n^2}{n^2 + \pi}$，所以

$$\lim\limits_{n \to \infty} n \cdot \left(\dfrac{1}{n^2 + \pi} + \dfrac{1}{n^2 + 2\pi} + \cdots + \dfrac{1}{n^2 + n\pi} \right) = 1$$

> ⚠️ **警　告**
>
> 　　对此例不能运用和的极限运算规则，因为加项的数目在$n \to +\infty$的过程中，也增加成了无穷大！

例 2.2.13　讨论极限$\lim\limits_{n \to \infty} \sqrt[n]{1 + x^n}$ $(x \geqslant 0)$.

你注意到此处的极限中，变化的是n而不是x了吧？因此讨论应对x来进行.其中的x^n

暗示要分$x \geqslant 1$和$0 \leqslant x < 1$两种情况讨论，这是因为$\lim\limits_{n \to \infty} x^n = \begin{cases} 0, & |x| < 1 \\ 1, & x = 1 \\ \text{不存在}, & x = -1 \\ +\infty, & |x| > 1 \end{cases}$的缘故.

> 💡 **提　醒**
>
> 　　在极限问题中，表达式中$\otimes^n$的样子，都是在告诉你要使用极限$\lim\limits_{n \to \infty} x^n$.

解　当$x \geqslant 1$时，$x \leqslant \sqrt[n]{1 + x^n} \leqslant \sqrt[n]{x^n + x^n} = \sqrt[n]{2} x$，而$\sqrt[n]{2} x \to x$ $(n \to \infty)$，所以$\lim\limits_{n \to \infty} \sqrt[n]{1 + x^n} = x$.
当$0 \leqslant x < 1$时，$1 \leqslant \sqrt[n]{1 + x^n} \leqslant \sqrt[n]{2}$，而$\sqrt[n]{2} \to 1$ $(n \to \infty)$，所以$\lim\limits_{n \to \infty} \sqrt[n]{1 + x^n} = 1$.
综合起来就是

$$\lim\limits_{n \to \infty} \sqrt[n]{1 + x^n} = \begin{cases} x, & x \geqslant 1 \\ 1, & 0 \leqslant x < 1 \end{cases}$$

例 2.2.14(非常重要的极限)　$\lim\limits_{x \to 0} \dfrac{\sin x}{x} = 1$，给函数翻个身，也有$\lim\limits_{x \to 0} \dfrac{x}{\sin x} = 1$哦.

在极限的世界里,这是一个非常重要的事实,因为在几乎所有包含三角函数的极限问题中,都多多少少会牵涉到它.

这个函数的样子看起来没什么特别,细心的人还能够发现,它在 $x=0$ 处没有定义.函数的图形参考图 2-4(a).从图中,你可以发现,x 越靠近 0,那么 $\dfrac{\sin x}{x}$ 越接近于 1.它的意义是说:当 $|x|$ 很小很小时,$\sin x$ 和 x 没多大区别,因而它们的比值变得跟 1 差不多,参考图 2-4(b).

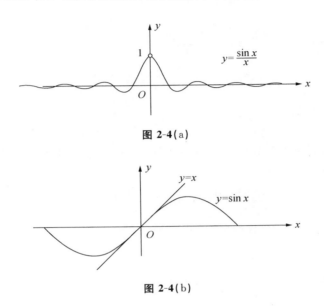

图 2-4(a)

图 2-4(b)

利用这个工具求极限所需要的工作就是:变换出模块 $\lim\limits_{\diamond \to 0}\dfrac{\sin\diamond}{\diamond}$,然后出击.瞧下面的例子,太容易了吧。耶!

例 2.2.15　求极限 $\lim\limits_{x\to 0}\dfrac{\sin 2x}{\sin 5x}$.

解　$\lim\limits_{x\to 0}\dfrac{\sin 2x}{\sin 5x}=\dfrac{2}{5}\lim\limits_{x\to 0}\left(\dfrac{\sin 2x}{2x}\cdot\dfrac{5x}{\sin 5x}\right)=\dfrac{2}{5}\lim\limits_{x\to 0}\dfrac{\sin 2x}{2x}\cdot\lim\limits_{x\to 0}\dfrac{5x}{\sin 5x}=\dfrac{2}{5}$

例 2.2.16　求极限 $\lim\limits_{x\to 0}\dfrac{\arcsin x}{x}$.

解　令 $t=\arcsin x$,则 $x=\sin t$.当 $x\to 0$ 时,有 $t\to 0$.所以

$$\lim\limits_{x\to 0}\dfrac{\arcsin x}{x}=\lim\limits_{t\to 0}\dfrac{t}{\sin t}=1$$

例 2.2.17　求极限 $\lim\limits_{x\to 0}\dfrac{\arctan x}{x}$.

解　令 $u=\arctan x$,则 $x=\tan u$.并且当 $x\to 0$ 时,$u\to 0$.所以

$$\lim\limits_{x\to 0}\dfrac{\arctan x}{x}=\lim\limits_{u\to 0}\dfrac{u}{\tan u}=\lim\limits_{u\to 0}\dfrac{u}{\sin u}\cdot\cos u=\lim\limits_{u\to 0}\dfrac{u}{\sin u}\cdot\lim\limits_{u\to 0}\cos u=1$$

方法提示 当要求的极限中出现反三角函数时,利用变量替换转化成三角函数,再使用重要极限公式 $\lim\limits_{\diamond \to 0} \dfrac{\sin\diamond}{\diamond} = 1$ (其中的 $\diamond$ 可以是任何相同的表达式).

例 2.2.18 求极限 $\lim\limits_{x \to 0} \dfrac{1-\cos x}{\dfrac{x^2}{2}}$.

解 $\lim\limits_{x \to 0} \dfrac{1-\cos x}{\dfrac{x^2}{2}} = \lim\limits_{x \to 0} \dfrac{2\sin^2\left(\dfrac{x}{2}\right)}{\dfrac{x^2}{2}} = \lim\limits_{x \to 0} \dfrac{\sin^2\left(\dfrac{x}{2}\right)}{\left(\dfrac{x}{2}\right)^2} = 1$

例 2.2.19 求极限 $\lim\limits_{x \to \pi} \dfrac{x\sin x}{x-\pi}$.

说明 这题的极限过程是 $x \to \pi$,故需要先变换成 $\diamond \to 0$,才好使用重要极限. 故令 $t = x - \pi$,则 $x \to \pi$ 时,$t \to 0$.

解 $\lim\limits_{x \to \pi} \dfrac{x\sin x}{x-\pi} = \lim\limits_{x \to \pi} \dfrac{-x\sin(x-\pi)}{x-\pi} = -\lim\limits_{t \to 0} \dfrac{(t+\pi)\sin t}{t} = -\lim\limits_{t \to 0}(t+\pi) \cdot \lim\limits_{t \to 0} \dfrac{\sin t}{t} = -\pi$

方法提示 想要套用重要极限时,先用变换使得极限过程一致,然后按样式"凑"项,最后利用四则运算.

定理 2.2.9(单调有界准则) 单调递增有上界的数列必存在极限,单调递减有下界的数列必存在极限.

这个定理表述的内容,从数轴上看就是:随着项数增加,或者数列的项从左到右(单调递增)排成了队,而在右边竖着一个界碑,不准跨越;或者从右到左(单调递减)排成了队,而在左边竖着一个界碑,不准跨越. 那么,数列的极限就存在了. 由此你更加能感受到极限是"挤"出来的了吧.

例 2.2.20(非常重要的极限) $\lim\limits_{n \to \infty}\left(1+\dfrac{1}{n}\right)^n = e$, $\lim\limits_{x \to \infty}\left(1+\dfrac{1}{x}\right)^x = e$.

证 记 $x_n = \left(1+\dfrac{1}{n}\right)^n$,先证明数列 $\{x_n\}$ 单调递增,再证 $\{x_n\}$ 有上界.

利用牛顿的二项展开式(公式中的 $a=1$,$b=\dfrac{1}{n}$)

$$x_n = \left(1+\dfrac{1}{n}\right)^n$$

$$= 1 + \dfrac{n}{1!} \cdot \dfrac{1}{n} + \dfrac{n(n-1)}{2!} \cdot \left(\dfrac{1}{n}\right)^2 + \cdots + \dfrac{n(n-1)(n-2)\cdots 2 \cdot 1}{n!} \cdot \left(\dfrac{1}{n}\right)^n$$

$$= 1 + 1 + \dfrac{1}{2!}\left(1-\dfrac{1}{n}\right) + \dfrac{1}{3!}\left(1-\dfrac{1}{n}\right)\left(1-\dfrac{2}{n}\right) + \cdots$$

$$+ \dfrac{1}{n!}\left(1-\dfrac{1}{n}\right)\left(1-\dfrac{2}{n}\right)\cdots\left(1-\dfrac{n-1}{n}\right)$$

类似地

$$x_{n+1} = \left(1 + \frac{1}{n+1}\right)^{n+1}$$

$$= 1 + 1 + \frac{1}{2!}\left(1 - \frac{1}{n+1}\right) + \frac{1}{3!}\left(1 - \frac{1}{n+1}\right)\left(1 - \frac{2}{n+1}\right) + \cdots$$

$$+ \frac{1}{n!}\left(1 - \frac{1}{n+1}\right)\cdots\left(1 - \frac{n-1}{n+1}\right) + \frac{1}{(n+1)!}\left(1 - \frac{1}{n+1}\right)\left(1 - \frac{2}{n+1}\right)\cdots\left(1 - \frac{n}{n+1}\right)$$

逐项比较大小可得 $x_n < x_{n+1}$，即数列 $\{x_n\}$ 单调递增. 其次

$$x_n = 1 + 1 + \frac{1}{2!}\left(1 - \frac{1}{n}\right) + \frac{1}{3!}\left(1 - \frac{1}{n}\right)\left(1 - \frac{2}{n}\right) + \cdots$$

$$+ \frac{1}{n!}\left(1 - \frac{1}{n}\right)\left(1 - \frac{2}{n}\right)\cdots\left(1 - \frac{n-1}{n}\right)$$

$$< 1 + 1 + \frac{1}{2!} + \frac{1}{3!} + \cdots + \frac{1}{n!} \quad (\text{每个括号内都放大为 } 1)$$

$$< 1 + 1 + \frac{1}{2} + \frac{1}{2^2} + \cdots + \frac{1}{2^n} = 1 + \frac{\left(1 - \frac{1}{2^n}\right)}{1 - \frac{1}{2}} = 3 - \frac{1}{2^{n-1}} < 3$$

利用单调有界准则知 $\lim\limits_{n \to \infty}\left(1 + \frac{1}{n}\right)^n$ 存在. 这个极限值记为 $e \approx 2.718\,281\,828\cdots$，是一个无理数. 可以证明以下各式都成立，其中的函数样式 $[u(x)]^{v(x)}$ 称为**幂指函数**.

$$\lim\limits_{x \to \infty}\left(1 + \frac{1}{x}\right)^x = e, \quad \lim\limits_{x \to -\infty}\left(1 + \frac{1}{x}\right)^x = e, \quad \lim\limits_{x \to +\infty}\left(1 + \frac{1}{x}\right)^x = e$$

使用代换 $x = \frac{1}{u}$ 后，上面各式以另一个面孔示人，它们是

$$\lim\limits_{u \to 0}(1 + u)^{1/u} = e, \quad \lim\limits_{u \to 0^-}(1 + u)^{1/u} = e, \quad \lim\limits_{u \to 0^+}(1 + u)^{1/u} = e$$

方法提示 当要求的极限中出现幂指函数时，可变换出模块 $\lim\limits_{\diamond \to \infty}\left(1 + \frac{1}{\diamond}\right)^{\diamond}$ 或者 $\lim\limits_{\spadesuit \to 0}(1 + \spadesuit)^{1/\spadesuit}$，然后使用上面的重要极限公式.

例 2.2.21 求极限 $\lim\limits_{n \to \infty}\left(\frac{n+2}{n+1}\right)^n$.

解 $\lim\limits_{n \to \infty}\left(\frac{n+2}{n+1}\right)^n = \lim\limits_{n \to \infty}\left(1 + \frac{1}{n+1}\right)^n = \lim\limits_{n \to \infty}\dfrac{\left(1 + \frac{1}{n+1}\right)^{n+1}}{\left(1 + \frac{1}{n+1}\right)} = \dfrac{\lim\limits_{n \to \infty}\left(1 + \frac{1}{n+1}\right)^{n+1}}{\lim\limits_{n \to \infty}\left(1 + \frac{1}{n+1}\right)} = e$

例 2.2.22 求极限 $\lim\limits_{x \to \infty}\left(1 - \frac{1}{2x}\right)^x$.

解 $\lim\limits_{x \to \infty}\left(1 - \frac{1}{2x}\right)^x = \lim\limits_{x \to \infty}\left[\left(1 + \frac{1}{-2x}\right)^{-2x}\right]^{-1/2} = e^{-1/2} = \dfrac{1}{\sqrt{e}}$

现在你应该能够求出一些函数的极限了. 请检查你的书写，是不是在某些地方漏掉了像极限符号、极限过程以及不该少的括号等. 如果有这些现象(**所有解答都是错误的**)，说明你尚未理解求极限是一个对函数进行加工的过程，反映出你的工作作风比较粗心大意. 那么，你更应该学习微积分了.

2.2.3 无穷小量的比较——比比谁更快趋近于 0

在所有存在的函数极限里,有一种情形值得予以特别的关注:它就是所谓的无穷小量. 你应该把它作为你的最爱放入收藏夹.

定义 2.2.3 (1) 若 $x \to a$ 时,$f(x)$ 的极限为 0,则称函数 $f(x)$ 为 $x \to a$ 时的**无穷小量**.

(2) 设 $f(x) \neq 0$. 若 $x \to a$ 时,$\dfrac{1}{f(x)}$ 的极限为 0,则称函数 $f(x)$ 为 $x \to a$ 时的**无穷大量**.

无穷大量记作 $\lim\limits_{x \to a} f(x) = \infty$ 或 $\lim\limits_{x \to a} f(x) = +\infty$ 或 $\lim\limits_{x \to a} f(x) = -\infty$. 无穷大量是自变量在某种变化过程下,对函数的绝对值无限增大的变化趋势的描述,这才是符号 ∞ 的真实意义. 由于 ∞ 不是真正意义上的数,所以无穷大量的极限不存在! 了解它们的含义后,不会有人写出像 $\infty - \infty = 0$,$\infty + \infty = 2\infty$ 这样的东西了吧?

无穷小量的极限存在且为 0. 数 0 看成是无穷小量,理解为 $\lim\limits_{x \to a} 0 = 0$.

定理 2.2.10 一个无穷小量与有界函数的乘积也是无穷小量.

证 设函数 $g(x)$ 在 $[a,b]$ 内有界,即存在常数 M,使得 $|g(x)| < M$. 又设 $f(x)$ 是当 $x \to a$ 时的无穷小,即 $\lim\limits_{x \to a} f(x) = 0$.

因为 $\lim\limits_{x \to a} f(x) = 0$,由定义知,对于 $\varepsilon > 0$,存在 $\delta > 0$,使得当 $0 < |x - a| < \delta$ 时 $|f(x)| < \dfrac{\varepsilon}{M}$ 恒成立. 于是,当 $0 < |x - a| < \delta$ 时,有不等式

$$|f(x)g(x)| = |f(x)| \cdot |g(x)| < \frac{\varepsilon}{M} \cdot M = \varepsilon$$

此即 $\lim\limits_{x \to a} f(x)g(x) = 0$,证毕.

这是求极限的又一个方法.

例 2.2.23 求极限 $\lim\limits_{x \to \infty} \dfrac{\sin x}{x}$.

 警 告

这不是 $\lim\limits_{x \to 0} \dfrac{\sin x}{x}$,注意极限过程很重要!

解 因为 $|\sin x| \leqslant 1$ 并且 $\lim\limits_{x \to \infty} \dfrac{1}{x} = 0$,所以 $\lim\limits_{x \to \infty} \dfrac{\sin x}{x} = 0$.

可以问老师的一个好问题:请问您怎么想到这样做题的呢?

回答 在 $x \to \infty$ 时,$\lim\limits_{x \to \infty} \dfrac{1}{x} = 0$ 是我的最爱,而且 $|\sin x| \leqslant 1$ 太常见了. 顺便告诉你,还有几个常用的有界量. 因为 $|\cos\clubsuit| \leqslant 1$,$|\arctan\spadesuit| < \dfrac{\pi}{2}$,$|\text{arccot}\heartsuit| < \pi$,所以 $\sin x$ 和 $\cos x$ 以及 $\arctan x$ 和 $\text{arccot } x$ 在 $(-\infty, +\infty)$ 上有界.

嘿,不是在玩扑克牌吧!

> ⚠️ **警 告**
>
> $\lim\limits_{x \to 0} x \sin \dfrac{1}{x} = 0$. 它是上例中的函数极限化妆打扮出来的产物.

为了不被表象所迷惑,可用一下变量替换. 令 $u = \dfrac{1}{x}$,则当 $x \to 0$ 时 $u \to \infty$,这样就可以撕去伪装:$\lim\limits_{x \to 0} x \sin \dfrac{1}{x} = \lim\limits_{u \to \infty} \dfrac{\sin u}{u} = 0$. 另外还有两个经常用来吓唬人的极限,它们是

$$\lim\limits_{x \to \infty} x \cdot \sin \frac{1}{x} = \lim\limits_{x \to \infty} \frac{\sin \dfrac{1}{x}}{\dfrac{1}{x}} = 1 \quad 和 \quad \lim\limits_{x \to \infty} \frac{1}{x} \cdot \sin \frac{1}{x} = 0.$$

嗨,你没被这些无厘头的花样搞晕头吧!

例 2.2.24 求极限 $\lim\limits_{x \to \infty} \dfrac{\arctan x}{x}$.

解 因为 $|\arctan x| < \dfrac{\pi}{2}$ 并且 $\lim\limits_{x \to \infty} \dfrac{1}{x} = 0$,所以 $\lim\limits_{x \to \infty} \dfrac{\arctan x}{x} = 0$.

例 2.2.25 求极限 $\lim\limits_{x \to \infty} \dfrac{x \sin x}{\sqrt{1 + x^3}}$.

解 因为 $|\sin x| \leqslant 1$ 并且 $\lim\limits_{x \to \infty} \dfrac{x}{\sqrt{1 + x^3}} = 0$,所以 $\lim\limits_{x \to \infty} \dfrac{x \sin x}{\sqrt{1 + x^3}} = 0$.

很容易发现,无穷小量与无穷大量之间互为倒数关系. 由于无穷大量无法管制,故经常将它先取倒数转化为无穷小量来讨论.

例 2.2.26 $\lim\limits_{x \to \infty} \dfrac{1}{x - 2} = 0$ 而 $\lim\limits_{x \to 2} \dfrac{1}{x - 2} = \infty$.

这个例题中的极限很平常,画出函数的图形以后,如图 2-5 所示.

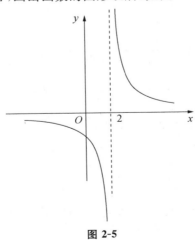

图 2-5

注意到有两条特别的直线 $y=0$ 和 $x=2$. 它们是曲线 $y=\dfrac{1}{x-2}$ 的水平渐近线和铅直渐近线. 因为曲线的渐近线要求曲线与某条直线的距离无限接近,故利用函数极限可以描述这个特征,这也是学习极限的一个目的.

一般地,函数极限与曲线的渐近线之间的关系为:

(1) 若 $\lim\limits_{x\to\infty}f(x)=A$,则曲线有一条水平渐近线 $y=A$;

(2) 若 $\lim\limits_{x\to a}f(x)=\infty$,则曲线有一条铅直渐近线 $x=a$;

(3) 若 $\lim\limits_{x\to\infty}\dfrac{f(x)}{x}=k\neq0$,且 $\lim\limits_{x\to\infty}[f(x)-kx]=b$,则曲线有一条斜渐近线 $y=kx+b$.

💡 **提　醒**

曲线的竖直渐近线出现在曲线"上天入地"的地方,条件 $\lim\limits_{x\to a}f(x)=\infty$ 中 a 通常为使得 $f(x)$ 的分母部分为 0 的那些点,注意还需要求出对应的极限进行验证哦.

例 2.2.27 讨论函数曲线 $y=\dfrac{1}{x(x-1)}$ 有哪些样式的渐近线.

解 首先,极限 $\lim\limits_{x\to\infty}f(x)=\lim\limits_{x\to\infty}\dfrac{1}{x(x-1)}=0$,则曲线有一条水平渐近线 $y=0$;

其次,当 $x=0$ 或 $x=1$ 时分母为 0,分别考察极限 $\lim\limits_{x\to0}f(x)=\lim\limits_{x\to0}\dfrac{1}{x(x-1)}=\infty$ 和 $\lim\limits_{x\to1}f(x)=\lim\limits_{x\to1}\dfrac{1}{x(x-1)}=\infty$,故曲线有两条铅直渐近线 $x=0$ 和 $x=1$;

最后,$\lim\limits_{x\to\infty}\dfrac{f(x)}{x}=0$,故曲线没有斜渐近线.

例 2.2.28 讨论函数曲线 $y=\dfrac{\arctan x}{x(x-1)}$ 有哪些样式的渐近线.

解 首先,因为 $|\arctan x|<\dfrac{\pi}{2}$,故极限 $\lim\limits_{x\to\infty}f(x)=\lim\limits_{x\to\infty}\dfrac{\arctan x}{x(x-1)}=0$,则曲线有一条水平渐近线 $y=0$;

其次,当 $x=1$ 或 $x=0$ 时分母为 0,分别考察极限 $\lim\limits_{x\to1}f(x)=\lim\limits_{x\to1}\dfrac{\arctan x}{x(x-1)}=\infty$ 和 $\lim\limits_{x\to0}f(x)=\lim\limits_{x\to0}\dfrac{\arctan x}{x(x-1)}=\lim\limits_{x\to0}\dfrac{\arctan x}{x}\cdot\lim\limits_{x\to0}\dfrac{1}{x-1}=-1$,故曲线有一条铅直渐近线 $x=1$;

最后,$\lim\limits_{x\to\infty}\dfrac{f(x)}{x}=0$,故曲线没有斜渐近线.

💡 **提　醒**

渐近线问题实际上就是在考察你的求极限本领哦.

⚠ 警 告

一个无穷大量与有界函数的乘积可以是无穷大量,也可能什么都不是(极限不存在).

典型的例子是函数 $x\sin x$ 和 $x\cos x$ 在 $x\to\infty$ 的过程下,部分函数值可以"上天入地"(这两个函数在 $(-\infty,+\infty)$ 上无界),但仍然有些函数值一直取 0,极限 $\lim\limits_{x\to\infty}x\sin x$ 和 $\lim\limits_{x\to\infty}x\cos x$ 都不存在.

现在要说说无穷小量的功用了.

设 $\lim\limits_{x\to a}f(x)=A$. 因为 $\lim\limits_{x\to a}f(x)=A$ 说的是:对于任意给定的正数 $\varepsilon>0$,存在正数 $\delta>0$,使得当 x 满足 $0<|x-a|<\delta$ 时,不等式 $|f(x)-A|<\varepsilon$ 都成立. 即 $|[f(x)-A]-0|<\varepsilon$,亦即

$$\lim_{x\to a}[f(x)-A]=0$$

所以,在自变量的某种变化过程下 $f(x)-A$ 的极限为 0 与 $f(x)$ 的极限为 A 等价,它们说的是同一回事. 因此,有如下的定理表述:

定理 2.2.11　$\lim\limits_{x\to a}f(x)=A$ 的充要条件是 $f(x)-A=\alpha$,其中 α 为 $x\to a$ 时的无穷小量.

💡 提 醒

想要在极限式与函数式之间进行转换时,必须要经过这个定理哦!

例 2.2.29　已知 $\lim\limits_{x\to a}\dfrac{f(x)-f(a)}{(x-a)^2}<0$,则在点 a 的某个邻域内恒有 $f(x)<f(a)$.

解　设 $\lim\limits_{x\to a}\dfrac{f(x)-f(a)}{(x-a)^2}=A<0$,根据上面的定理得 $\dfrac{f(x)-f(a)}{(x-a)^2}-A=\alpha$,其中 α 为 $x\to a$ 时的无穷小量. 于是 $f(x)-f(a)=(x-a)^2(A+\alpha)$,注意到 α 为 $x\to a$ 时的无穷小量. 故当 x 足够靠近 a 时,必然有 $A+\alpha<0$,从而 $f(x)<f(a)$,亦即在点 a 的某个邻域内恒有 $f(x)<f(a)$.

按照极限的意义,α 为 $x\to a$ 时的无穷小量,则 α 想要有多小就可以是多小,只要让 x 足够接近 a. 那么,大胆一点,在 $f(x)-A=\alpha$ 中把 α 忽略不计,也就是

$$f(x)\approx A$$

这就是近似公式! 原来讨论函数的极限就是寻求一种"近似",即在点 a 的某个邻域内,把变化的 $f(x)$ 用常数值 A 来代替.

用函数的极限值来"近似"代替函数,效果通常很差、精度不高、适用范围小,一般人都不愿意接受它. 我们还得寻求效果更好的近似方法以满足人们的需要.

无穷小量说的是在某个过程下极限为 0 的变量,也就是:想要有多小就可以有多小,这是无数人梦寐以求的境界啊! 作为衡量近似水平的一把"标尺",我们经常要比较这些无穷小趋近于零的"速度",并从中挑选出"速度"最快的,以便节省时间,结果产生了无穷小阶的概念.

定义 2.2.4 设 α，β 是同一个极限过程下的无穷小并且 $\beta \neq 0$，那么

（1）如果 $\lim \dfrac{\alpha}{\beta} = 0$，则称 α 是比 β 高阶的无穷小，记为 $\alpha = \circ(\beta)$；

（2）如果 $\lim \dfrac{\alpha}{\beta} = c$（常数 $c \neq 1$ 和 0），则称 α 是与 β 同阶的无穷小；

（3）如果 $\lim \dfrac{\alpha}{\beta} = 1$，则称 α 与 β 是等价的无穷小，记为 $\alpha \sim \beta$；

（4）如果 $\lim \dfrac{\alpha}{\beta^k} = c \neq 0$（常数 $k > 0$），则称 α 是关于 β 的 k 阶无穷小.

无穷小阶的比较，可形象地理解为比较它们趋近于零的"快慢"程度，其中等价的无穷小具有特别重要的意义.定理 2.2.12 在求极限时经常使用，它是求极限的高水平功夫呢.

定理 2.2.12 设 $\alpha \sim \alpha'$ 与 $\beta \sim \beta'$，它们是同一个极限过程 $x \to a$ 下的等价无穷小，并且 $\lim\limits_{x \to a} \dfrac{\alpha}{\beta}$ 和 $\lim\limits_{x \to a} \dfrac{\alpha'}{\beta'}$ 都存在，那么

$$\lim_{x \to a} \frac{\alpha}{\beta} = \lim_{x \to a} \frac{\alpha'}{\beta'}$$

这个方法称为求乘积的极限时等价无穷小的替换，意思为：如果遇到了表达式很复杂的极限问题，那么盯着其中某些部分（乘积的因式），将它替换成表达式相对简单的（不能取 0 值）的等价无穷小，极限就容易求出来啦.

很明显，记住的等价无穷小关系越多（这相当于苦练内功），求极限时思路会越广.那么，从已经求出极限的例子中，把**几个常用的等价无穷小关系**列出来如下：

当 $x \to 0$ 时，

$\tan x$	$\sim$	x	$\sin x \quad \sim \quad x$	
$\arctan x$	$\sim$	x	$\arcsin x \quad \sim \quad x$	
$1 - \cos x$	$\sim$	$\dfrac{x^2}{2}$	$\sqrt[n]{1+x} - 1 \quad \sim \quad \dfrac{x}{n}$	
$\ln(1+x)$	$\sim$	x	$\mathrm{e}^x - 1 \quad \sim \quad x$	

把基本动作（此八个关系，最后两个关系在下节中推导）和灵活使用（**其中的 x 可以替换成任何不取 0 值的无穷小量**）结合起来，就像这样

$$\sin x^2 \sim x^2 \ (x \to 0), \quad \sqrt[3]{1 + x\sin x} - 1 \sim \frac{x\sin x}{3} \ (x \to 0)$$

以及 $1 - \cos 3x \sim \dfrac{(3x)^2}{2} \ (x \to 0)$. 如此这般，就可以得到无数个的等价无穷小关系，你还担心不会做练习题吗？

例 2.2.30 求极限 $\lim\limits_{x \to 0} \dfrac{\sqrt[3]{1 + x\sin x} - 1}{\arctan x^2}$.

解 因为当 $x \to 0$ 时，$\sqrt[3]{1 + x\sin x} - 1 \sim \dfrac{x\sin x}{3}$，并且 $\arctan x^2 \sim x^2$，所以

$$\lim_{x \to 0} \frac{\sqrt[3]{1 + x\sin x} - 1}{\arctan x^2} = \lim_{x \to 0} \frac{x\sin x}{3x^2} = \frac{1}{3} \lim_{x \to 0} \frac{\sin x}{x} = \frac{1}{3}$$

例 2.2.31　求极限 $\lim\limits_{x\to 0}\dfrac{\tan x-\sin x}{\sin^3 x}$.

解　因为当 $x\to 0$ 时，$\tan x-\sin x=\tan x(1-\cos x)\sim x\cdot\dfrac{x^2}{2}$，并且 $\sin^3 x\sim x^3$，所以

$$\lim_{x\to 0}\frac{\tan x-\sin x}{\sin^3 x}=\lim_{x\to 0}\frac{\tan x(1-\cos x)}{\sin^3 x}=\frac{1}{2}\lim_{x\to 0}\frac{x^3}{x^3}=\frac{1}{2}$$

> ⚠ **警　告**
>
> 　　等价无穷小的替换只能用在乘积（商）的情形，不能滥用在和（差）的情形. 所以
>
> $$\lim_{x\to 0}\frac{\tan x-\sin x}{\sin^3 x}=\lim_{x\to 0}\frac{x-x}{x^3}=0$$
>
> 是错误的.

* *

　　当你充分享受了利用无穷小求极限的快乐以后，一定会感到身轻如燕吧！

* *

2.3　函数的连续性

　　如果要求你随意画一个函数的图形，估计你会一笔到头，画出一条美妙的弧线. 当你做一件十分中意的事情时，一定希望"不中断"，好让你过足瘾. 这种持续而不中断的状况就是连续性的意义所在了. 你是否曾经对我们画出的函数图形（看上去分成了好几段，有的地方还挖空了）耿耿于怀过. 其实，你大可不必有怨言，那些类型的函数在实际中可是最常见到的，"中断"也是最平常不过的事.

　　下面是关于函数连续性的正式定义，比起通俗的说法可准确多了.

　　定义 2.3.1　如果函数 $y=f(x)$ 满足下列条件：

　　(1) $f(a)$ 有定义；

　　(2) $\lim\limits_{x\to a}f(x)$ 存在；

　　(3) $\lim\limits_{x\to a}f(x)=f(a)$.

则称 $y=f(x)$ 在点 $x=a$ 处连续. 如果函数在区间内的每个点处都连续，则称函数在该区间内连续.

　　看到连续性的定义中有三个条件，你就知道它非同小可，让我们瞧瞧它们都讲啥.

- $f(a)$ 有定义,当然是说只有在函数的定义域上的点处,才考虑连续性.如果函数在某点处没有定义(这种点是容易被发现的),那就是函数不连续了.
- 条件(2)是说,当 x 从 a 的左侧和右侧向 a 趋近时,函数值 $f(x)$ 要趋向于同一个数值,也就是 $f(x)$ 在点 a 的左右极限都存在并且相等.
- 条件(3)是说,$\lim\limits_{x\to a} f(x)$ 的值必须是 $f(a)$,换个写法就是

$$\lim_{x\to a}[f(x)-f(a)]=0$$

这表明,当 $x\to a$ 时,$f(x)-f(a)$ 是无穷小量.

所以,连续性指的是:当自变量的改变量 $x-a$ 很小时,相应函数值的改变量 $f(x)-f(a)$ 也很小.使用记号 $\Delta x=x-a$,$\Delta y=f(x)-f(a)$,则

$$\boxed{\text{函数 } f(x)\text{在点 } x=a \text{ 处连续的充要条件是} \lim_{\Delta x\to 0}\Delta y=0.}$$

函数连续性的基本规则平淡无奇.因为五种基本的初等函数(幂函数、指数函数、对数函数、三角函数以及反三角函数)在它们的定义域上都是连续的,再利用极限的四则运算与复合运算性质,可以证明:**所有的初等函数在其定义区间上都连续**.也就是:**所有的初等函数在其定义区间上的点的极限都等于相应点的函数值**.

因此"某某函数在何处是连续的?"这个问题的答案,几乎永远是:凡是某某函数有定义的点处肯定连续.不过,这个规则有些许例外,那就是当遇到"分段函数"这类多重性格的函数时,必须得逐一检查每一个分界点是否为连续点,使用的工具当然是左极限、右极限了.

例 2.3.1 说明函数 $f(x)=\dfrac{x^2-1}{|x-1|}$ 在何处是连续的.

当面对这个函数时,首先注意到的就是,在 $x=1$ 的时候,分母等于 0,也就是说 $x=1$ 根本就不在此函数的定义域内.仅这个事实就足以告诉我们,函数在 $x=1$ 处不连续,那么其他的点处情况如何呢?

嗨,你没有把函数中的绝对值不当一回事儿吧!

解 因为函数 $f(x)=\dfrac{x^2-1}{|x-1|}=\begin{cases}-(x+1),& x<1\\ x+1,& x>1\end{cases}$,可见函数在 $x<1$ 时的表达式为 $-(x+1)$,在 $x>1$ 时的表达式为 $x+1$,都是初等函数,当然连续.但是由于

$$\lim_{x\to 1^-}f(x)=\lim_{x\to 1^-}[-(x+1)]=-2,\qquad \lim_{x\to 1^+}f(x)=\lim_{x\to 1^+}(x+1)=2$$

所以,函数除了在 $x=1$ 处不连续外,在其他的点处都连续.

例 2.3.2 设 $f(x)=\begin{cases}\dfrac{\sin 3x}{x},& x<0\\ k,& x=0\\ 3+x\sin\dfrac{1}{x},& x>0\end{cases}$,试确定 k 的值,使 $f(x)$ 在点 $x=0$ 处连续.

解 因为 $\lim\limits_{x\to 0^-}f(x)=\lim\limits_{x\to 0^-}\dfrac{\sin 3x}{x}=3\lim\limits_{x\to 0^-}\dfrac{\sin 3x}{3x}=3$,$\lim\limits_{x\to 0^+}f(x)=\lim\limits_{x\to 0^+}(3+x\sin\dfrac{1}{x})=3$,
于是

$$\lim_{x \to 0} f(x) = 3, \quad 而 \quad f(0) = k$$

因此,当 $k = 3$ 时,有 $\lim\limits_{x \to 0} f(x) = f(0)$,即 $f(x)$ 在 $x = 0$ 处连续.

函数不连续的点称为**间断点**.在不同的间断点处,函数会有多种特异的情形,需要分类处理.就像是幸福的感觉都是幸福,而痛苦的滋味千差万别一样,我们需要仔细应对函数的间断点.

例 2.3.3　发现函数 $y = \dfrac{1}{x-1}$ 的间断点.

解　因为函数 $y = \dfrac{1}{x-1}$ 在 $x = 1$ 处没有定义,所以 $x = 1$ 是间断点,函数的图形在 $x = 1$ 处是断开的,如图 2-6 所示.注意 $\lim\limits_{x \to 1} \dfrac{1}{x-1} = \infty$.我们把这种类型的间断点称为**无穷间断点**.

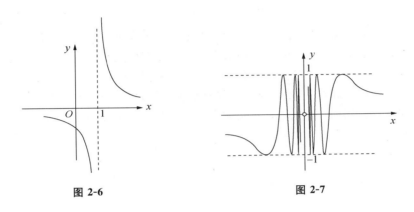

图 2-6　　　　　　　　　　　　图 2-7

例 2.3.4　发现函数 $y = \sin \dfrac{1}{x}$ 的间断点.

解　因为函数 $y = \sin \dfrac{1}{x}$ 在 $x = 0$ 处没有定义,所以 $x = 0$ 是间断点,函数的图形在 $x = 0$ 处是断开的.

函数 $y = \sin \dfrac{1}{x}$ 的曲线在 $x = 0$ 附近上下振荡,如图 2-7 所示.我们把这种类型的间断点称为**振荡间断点**.

无穷间断点和振荡间断点通称为**第二类间断点**,它们的共同特点是:函数在该点的左极限、右极限中,至少有一个不存在.

例 2.3.5　发现函数 $y = f(x) = \begin{cases} \dfrac{x^2}{3}, & -3 \leqslant x \leqslant -1 \\ 1-x, & -1 < x < 2 \\ 1, & x = 2 \\ x-3, & 2 < x \leqslant 3 \\ \dfrac{x^2}{9} - 1, & 3 < x \leqslant 4 \end{cases}$ 的间断点.

解　在 $x = -1$ 处

$$\begin{cases} \lim\limits_{x\to-1^-} f(x) = \lim\limits_{x\to-1^-} \dfrac{x^2}{3} = \dfrac{1}{3} \\ \lim\limits_{x\to-1^+} f(x) = \lim\limits_{x\to-1^+} (1-x) = 2 \end{cases}$$

在 $x=-1$ 处的左极限、右极限都存在,但是不相等,所以 $\lim\limits_{x\to-1} f(x)$ 不存在,函数曲线在 $(-1,1)$ 处不连续,形成了高低差 $\dfrac{5}{3}$ 的间隙. 这样的点 $x=-1$ 称为**跳跃间断点**.

在 $x=2$ 处

$$\begin{cases} \lim\limits_{x\to2^-} f(x) = \lim\limits_{x\to2^-} (1-x) = -1 \\ \lim\limits_{x\to2^+} f(x) = \lim\limits_{x\to2^+} (x-3) = -1 \end{cases}$$

在 $x=2$ 处的左极限、右极限都存在,而且相等,所以 $\lim\limits_{x\to2} f(x) = -1$. 函数曲线在 $(2,1)$ 处高低相同,但是 $\lim\limits_{x\to2} f(x) \neq f(2) = 1$,曲线在 $(2,1)$ 处形成了一个空洞,曲线仍然是"断开"的. 这样的点 $x=2$ 称为**可(以)去(掉的)间断点**. 之所以称之为可去间断点,是因为只要补充或改变函数在相应点处的函数值,就可使函数在该点处连续. 但必须注意,这时的函数与原来的函数已经不是同一个函数,不过也仅仅在个别点处不同,而在其他点则完全相同.

跳跃间断点和可去间断点通称为**第一类间断点**,它们的共同特点是:函数在该点的左极限、右极限都存在. 例如,修改此例的函数在点 $x=2$ 处的函数值为 $f(2)=-1$,则新得到的函数在点 $x=2$ 处就连续了. 参考图 2-8.

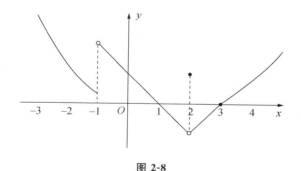

图 2-8

这个图形在本章的开头就出现过,学习了函数的连续性以后,每个人都可以叫做"天才"了. 对了,难道你辛辛苦苦学习微积分一个月,就为了这一个名号吗? 当然不,连续性还可以解决很多麻烦的问题呢.

2.4 连续函数的性质与应用

假设函数 $f(x)$ 在点 $x=a$ 处连续,那么 $\lim\limits_{x\to a} f(x) = f(a)$. 因为 $\lim\limits_{x\to a} x = a$,故上式可以写成

$$\lim\limits_{x\to a} f(x) = f(\lim\limits_{x\to a} x)$$

仔细观察就可发现:极限符号与函数符号交换了次序,极限"穿越"了函数. 这可是了不起的事情,求函数在连续点或可去间断点处的极限问题就可以迎刃而解了,那就是求出函数在该点的函数值. 这是多么美好的事啊!

例 2.4.1 求极限 $\lim\limits_{x \to \frac{\pi}{2}} \left(\ln\sin x + \dfrac{\sin x}{x} \right)$.

解 $\lim\limits_{x \to \frac{\pi}{2}} \left(\ln\sin x + \dfrac{\sin x}{x} \right) = \ln\sin \dfrac{\pi}{2} + \dfrac{\sin \dfrac{\pi}{2}}{\dfrac{\pi}{2}} = 0 + \dfrac{2}{\pi} = \dfrac{2}{\pi}$

例 2.4.2 求极限 $\lim\limits_{x \to 0} \dfrac{\ln(1+x)}{x}$.

解 $\lim\limits_{x \to 0} \dfrac{\ln(1+x)}{x} = \lim\limits_{x \to 0} \dfrac{1}{x} \cdot \ln(1+x) = \lim\limits_{x \to 0} \ln(1+x)^{1/x} = \ln\left(\lim\limits_{x \to 0}(1+x)^{1/x} \right) = \ln e = 1$

注 $x = 0$ 是函数 $(1+x)^{1/x}$ 的可去间断点.

上式的另一个表示为 $\ln(1 + \heartsuit) \sim \heartsuit$ $(\heartsuit \to 0)$, 这是重要的等价无穷小关系, 其中的 $\heartsuit$ 可以是任何相同的表达式.

例 2.4.3 求极限 $\lim\limits_{x \to 0} \dfrac{e^x - 1}{x}$.

解 令 $u = e^x - 1$ 则 $x = \ln(1+u)$, 并且当 $x \to 0$ 时 $u \to 0$, 所以

$$\lim\limits_{x \to 0} \dfrac{e^x - 1}{x} = \lim\limits_{u \to 0} \dfrac{u}{\ln(1+u)} = \dfrac{1}{\lim\limits_{u \to 0} \dfrac{\ln(1+u)}{u}} = 1$$

上式的另一个表示为 $e^{\diamond} - 1 \sim \diamond$ $(\diamond \to 0)$, 这也是重要的等价无穷小关系, 其中的 $\diamond$ 可以是任何相同的表达式.

* *

重要提醒

　　五花八门、各式各样的极限问题搅起了微积分风暴, 极限工具是陪伴你闯荡微积分江湖的利器. 此时此刻, 求极限的大部分方法就算是交给你了. 在遇到求极限的问题时, 我们的经验是: 首先选用无穷小代换法; 其次, 设法消解导致四则运算法则不适用的因式, 留意无穷小量与有界量的乘积; 最后划归成连续函数的极限.

* *

更复杂的极限任务还得继续学习掌握新方法, 这是后话, 你留心就是了.

下面给出几个另类极限问题的例子.

例 2.4.4 已知 $\lim\limits_{x \to 2} \dfrac{x^2 + ax + b}{x^2 - x - 2} = 2$, 求 a, b 的值.

解 函数 $\dfrac{x^2 + ax + b}{x^2 - x - 2}$ 在点 $x = 2$ 处没有定义, 而极限

$$\lim\limits_{x \to 2} \dfrac{x^2 + ax + b}{x^2 - x - 2} = \lim\limits_{x \to 2} \dfrac{x^2 + ax + b}{(x-2)(x+1)} = 2,$$

所以, x^2+ax+b 必须有因式 $x-2$,

令 $x^2+ax+b=(x-2)(x-c)$, 其中 c 待定.

由 $\lim\limits_{x\to 2}\dfrac{x^2+ax+b}{x^2-x-2}=2$ 得

$$\lim_{x\to 2}\frac{(x-2)(x-c)}{(x-2)(x+1)}=\lim_{x\to 2}\frac{x-c}{x+1}=2$$

函数 $\dfrac{x-c}{x+1}$ 在点 $x=2$ 处连续, 所以 $\dfrac{2-c}{2+1}=2$, 即 $c=-4$. 于是有

$$x^2+ax+b=(x-2)(x+4)=x^2+2x-8$$

比较两边同次幂的系数, 得 $a=2, b=-8$.

例 2.4.5 讨论函数 $y=\mathrm{e}^{\frac{1}{x}}$ 的连续性并说明间断点的类型.

解 容易发现函数在 $x=0$ 处没有定义, 故该函数在 $x=0$ 处不连续. 又因为在 $x=0$ 处 $\lim\limits_{x\to 0^-}f(x)=\lim\limits_{x\to 0^-}\mathrm{e}^{\frac{1}{x}}=0$, $\lim\limits_{x\to 0^+}f(x)=\lim\limits_{x\to 0^+}\mathrm{e}^{\frac{1}{x}}=+\infty$, 所以, $x=0$ 是函数 $y=\mathrm{e}^{\frac{1}{x}}$ 的无穷间断点.

例 2.4.6 问 a 取何值时, 函数 $f(x)=\begin{cases}\dfrac{\sin 2x+\mathrm{e}^{2ax}-1}{x}, & x\neq 0 \\ a, & x=0\end{cases}$ 在 $x=0$ 处连续.

解 根据函数连续的要求, 要使 $f(x)$ 在 $x=0$ 处连续, 必须有 $\lim\limits_{x\to 0}f(x)=f(0)$. 所以, 先求极限

$$\lim_{x\to 0}f(x)=\lim_{x\to 0}\frac{\sin 2x+\mathrm{e}^{2ax}-1}{x}=\lim_{x\to 0}\left[\frac{\sin 2x}{x}+\frac{\mathrm{e}^{2ax}-1}{x}\right]$$

$$=\lim_{x\to 0}\frac{\sin 2x}{x}+\lim_{x\to 0}\frac{\mathrm{e}^{2ax}-1}{x}=\lim_{x\to 0}\frac{2x}{x}+\lim_{x\to 0}\frac{2ax}{x}=2+2a$$

于是, $\lim\limits_{x\to 0}f(x)=f(0)$, 即 $2+2a=a$, 解得 $a=-2$.

接下来的几个定理说明连续函数的优点哦.

定理 2.4.1(最大值与最小值存在定理) 设函数 $f(x)$ 在闭区间 $[a,b]$ 上连续, 则至少存在点 $\xi_1\in[a,b]$ 和 $\xi_2\in[a,b]$ 使得 $f(\xi_1)=\max\limits_{a\leqslant x\leqslant b}f(x)$, $f(\xi_2)=\min\limits_{a\leqslant x\leqslant b}f(x)$.

从几何直观上(如图 2-9 所示)看就是: 闭区间上的连续曲线一定有最高点和最低点. 这个定理说明了一个函数在什么情况下一定有最大值和最小值, 但最大(小)值点在哪里并没有告诉我们, 至于能不能具体找出一个函数的最大值和最小值还不好说呢, 同志尚需努力.

连续性的另一个重要应用是关于方程 $f(x)=0$ 的根, 也称为函数 $f(x)$ 的**零点**(图 2-10 中曲线与 x 轴交点所对应的 x 值)的存在性问题, 可以使用下面的定理来验证.

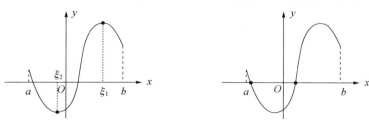

图 2-9   图 2-10

定理 2.4.2(零点存在定理)　设函数 $f(x)$ 在闭区间 $[a,b]$ 上连续,并且 $f(a) \cdot f(b) < 0$,则存在一点 $\xi \in (a,b)$ 使得 $f(\xi) = 0$. 即方程 $f(x) = 0$ 在区间 (a,b) 内至少有一个根.

从几何直观上看就是:如果连续曲线弧 $y = f(x)$ 的两个端点位于 x 轴的不同侧,那么这段曲线弧与 x 轴至少有一个交点. 从图形看,结论是显然的. 不过,若是真要有板有眼地写出证明,还相当不简单呢! 这里省略了. 但是,请记住这个定理的重要性,它适用于更加广泛的问题——几乎所有涉及方程根的问题,都可能跟零点存在定理有关.

至于怎么使用零点存在定理,我们举个例子.

例 2.4.7　证明方程 $x = a\sin x + b$ （其中 $a > 0$, $b > 0$）至少有一个不超过 $a + b$ 的正根.

解　在区间 $[0, a+b]$ 上,考察函数 $f(x) = x - a\sin x - b$. 显然,函数 $f(x) = x - a\sin x - b$ 在区间 $[0, a+b]$ 上连续,并且

$$f(0) \cdot f(a+b) = (-b) \cdot a[1 - \sin(a+b)].$$

因为不能确认 $f(0) \cdot f(a+b) < 0$,故分两种情形讨论:

(1) 若 $1 - \sin(a+b) = 0$,则 $f(a+b) = 0$,原方程 $x = a\sin x + b$ 有一个根 $a+b$,结论成立;

(2) 若 $1 - \sin(a+b) > 0$,则 $f(x)f(a+b) < 0$,根据零点存在定理,原方程 $x = a\sin x + b$ 有一个根 ξ （$0 < \xi < a+b$）,结论也成立.

比零点存在定理更一般的结论是下面的定理.

定理 2.4.3(中间值定理)　设函数 $f(x)$ 在闭区间 $[a,b]$ 上连续,则对介于 $f(a)$ 与 $f(b)$ 之间的任意实数 c,至少存在一点 $\xi \in [a,b]$ 使得 $f(\xi) = c$.

从几何直观上看就是:连续曲线弧 $y = f(x)$ 与水平直线 $y = c$ 至少有一个交点,如图 2-11 所示.

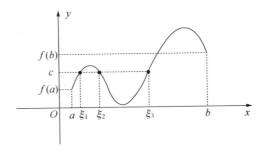

图 2-11

下面给出定理的证明,其中有一个技巧在许多证明题中广泛使用,我们称之为**辅助函数法**.

证　令 $F(x) = f(x) - c$ （$a \leqslant x \leqslant b$）**（辅助函数）**. 因为 $f(x)$ 在 $[a,b]$ 上连续,所以 $F(x)$ 也在 $[a,b]$ 上连续,并且由于 c 介于 $f(a)$ 与 $f(b)$ 之间,所以

$$F(a)F(b) = (f(a) - c)(f(b) - c) < 0$$

对 $F(x)$ 应用零点存在定理,可知至少存在一点 $\xi \in [a,b]$ 使得 $F(\xi) = 0$,即 $f(\xi) = c$.

×定理 2.4.4(零点存在定理的另一版本) 设函数 $f(x)$ 在区间 $(-\infty,+\infty)$ 上连续,并且 $\lim\limits_{x\to-\infty}f(x)\cdot\lim\limits_{x\to+\infty}f(x)<0$,则存在一点 $\xi\in(-\infty,+\infty)$ 使得 $f(\xi)=0$,即方程 $f(x)=0$ 在区间 $(-\infty,+\infty)$ 内至少有一个根.

噢,你是否想过? 要是把图 2-9、图 2-10 和图 2-11 中的小黑点挖空(该怎么称呼呀),那个函数的世界多么叫人遗憾!

到了现在这个柳暗花明的杏花村,你可以一边吟唱微积分的极限咏叹调,一边用极限的方法邀赏美景. 冷不丁冒出一句:我可以不用计算器,写出 $\sqrt{4.01}$ 的近似值到小数点后 4 位,你们谁可以? 指不定会吸引好多人的眼球呢.

注 $\sqrt{4.01}=\sqrt{4\left(1+\dfrac{0.01}{4}\right)}=2\sqrt{1+0.0025}\approx2\left(1+\dfrac{0.0025}{2}\right)=2.0025.$

第3章 导数就是速率——变是硬道理,速率更重要

经过极限的学习,你已经知道,了解"变化"的道理有多么重要.其实,有各种各样的"变化"值得去研究.导数是微积分里最重要的一个概念,像"速率""曲线上一点处切线的斜率""变化率""增速""度量函数的变化有多快"等都是导数的别名.利用导数,不仅可以知道曲线的上升或下降,还可以知道曲线的"凹、凸",解释利润增长的快慢变化,解决诸如发现函数的极值、找到使某某对象最大(最小)的策略等常见的实用问题等,顺便还可以提升"近似"的水平.好了,快说说导数究竟如何吧!

3.1 导数的极限定义——求导数的麻烦方法

开头第一个问题:**速率**.我们知道的"速率=距离÷时间",实际上说的是一段旅程的平均速率.通常车速免不了时快时慢,想要知道在某个瞬间车子的速率,也就是瞬时速率,可以把它想象成"在非常短的一段时间内的平均速率".依照这个想法,用 $f(t)$ 表示在时刻 t 时车子在直线上的位置,用 Δt 表示非常短的时间.那么,在经过一小段时间,也就是在时刻 $t+\Delta t$,车子的位置是 $f(t+\Delta t)$,在这段时间内的平均速率就是:

$$\frac{f(t+\Delta t)-f(t)}{\Delta t}$$

将时间段 Δt 继续缩短到趋近零,就可以得到在时刻 t 的瞬时速率:

$$v(t)=\lim_{\Delta t\to 0}\frac{f(t+\Delta t)-f(t)}{\Delta t}$$

第二个问题:**斜率**.我们知道如何度量一条直线的斜率,那就是用直线上任意两点(x_1,y_1)和(x_2,y_2)坐标差的比值$\frac{y_2-y_1}{x_2-x_1}$.现在想要度量一条曲线上一点 A 处的斜率(这可以用来说明山坡在某处的陡峭程度),应该做些什么呢?

如图 3-1 所示,先指定曲线上的一点 $A(x,f(x))$,然后在曲线上找到另一点,这个点的坐标可以写成 $B(x+\Delta x,f(x+\Delta x))$,那么,割线 AB 的斜率为$\frac{f(x+\Delta x)-f(x)}{\Delta x}$.

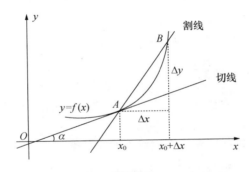

图 3-1

从图 3-1 中可以看出,当 $\Delta x \to 0$ 时,点 B 沿曲线逐渐向点 A 靠近,相应的割线绕着点 A 也转动到一个位置. 所以,割线的极限位置就是曲线在点 A 的切线. 我们用曲线在点 A 切线的斜率来衡量曲线在点 A 的陡峭程度.

和第一个问题的处理方法一样,让 Δx 继续缩短到趋近零,得到:

$$A \text{ 点切线的斜率} = \tan\alpha = \lim_{\Delta x \to 0} \frac{f(x + \Delta x) - f(x)}{\Delta x}$$

嘿,是不是有点异样的感觉,又回到极限了? 不错,导数就是由函数引导出来的一种极限,确切地说,**导数就是函数的(瞬时)变化率**.

定义 3.1.1 函数 $y = f(x)$ 在点 x 的导数写成 $f'(x)$,定义为

$$f'(x) = \lim_{\Delta x \to 0} \frac{f(x + \Delta x) - f(x)}{\Delta x}$$

如果极限 $\lim_{\Delta x \to 0} \dfrac{f(x + \Delta x) - f(x)}{\Delta x}$ 不存在,就说函数 $y = f(x)$ 在点 x 不可导.

我们还要让导数的定义改变一下样子. 例如,用 a 代替 x,用 h 代替 Δx,那么得到

$$f'(a) = \lim_{h \to 0} \frac{f(a + h) - f(a)}{h}$$

因为 $h \to 0$ 时,$a + h \to a$,用 x 代替 $a + h$,那么 $h = x - a$. 还可以得到

$$f'(a) = \lim_{x \to a} \frac{f(x) - f(a)}{x - a}$$

从外表看,这两个形式很不一样,但其实是同一回事,都表示函数 $y = f(x)$ 在指定点 a 处的导数. 嘿,你产生过疑问吗? 把一个导数打扮得这样花哨究竟为啥呢?

提 醒

世界的变化无时不发生,变化率无处不用. 记住导数的这几个样式,即使再化妆化妆,容貌变了,本质没变,你也能对付得了,是不是呀!

那么,你对表达式 $\lim\limits_{x \to 0} \dfrac{g(x) - g(0)}{x}$ 有什么感觉吗? 特别地,当 $g(0) = 0$ 的时候,表达式变成了 $\lim\limits_{x \to 0} \dfrac{g(x)}{x}$. 它们看起来可能是什么呢? 究竟是不是你所说的东西呢? 怎样就会没问题了啊!

考虑到 $x \to a$ 时的不同方式(从左边或从右边),下面的式子说的是函数 $y = f(x)$ 在指定点 a 处的**左导数**和**右导数**.

$$\text{左导数} \quad f'_-(a) = \lim_{x \to a^-} \frac{f(x) - f(a)}{x - a}$$

$$\text{右导数} \quad f'_+(a) = \lim_{x \to a^+} \frac{f(x) - f(a)}{x - a}$$

它们的用途在于考察函数在区间端点处的导数,特别是分段函数在分段点处是否可导的问题.

函数在指定点处的导数存在等价于该点处的左导数和右导数都存在并且相等.

关于函数 $y = f(x)$ 的导数,写法有好多种,常见的有 y',$\dfrac{\mathrm{d}y}{\mathrm{d}x}$,$f'(x)$. 而在指定点 a 处的

导数写成 $y'|_{x=a}$，$\dfrac{\mathrm{d}y}{\mathrm{d}x}\Big|_{x=a}$，$f'(x)|_{x=a}=f'(a)$.

导数的写法有好多种,这可不是发现微积分的先辈们忘了简化,实在是因为导数太有用了,以至于使用它的人,根据自己的喜好,写成现在这个样子.慢慢的,你也会发现不同写法的好处的.

例 3.1.1　若 $f(x)$ 满足 $f(x+1)=2f(x)$，且 $f'(0)=2$，求 $f'(1)$.

由于 $f(x)$ 的表达式未给出,所以求 $f'(1)$ 要用导数的定义,这首先要找出 $f(1)$.

解　因为 $f(x+1)=2f(x)$，所以 $f(1)=f(0+1)=2f(0)$，

$$f'(1)=\lim_{x\to0}\frac{f(1+x)-f(1)}{x}=\lim_{x\to0}\frac{2f(x)-2f(0)}{x}$$

$$=2\lim_{x\to0}\frac{f(x)-f(0)}{x}=2f'(0)=4$$

慢些,有点没看懂? 上式只不过是导数定义的一种表现而已,其中的 x 就是 h 或 Δx，你应该懂得的.

例 3.1.2　绝对值函数 $f(x)=|x|=\begin{cases}x, & x\geqslant0\\ -x, & x<0\end{cases}$ 是在一个点处不可导但连续的函数的典型.

这是一个分段函数,在点 $x=0$ 处是否可导,要利用左、右导数的定义来考察.

解　因为

$$f'_-(0)=\lim_{x\to0^-}\frac{f(x)-f(0)}{x-0}=\lim_{x\to0^-}\frac{|x|}{x}=\lim_{x\to0^-}\frac{-x}{x}=-1,$$

$$f'_+(0)=\lim_{x\to0^+}\frac{f(x)-f(0)}{x-0}=\lim_{x\to0^+}\frac{|x|}{x}=\lim_{x\to0^+}\frac{x}{x}=1,$$

显然

$$f'_-(0)\neq f'_+(0)$$

所以,绝对值函数在点 $x=0$ 处不可导.

绝对值函数的图形(如图 3-2 所示)在点 $(0,0)$ 处发生了转折,这个点是"尖点".

例 3.1.3　函数 $y=\sqrt[3]{x}$ 在 $x=0$ 处连续但不可导.

解　由 $y'|_{x=0}=\lim_{x\to0}\dfrac{\sqrt[3]{x}-0}{x}=\infty$，得知函数 $y=\sqrt[3]{x}$ 在 $x=0$ 处不可导. 它的图形参见图 3-3.

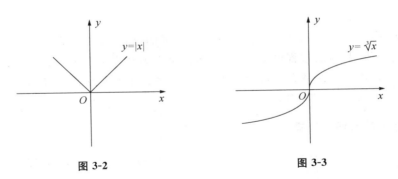

图 3-2　　　　　　　　　　　　　　图 3-3

这两个例子说明:在函数不可导的点处,其图形上是"尖"的或者在该点处有竖直的切线.所以,函数连续不一定可导哦!反过来却有:

定理 3.1.1 可导的函数一定是连续的.

根据这个结论,如果已经判断出一个函数在某点不连续,则可以得知函数在某点不可导.

例 3.1.4 找出一个关于常数 a 的条件,使得函数 $f(x) = \begin{cases} x^a \sin\dfrac{1}{x}, & x \neq 0 \\ 0, & x = 0 \end{cases}$ 在点 $x = 0$ 处可导.

解 根据导数的定义,要使函数在点 $x = 0$ 处可导,必须要极限 $\lim\limits_{x \to 0}\dfrac{f(x) - f(0)}{x - 0} =$

$\lim\limits_{x \to 0}\dfrac{x^a \sin\dfrac{1}{x}}{x} = \lim\limits_{x \to 0} x^{a-1} \sin\dfrac{1}{x}$ 存在,这只有当 $a > 1$ 时才行.所以,

当 $a > 1$ 时 $f(x) = \begin{cases} x^a \sin\dfrac{1}{x}, & x \neq 0 \\ 0, & x = 0 \end{cases}$ 在点 $x = 0$ 处可导.

例 3.1.5 利用导数的定义,求下列函数的导数:

(1) $f(x) = \sqrt{x}$,   (2) $g(x) = \sin x$.

解 按照定义式,依样画葫芦,则

(1) $(\sqrt{x})' = \lim\limits_{h \to 0}\dfrac{f(x+h) - f(x)}{h} = \lim\limits_{h \to 0}\dfrac{\sqrt{x+h} - \sqrt{x}}{h} = \lim\limits_{h \to 0}\dfrac{(\sqrt{x+h} - \sqrt{x})(\sqrt{x+h} + \sqrt{x})}{h(\sqrt{x+h} + \sqrt{x})}$

$= \lim\limits_{h \to 0}\dfrac{1}{\sqrt{x+h} + \sqrt{x}} = \dfrac{1}{2\sqrt{x}}$

即 $(\sqrt{x})' = \dfrac{1}{2\sqrt{x}}$.

(2) $(\sin x)' = \lim\limits_{h \to 0}\dfrac{g(x+h) - g(x)}{h} = \lim\limits_{h \to 0}\dfrac{\sin(x+h) - \sin x}{h}$ (和差化积公式)

$= \lim\limits_{h \to 0}\dfrac{2\cos\left(x + \dfrac{h}{2}\right)\sin\dfrac{h}{2}}{h} = \lim\limits_{h \to 0}\cos\left(x + \dfrac{h}{2}\right) \cdot \dfrac{\sin\dfrac{h}{2}}{\dfrac{h}{2}} = \cos x$

即 $(\sin x)' = \cos x$

因为简单函数是初等函数的"垫脚石",按照一般的方式,接下来得一个一个地按照定义式求出它们的导数,具体的过程这里省略了.实在是因为利用定义求函数导数的工作太过低效,以至于除了讨论分段函数在分段点处的导数,或者讨论没有给出具体表达式的函数的导数这些情况以外,几乎很少使用.

基本初等函数的导数公式

(1) $(C)' = 0$ (C 为常数)   (2) $(x^\alpha)' = \alpha x^{\alpha-1}$ (α 为常数)

(3) $(\sin x)' = \cos x$

(4) $(\cos x)' = -\sin x$

(5) $(\tan x)' = \sec^2 x = \dfrac{1}{\cos^2 x}$

(6) $(\cot x)' = -\csc^2 x = -\dfrac{1}{\sin^2 x}$

(7) $(\sec x)' = \sec x \tan x$

(8) $(\csc x)' = -\csc x \cot x$

(9) $(a^x)' = a^x \ln a, \quad (\mathrm{e}^x)' = \mathrm{e}^x$

(10) $(\log_a x)' = \dfrac{1}{x \ln a}, \quad (\ln x)' = \dfrac{1}{x}$

(11) $(\arcsin x)' = \dfrac{1}{\sqrt{1-x^2}}$

(12) $(\arccos x)' = -\dfrac{1}{\sqrt{1-x^2}}$

(13) $(\arctan x)' = \dfrac{1}{1+x^2}$

(14) $(\operatorname{arccot} x)' = -\dfrac{1}{1+x^2}$

哇噻,公式的数目还真多!

关于导数公式,除了要求把它们记得滚瓜烂熟之外,能说什么呢? 你应该不会在用到的时候才想起推导吧. 这些公式对于微积分的重要性,就像你使用电脑前要知道怎样打开电脑、启动程序一样. 也正是因为导数的重要性,还需要熟练求导数的一些便捷方法. 对了,你发现上面的公式中有什么帮助记忆的规律了吗? 例如,以"正"开头的三角函数的导数都为正,以"余"开头的三角函数的导数都要加上"负号".

3.2　求导法则——求导数的快捷方法

3.2.1　求函数的和、差、积、商的导数的法则

定理 3.2.1　如果函数 $u = u(x)$ 及 $v = v(x)$ 都在点 x 具有导数,那么它们的和、差、积、商(分母为零的点除外)都在点 x 具有导数,且

(1) $[u(x) \pm v(x)]' = u'(x) \pm v'(x)$;

(2) $[u(x) v(x)]' = u'(x) v(x) + u(x) v'(x)$;

(3) $\left[\dfrac{u(x)}{v(x)}\right]' = \dfrac{u'(x) v(x) - u(x) v'(x)}{v^2(x)}$.

猛然一看上面的法则,可能会觉得眼前乱成一团. 还真的没办法,求导数就是这样. 不过,你静下神来,就可以发现它们也不难记忆.

式(1)是最简单的吧,和(差)的导数等于它们导数的和(差).

式(2)这样说就简单好记了:两个函数乘积的导数,等于第一个函数的导数乘以第二个函数,再加上第二个函数的导数乘以第一个函数. 干脆这样吧:求多个函数乘积的导数,考虑其中一个函数的导数乘以其余的函数,每个函数轮流求导一次,再把所有这种方式的结果全加在一起就行了. 例如

$$[u(x) v(x) w(x)]' = u'(x) v(x) w(x) + u(x) v'(x) w(x) + u(x) v(x) w'(x)$$

式(3)右端分子上也是两个函数轮流求导的,注意在对分母求导的时候负号出现了. 因为法则(3)最容易出错,所以更加要努力记住啊.

千万不可把 $[u(x)v(x)]' = u'(x)v(x) + u(x)v'(x)$ 写成 $[u(x)v(x)]' = u'(x)v'(x)$ 以及在 $\left[\dfrac{u(x)}{v(x)}\right]' = \dfrac{u'(x)v(x) - u(x)v'(x)}{v^2(x)}$ 中搞错了负号的位置,更要命的是当 $u(x)v'(x)$ 本身还包含有负号时,计算可要仔细再仔细了. 求导数的时候,尽量先化简函数的表达式,和、差最可爱,积、商次之.

例 3. 2. 1　求出函数 $f(x) = \ln\sqrt{\dfrac{xe^x}{2}}$ 的导数.

这个函数的样子有点不可爱啊!这里需要你帮它修饰打扮一下,使它变得可爱一些.

解　先化简函数的表达式,就是这样

$$f(x) = \ln\sqrt{\frac{xe^x}{2}} = \frac{1}{2}\ln\frac{xe^x}{2} = \frac{1}{2}[\ln x + \ln e^x - \ln 2] = \frac{1}{2}[\ln x + x - \ln 2]$$

然后是

$$f'(x) = \frac{1}{2}[\ln x + x - \ln 2]' = \frac{1}{2}\left(\frac{1}{x} + 1\right)$$

瞧,多么容易!

例 3. 2. 2　假设从你开始上微积分这门课不久,就不幸得了严重的头痛症,经过多种努力仍不见好转. 每当你拿起微积分的课本时,总有一种要把课本扔出窗户的冲动. 而这一次,你的确这样做了. 于是,课本便作了一个抛射体的运动,它的运动轨迹的参数方程为

$$\begin{cases} x = v_1 t \\ y = v_2 t - \dfrac{1}{2}gt^2 \end{cases}$$

其中,v_1,v_2 分别为飞行中课本速度的水平、铅直分量;g 为重力加速度;t 为飞行时间;x 与 y 分别为飞行中的课本在铅直平面上位置的横坐标与纵坐标. 请问:你丢出去的课本在时刻 t 的运动速度 $v(t)$ 是多少?会不会恰好打在路过的同学身上而引起一点麻烦?

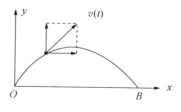

图 3-4

解　先求速率. 速率的水平分量与铅直分量分别为 $\dfrac{\mathrm{d}x}{\mathrm{d}t} = v_1$,$\dfrac{\mathrm{d}y}{\mathrm{d}t} = v_2 - gt$,所以抛射体运动的速率为

$$|v(t)| = \sqrt{\left(\frac{\mathrm{d}x}{\mathrm{d}t}\right)^2 + \left(\frac{\mathrm{d}y}{\mathrm{d}t}\right)^2} = \sqrt{v_1^2 + (v_2 - gt)^2}$$

再求速度的方向,也就是轨迹在时刻 t 时切线的斜率 $\dfrac{\mathrm{d}y}{\mathrm{d}x}$.

可以先从 $x=v_1 t$ 中解出 $t=\dfrac{x}{v_1}$,再代入 $y=v_2 t-\dfrac{1}{2}gt^2$,得到 $y=\dfrac{v_2}{v_1}x-\dfrac{gx^2}{2v_1^2}$,从而求出

$$\frac{\mathrm{d}y}{\mathrm{d}x}=\frac{v_2}{v_1}-\frac{gx}{v_1^2}=\frac{v_2-gt}{v_1}$$

至于第二个问题,要看你的同学是否恰好以速率 v_1,在你扔出课本的同时,沿着 x 轴的正方向匀速行进,或者站在 B 点不动. 否则的话,你不会有任何麻烦.

记着把扔出去的课本捡回来噢.

定理 3.2.2(反函数的导数) 如果函数 $x=f(y)$ 在区间 I_y 内单调、可导且 $f'(y)\neq 0$,则它的反函数 $y=f^{-1}(x)$ 在区间 $I_x=\{x\,|\,x=f(y),\ y\in I_y\}$ 内也可导,且

$$[f^{-1}(x)]'=\frac{1}{f'(y)}\quad\text{或}\quad\frac{\mathrm{d}y}{\mathrm{d}x}=\frac{1}{\dfrac{\mathrm{d}x}{\mathrm{d}y}}$$

也就是说:反函数的导数等于原来函数导数的倒数. 有点拗口吧,不过,它提供了这样一个信息:**求导数时一定要明确是对哪个变量求导**.

例 3.2.3 函数 $x=\sin y$ 的反函数为 $y=\arcsin x$ $(-1\leqslant y\leqslant 1)$,则

$$(\arcsin x)'=\frac{1}{(\sin y)'}=\frac{1}{\cos y}=\frac{1}{\sqrt{1-x^2}}$$

类似有

$$(\arccos x)'=\frac{1}{(\cos y)'}=-\frac{1}{\sin y}=-\frac{1}{\sqrt{1-x^2}},$$

$$(\arctan x)'=\frac{1}{(\tan y)'}=\frac{1}{\sec^2 y}=\frac{1}{1+x^2},$$

$$(\text{arccot}\ x)'=\frac{1}{(\cot y)'}=-\frac{1}{\csc^2 y}=-\frac{1}{1+x^2}$$

3.2.2 求复合函数导数的链式法则

定理 3.2.3 设函数 $y=f(u)$ 与 $u=\varphi(x)$ 构成了复合函数 $y=f[\varphi(x)]$,若 $u=\varphi(x)$ 在点 x 可导,$y=f(u)$ 在对应点 u 处可导,则复合函数在点 x 处也可导,且有

$$\{f[\varphi(x)]\}'=f'(u)\cdot\varphi'(x)$$

或记为

$$\frac{\mathrm{d}y}{\mathrm{d}x}=\frac{\mathrm{d}y}{\mathrm{d}u}\cdot\frac{\mathrm{d}u}{\mathrm{d}x}$$

链式法则的作用是要让我们能够求很复杂的函数的导数. 在链式法则中,有两个重要的素材:一个是必须知道函数是怎样"套"出来的,即 $y=f(u)$ 与 $u=\varphi(x)$ 都是什么;另一个是需要知道如何求 $f'(u)$ 以及 $\varphi'(x)$.

一般的求导数的问题,通常是丢给你某个样子看起来很吓人的函数,题目中不会自动点出什么是 f、什么是 φ,然后叫你求导. 所以真正的难处是:找出函数的组成部分,把函数"分

解",而且"分解"后的函数也要能够求出导数来.

如果还记得我们告诉你的,通过把任何看起来更复杂的函数,分拆成简单函数或它们的四则运算来认识函数的方法,那么像这些难倒大多数人的问题,其实也很容易.

例 3.2.4 求函数 $y=\arcsin\sqrt[3]{x^2-1}$ 的导数.

仔细看一下题目给出的函数,是由几个小零件凑起来的:先是 x^2-1,再把它开三次方,最后取反正弦.所以,令

$$\heartsuit=x^2-1,\quad \square=(\heartsuit)^{1/3},\quad \diamondsuit=\arcsin\square$$

函数 $y=\arcsin\sqrt[3]{x^2-1}$ 就分拆成了 $\diamondsuit=\arcsin\square$ 和 $\square=(\heartsuit)^{1/3}$ 以及 $\heartsuit=x^2-1$,而这三个样式函数的导数有公式可以直接套用.因此现在就可以使用链式法则求导了.

解 令 $y=\arcsin u$,$u=v^{1/3}$,$v=x^2-1$.则

$$y'=(\arcsin u)'\cdot(v^{1/3})'\cdot(x^2-1)'=\frac{1}{\sqrt{1-u^2}}\cdot\frac{1}{3}v^{-2/3}\cdot(2x)$$

$$=\frac{1}{\sqrt{1-(x^2-1)^{2/3}}}\cdot\frac{1}{3}(x^2-1)^{-2/3}\cdot(2x)$$

$$=\frac{2}{3}\cdot\frac{x(x^2-1)^{-2/3}}{\sqrt{1-(x^2-1)^{2/3}}}$$

是不是被这样刁钻的题目吓着了?不必惊慌.如果不能很快地看出函数究竟是怎样复合成的,这里有个包你好用的方法:**以基本初等函数的样子为框架,把自变量位置出现的任何东西,都压缩成一个新符号,使用一次链式法则,接下来考虑新符号所对应函数的导数.如此这般解开链条,从最外层函数开始,一层一层地朝最内层重复使用链式法则,其中每一次的求导都应该是直接套用公式或是四则运算法则,直到没有"′"出现.最后把使用过的"中间变量"全部换成原有的表达式就大功告成了.**

例 3.2.5 求函数 $y=\ln\cos(\mathrm{e}^x)$ 的导数.

把给出的函数看成 $y=\ln u$,其中 $u=\cos(\mathrm{e}^x)$.使用一次链式法则,得到 $y'=\frac{1}{u}\cdot u'$;然后求 u',方法同前一步一样,继续,直到没有"′"出现.

解 令 $y=\ln u$,其中 $u=\cos v$,则

$$y'=\frac{1}{u}\cdot u'$$

又 $u=\cos v$,其中 $v=\mathrm{e}^x$,则

$$u'=-\sin v\cdot v'$$

最后,$v'=\mathrm{e}^x$.

将上面的式子串联起来,把使用过的"中间变量"全部换成关于 x 的表达式,得到

$$y'=\frac{1}{u}\cdot u'=\frac{1}{u}\cdot(-\sin v)\cdot v'$$

$$=\frac{1}{\cos(\mathrm{e}^x)}\cdot(-\sin \mathrm{e}^x)\cdot(\mathrm{e}^x)=-\mathrm{e}^x\tan(\mathrm{e}^x)$$

容易吧?!再多做些练习,熟练以后没必要写出"中间变量"了,就像下面的题解一样.

例 3.2.6　设 $y = \ln(x + \sqrt{1 + x^2})$ 求 y'.

解
$$y' = \frac{1}{x + \sqrt{1 + x^2}} \cdot (x + \sqrt{1 + x^2})' = \frac{1}{x + \sqrt{1 + x^2}} \cdot \left[1 + (\sqrt{1 + x^2})' \right]$$
$$= \frac{1}{x + \sqrt{1 + x^2}} \cdot \left[1 + \frac{1}{2\sqrt{1 + x^2}} \cdot (1 + x^2)' \right]$$
$$= \frac{1}{x + \sqrt{1 + x^2}} \cdot \left[1 + \frac{2x}{2\sqrt{1 + x^2}} \right] = \frac{1}{\sqrt{1 + x^2}}$$

* *

这是考试卷上出现最多的题目之一,有很多人将"'"打错了位置而丢分.

* *

例 3.2.7　求函数 $y = f(\sin^2 x)$ 的导数.

解
$$y' = [f(\sin^2 x)]' = f'(\sin^2 x) \cdot (\sin^2 x)' = f'(\sin^2 x) \cdot (2\sin x) \cdot (\sin x)'$$
$$= f'(\sin^2 x) \cdot (2\sin x) \cdot (\cos x) = \sin 2x \cdot f'(\sin^2 x)$$

⚠ **警　告**

若 $y = f(u)$ 与 $u = \varphi(x)$ 构成了复合函数 $y = f[\varphi(x)]$,记号 $f'(\varphi(x))$ 与 $(f(\varphi(x)))'$ 的意义完全不同,不可混淆! 前者是 $y = f(u)$ 求出导数 $y = f'(u)$ 后,用 $\varphi(x)$ 替换 u;后者是先用 $\varphi(x)$ 替换 u 后再对 x 求导.

例如,写法
$$\left(\frac{1}{x + \sqrt{1 + x^2}} \right)' = \left(\frac{1}{x + \sqrt{1 + x^2}} \right)' \cdot (x + \sqrt{1 + x^2})'$$

显然是错误的. 大多数的错误都与此类似,或者是某一步漏掉了该有的链条.

3.2.3　高阶导数——导数的导数

把同一个函数求导很多遍就生成了二阶及以上阶的导数. 具体说就是:函数 $f(x)$ 的导数 $f'(x)$ 本身,仍然是 x 的函数,再取一次导数,得到的结果表示为 $f''(x)$,称为函数 $f(x)$ 的**二阶导数**,再求 $f''(x)$ 的导数产生三阶导数 $f'''(x)$,等等. 一般地,函数 $f(x)$ 的 n 阶导数记为 $f^{(n)}(x)$ 或者 $\dfrac{\mathrm{d}^n y}{\mathrm{d}x^n}$.

你或许会问,求高阶导数干什么用? 你一定记得导数的另一个名字——速率吧,位置函数的二阶导数就是加速度. 至于求更高阶的导数,它的用途和你的关系就更紧密了,比如 $\sin 31.5°$ 的值是怎么计算出来的等.

例 3.2.8 设 $f(x)=\sin x$,那么 $f^{(100)}(x)$ 为何?

不是开玩笑吧,为了求 $f^{(100)}(x)$,要一次一次地对 $f(x)=\sin x$ 取导数,那可要做 100 次呢. 其实也不必太紧张,瞧下面的几个式子:
$$f(x)=\sin x,\quad f'(x)=\cos x,\quad f''(x)=-\sin x,\quad f'''(x)=-\cos x,\quad f^{(4)}(x)=\sin x$$
你会发现这些导数在兜圈子,每 4 次就会循环一圈,一定有递推通式的. 事实上,

$$f'(x)=\cos x=\sin\left(x+\frac{\pi}{2}\right),$$

$$f''(x)=-\sin x=\cos\left(x+\frac{\pi}{2}\right)=\sin\left(x+\frac{\pi}{2}+\frac{\pi}{2}\right)=\sin\left(x+2\cdot\frac{\pi}{2}\right),$$

$$f'''(x)=-\cos x=\sin\left(x+3\cdot\frac{\pi}{2}\right),$$

$$f^{(4)}(x)=\sin x=\sin\left(x+4\cdot\frac{\pi}{2}\right)$$

所以 $\boxed{f^{(n)}(x)=(\sin x)^{(n)}=\sin\left(x+n\cdot\frac{\pi}{2}\right)\quad(n=0,1,2,\cdots)}$

于是 $f^{(100)}(x)=\sin\left(x+100\cdot\frac{\pi}{2}\right)=\sin x$.

同样的, $\boxed{(\cos x)^{(n)}=\cos\left(x+n\cdot\frac{\pi}{2}\right)\quad(n=0,1,2,\cdots)}$

例 3.2.9 设 $f(x)=a_0+a_1 x+a_2 x^2+a_3 x^3+\cdots+a_n x^n$,那么 $f^{(n)}(x)$ 为何? $f^{(n+1)}(x)$ 呢?

这是 n 次多项式函数,它大概是最友好的函数了. 试着求一下它的前 3 阶导数:
$$f'(x)=a_1+2a_2 x+3a_3 x^2+\cdots+na_n x^{n-1},$$
$$f''(x)=2a_2+6a_3 x+\cdots+n(n-1)a_n x^{n-2},$$
$$f'''(x)=6a_3+\cdots+n(n-1)(n-2)a_n x^{n-3}$$
你会发现,每求一次导数,多项式函数的幂次会降低一次,连它的项数也越来越少,到了最后的第 n 阶导数,也就是
$$f^{(n)}(x)=n(n-1)(n-2)\cdots 2\cdot 1a_n=n!a_n$$
那么 $f^{(n+1)}(x)=0$.

3.3 隐微分法、相关变化率

你已经习惯了把函数写成 $y=f(x)$ 的样子,它其实也可以用方程 $y-f(x)=0$ 表示. 更一般的,一个包含变量 x 和 y 的方程,可能隐含着变量 x 和 y 的函数关系,也就是对任意取定的 x 值,通过方程可以唯一解出 y 的值,或者交换 x 和 y 的次序,表述成 x 是 y 的函数.

例如,方程 $e^y+xy-e=0$,当 $y\neq 0$ 时,可以确定 x 是 y 的函数 $x=\dfrac{e-e^y}{y}$;当 $x+e^y\neq 0$

时,可以确定 y 是 x 的函数(理由在第 9 章).

如果不能把函数写成 $y=f(x)$ 的样子(即从方程解出 y),就叫做由一个方程确定的**隐函数**.在这种情况下,虽然知道 y 是 x 的函数,但因为无法明确写出 y 到底是怎样的表达式,故当我们还想求出导数 $\dfrac{\mathrm{d}y}{\mathrm{d}x}$ 时,困难是有的,不过,办法倒是有一个.

3.3.1　隐(函数)微分法

在方程式两端都对 x 求导,同时把 y 想成是 x 的函数,含有 y 的部分就成了 x 的复合函数,要使用链式法则求导.然后,得到一个包含 $\dfrac{\mathrm{d}y}{\mathrm{d}x}$ 的方程,最后解出 $\dfrac{\mathrm{d}y}{\mathrm{d}x}$ 就可以了.

例 3.3.1　求方程 $\mathrm{e}^y + xy - \mathrm{e} = 0$ 确定的隐函数的导数 $\dfrac{\mathrm{d}y}{\mathrm{d}x}$,并求出 $x=0$ 时的导数 $\dfrac{\mathrm{d}y}{\mathrm{d}x}\Big|_{x=0}$.

解　方程两端对 x 求导,把 y 看作 x 的函数,得到

$$\mathrm{e}^y \cdot \frac{\mathrm{d}y}{\mathrm{d}x} + y + x \cdot \frac{\mathrm{d}y}{\mathrm{d}x} = 0$$

于是

$$\frac{\mathrm{d}y}{\mathrm{d}x} = -\frac{y}{x+\mathrm{e}^y} \quad (x+\mathrm{e}^y \neq 0)$$

将 $x=0$ 代入方程 $\mathrm{e}^y + xy - \mathrm{e} = 0$,解出 $y=1$;最后把 $x=0$,$y=1$ 代入 $\dfrac{\mathrm{d}y}{\mathrm{d}x} = -\dfrac{y}{x+\mathrm{e}^y}$ 可得

$$\frac{\mathrm{d}y}{\mathrm{d}x}\Big|_{x=0} = -\frac{1}{\mathrm{e}}$$

例 3.3.2　求方程 $\mathrm{e}^y + xy - \mathrm{e} = 0$ 确定的隐函数的二阶导数 $\dfrac{\mathrm{d}^2 y}{\mathrm{d}x^2}$.

解　(**方法 1**)从 $\dfrac{\mathrm{d}y}{\mathrm{d}x} = -\dfrac{y}{x+\mathrm{e}^y}$ 再对 x 求导,把 y 看作 x 的函数,得到

$$\frac{\mathrm{d}^2 y}{\mathrm{d}x^2} = -\frac{\dfrac{\mathrm{d}y}{\mathrm{d}x} \cdot (x+\mathrm{e}^y) - y\left(1 + \mathrm{e}^y \cdot \dfrac{\mathrm{d}y}{\mathrm{d}x}\right)}{(x+\mathrm{e}^y)^2} = -\frac{-\dfrac{y}{x+\mathrm{e}^y}(x+\mathrm{e}^y) - y\left[1 + \mathrm{e}^y\left(\dfrac{-y}{x+\mathrm{e}^y}\right)\right]}{(x+\mathrm{e}^y)^2}$$

$$= \frac{2y\mathrm{e}^y + 2xy - y^2\mathrm{e}^y}{(x+\mathrm{e}^y)^3}$$

(**方法 2**)原方程两端对 x 求导,把 y 看作 x 的函数,得

$$\mathrm{e}^y \cdot \frac{\mathrm{d}y}{\mathrm{d}x} + y + x \cdot \frac{\mathrm{d}y}{\mathrm{d}x} = 0$$

上式两端再次对 x 求导,仍然把 y 看作 x 的函数,得

$$\left[\mathrm{e}^y \cdot \left(\frac{\mathrm{d}y}{\mathrm{d}x}\right)^2 + \mathrm{e}^y \cdot \frac{\mathrm{d}^2 y}{\mathrm{d}x^2}\right] + \frac{\mathrm{d}y}{\mathrm{d}x} + \left[\frac{\mathrm{d}y}{\mathrm{d}x} + x \cdot \frac{\mathrm{d}^2 y}{\mathrm{d}x^2}\right] = 0,$$

于是

$$\frac{\mathrm{d}^2 y}{\mathrm{d}x^2} = \frac{2y\mathrm{e}^y + 2xy - y^2\mathrm{e}^y}{(x+\mathrm{e}^y)^3}$$

3.3.2 由参数方程所确定的隐函数的导数

由参数方程 $\begin{cases} x=\varphi(t) \\ y=\psi(t) \end{cases}$ $(\alpha \leqslant t \leqslant \beta)$ 表达的 x 和 y 的函数关系要靠一个中间变量 t 作为过渡,当中间变量 t 难以消去时,x 和 y 的函数关系会变的不明显,也称之为隐函数.使用反函数的求导法则,可以求出.

$$\frac{\mathrm{d}y}{\mathrm{d}x} = \frac{\mathrm{d}y}{\mathrm{d}t} \cdot \frac{\mathrm{d}t}{\mathrm{d}x} = \frac{\dfrac{\mathrm{d}y}{\mathrm{d}t}}{\dfrac{\mathrm{d}x}{\mathrm{d}t}} = \frac{\psi'(t)}{\varphi'(t)}$$

它就是相应变元对参数的导数的比值.

例 3.3.3 求由参数方程 $\begin{cases} x=t-\sin t \\ y=1-\cos t \end{cases}$ 确定的隐函数 $y=f(x)$ 的二阶导数.

解 因为 $\dfrac{\mathrm{d}y}{\mathrm{d}t}=\sin t, \dfrac{\mathrm{d}x}{\mathrm{d}t}=1-\cos t$,所以

$$\frac{\mathrm{d}y}{\mathrm{d}x} = \frac{\dfrac{\mathrm{d}y}{\mathrm{d}t}}{\dfrac{\mathrm{d}x}{\mathrm{d}t}} = \frac{\sin t}{1-\cos t} = \frac{2\sin \dfrac{t}{2}\cos \dfrac{t}{2}}{2\sin^2 \dfrac{t}{2}} = \cot \frac{t}{2}$$

又

$$\frac{\mathrm{d}^2 y}{\mathrm{d}x^2} = \frac{\mathrm{d}}{\mathrm{d}x}\left(\frac{\mathrm{d}y}{\mathrm{d}x}\right) = \frac{\mathrm{d}}{\mathrm{d}t}\left(\cot \frac{t}{2}\right) \cdot \frac{\mathrm{d}t}{\mathrm{d}x} = -\frac{1}{2\sin^2 \dfrac{t}{2}} \cdot \frac{1}{1-\cos t} = \frac{-1}{(1-\cos t)^2}$$

嘿!你注意到在二阶导数中的小尾巴 $\dfrac{\mathrm{d}t}{\mathrm{d}x}$ 了吗?在这里 t 是中间变量,这个小尾巴绝对不能丢!曾经有太多的人忘记了它而在考试中失分.

3.3.3 相关变化率

导数 $\dfrac{\mathrm{d}y}{\mathrm{d}x}=\dfrac{\psi'(t)}{\varphi'(t)}$ 的右端是两个函数 $\psi(t)$ 和 $\varphi(t)$ 关于 t 的变化率的比值,而 y 和 x 又通过 t 而相互依赖.所以,把 $\dfrac{\mathrm{d}y}{\mathrm{d}t}$ 和 $\dfrac{\mathrm{d}x}{\mathrm{d}t}$ 称为**相关变化率**.所谓相关变化率问题就是:两个或两个以上随着时间变化的变量(表示成 y 和 x),被一个或几个方程拴在一起,你变,它跟着变,而我们想想要知道其中一个变量在某个时刻的导数(变化率).举几个简单的例子,像售卖效率与补充库存之间的关系,或是你追逐着某个运动中的物体拍摄它的影像,就是一种相关变化率问题,甚至于庆典时将酒杯斟满这样的事也归于此类.

原则上,处理相关变化率问题,首先要建立 y 和 x 之间的关系方程,然后在方程中关于 t 求导,利用 $\dfrac{\mathrm{d}y}{\mathrm{d}t}$ 或 $\dfrac{\mathrm{d}x}{\mathrm{d}t}$ 之一求出另一个.

例 3.3.4 雷达测速问题 在一段笔直的高速公路上安装的测速雷达工作原理是:固定在某处的雷达以设定好的转角速度,在一段公路上跟踪行进中的车辆,并计算出车速.如图 3-5 所示.假设雷达距地面高度为 $CA=3$ 米,设定好的转角速度为 0.5 弧度/秒,雷达监测

的距离为 $AB=10$ 米. 假如在某个时刻车辆的位置距 A 点是 $x=9$ 米,请问该车的瞬时速率是多少? 该路段规定的最大车速是多少?

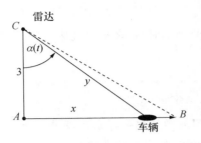

图 3-5

解 设车辆距点 A 为 x,距点 C 为 y,则 $y^2=x^2+9$,此时

$$\sin\alpha(t)=\frac{x}{y}=\frac{x}{\sqrt{x^2+9}},\quad \cos\alpha(t)=\frac{3}{y}=\frac{3}{\sqrt{x^2+9}}$$

雷达的转角速率为 $\dfrac{\mathrm{d}\alpha(t)}{\mathrm{d}t}$,车速为 $\dfrac{\mathrm{d}x}{\mathrm{d}t}$. 在

$$\sin\alpha(t)=\frac{x}{y}=\frac{x}{\sqrt{x^2+9}}$$

两边关于 t 求导,得:

$$\cos\alpha(t)\cdot\frac{\mathrm{d}\alpha(t)}{\mathrm{d}t}=\frac{9}{\left(\sqrt{x^2+9}\right)^{3/2}}\cdot\frac{\mathrm{d}x}{\mathrm{d}t}$$

已知 $\dfrac{\mathrm{d}\alpha(t)}{\mathrm{d}t}=0.5$, $\cos\alpha(t)=\dfrac{3}{y}=\dfrac{3}{\sqrt{x^2+9}}$,所以

$$\frac{\mathrm{d}x}{\mathrm{d}t}=\frac{0.5(x^2+9)}{3}$$

现在,车辆的位置是 $x=9$ 米,那么该车的瞬时速率为 $\dfrac{\mathrm{d}x}{\mathrm{d}t}=15$ 米/秒,相当于时速 54 千米/小时,你是个遵守规章的好司机. 因为该路段规定的最大车速是 $\dfrac{\mathrm{d}x}{\mathrm{d}t}=\dfrac{0.5\left[(10)^2+9\right]}{3}=$ 18.17 米/秒,相当于时速 65.4 千米/小时.

例 3.3.5 水库容量的管理问题 为了保持一定的水库蓄水量,需要在来水量和泄水量之间取得平衡. 假定设计的水库容量为 500 万立方米. 泄洪口水的流速为 3 万立方米/小时. 问在 3 点钟到 5 点钟的两个小时内,来水量流速多少时,需要开闸放水?

嘿,有没有觉得缺了点什么? 是的,还需要知道来水口和泄洪口的截面积,这里分别假定为 50 万平方米和 500 平方米. 如果你管理的水库的泄洪口样子很特别,像圆形、梯形什么的,你应当先计算出截面积哦.

解 已知"流量=时间×截面积×流速". 设来水量流速为 $\dfrac{\mathrm{d}x}{\mathrm{d}t}$,泄水量流速为 $\dfrac{\mathrm{d}y}{\mathrm{d}t}$. 于是有关系式

$$2\times\left(50\frac{\mathrm{d}x}{\mathrm{d}t}-0.005\frac{\mathrm{d}y}{\mathrm{d}t}\right)=500$$

把 $\dfrac{\mathrm{d}y}{\mathrm{d}t}=3$ 代入上式，可以解出

$$\frac{\mathrm{d}x}{\mathrm{d}t}=\frac{250+0.015}{50}=5.0003 \text{（万立方米／小时）}$$

即在 3 点钟到 5 点钟的两个小时内，来水量流速为 5.0003 万立方米/小时的时候，需要开闸放水.

* *

这类问题牵涉把某种东西放进一个容器或取出来，想知道在放进或取出的过程中，容器内物品的数量变化或者跟其他有关容器的体积、库存成本等数量之间的关系，都可以归结为类似的情形，发生在你身边的这样的事可多了.

* *

3.4　e^x 和它的朋友们——对数求导法

说到指数函数时，我们宁愿它是 e^x. 这是因为 e^x 有个非常了不起的性质：

$$(\mathrm{e}^x)'=\mathrm{e}^x$$

甚至你就是对 e^x 求 1000 次导数，它还是 e^x. 如果把求导符号"'"想象成在函数的头上砍一刀，那么 e^x 就是不变的"金刚". 它的朋友 e^{rx} 稍微"软弱"一点：

$$(\mathrm{e}^{rx})'=r\mathrm{e}^{rx},\quad (\mathrm{e}^{rx})''=r^2\mathrm{e}^{rx},\quad \cdots,\quad (\mathrm{e}^{rx})^{(n)}=r^n\mathrm{e}^{rx}$$

另一个朋友——对数函数 $\ln x$ 是 e^x 的反函数，每个人都知道 $(\ln x)'=\dfrac{1}{x}$，而且，利用链式法则可以得到

$$\big[\ln f(x)\big]'=\frac{f'(x)}{f(x)}$$

这个公式看起来不起眼，但它在下面的问题中，有非常了不起的作用.

例 3.4.1　求函数 $f(x)=\dfrac{(x-1)(x+2)}{(x^2+3)(x^4+4)}$ 的导数.

要对付这样函数的导数，就算是你能够熟练运用求导的商法则和积法则，花费很多时间也不一定做正确. 更糟糕的是，把函数中的因子一个个乘起来后展开，那就更加难以收拾了.

这里有个非常受欢迎的、实用的解法，叫做**对数求导法**. 它是这样的：在正式求导之前，先在函数式两边取对数，然后，利用对数的性质，将讨厌的乘积（商）变成可爱的和（差），接下来，运用隐微分法，就可以顺利求出导数了.

解　在 $f(x)=\dfrac{(x-1)(x+2)}{(x^2+3)(x^4+4)}$ 的两边取对数，得

$$\ln f(x)=\ln \frac{(x-1)(x+2)}{(x^2+3)(x^4+4)}=\ln(x-1)+\ln(x+2)-\ln(x^2+3)-\ln(x^4+4)$$

两边关于 x 求导,得

$$\frac{f'(x)}{f(x)} = \frac{1}{x-1} + \frac{1}{x+2} - \frac{2x}{x^2+3} - \frac{4x^3}{x^4+4}$$

于是

$$f'(x) = f(x)\left[\frac{1}{x-1} + \frac{1}{x+2} - \frac{2x}{x^2+3} - \frac{4x^3}{x^4+4}\right]$$

$$= \frac{(x-1)(x+2)}{(x^2+3)(x^4+4)} \cdot \left[\frac{1}{x-1} + \frac{1}{x+2} - \frac{2x}{x^2+3} - \frac{4x^3}{x^4+4}\right]$$

到了这里,你已经把题目做完了.千万别把上面的答案乘开,否则,好不容易节省下来的时间又要泡汤啦.

对数求导法也适用于形如 $[u(x)]^{v(x)}$ 的幂指函数的求导,当然也可以利用复合函数的链式法则求导,后者需要翻看预备材料里的对数运算了.

例 3.4.2　求函数 $y = x^x$ 的导数.

解法一　在 $y = x^x$ 的两边取对数,$\ln y = x\ln x$,两边关于 x 求导得

$$\frac{y'}{y} = 1 + \ln x,$$

于是 $y' = (x^x)' = x^x(1+\ln x)$.

解法二　因为 $y = x^x = e^{x\ln x}$,所以 $y' = e^{x\ln x} \cdot (x\ln x)' = x^x(1+\ln x)$.

例 3.4.3　求函数 $y = \dfrac{x}{\sqrt{1-x^2}}$ 的导数.

解　在 $y = \dfrac{x}{\sqrt{1-x^2}}$ 的两边取对数,$\ln y = \ln x - \dfrac{1}{2}\ln(1-x^2)$.两边关于 x 求导,得

$$\frac{y'}{y} = \frac{1}{x} - \frac{1}{2} \cdot \frac{(1-x^2)'}{1-x^2} = \frac{1}{x} - \frac{1}{2} \cdot \frac{-2x}{1-x^2} = \frac{1}{x(1-x^2)}$$

于是 $y' = \dfrac{x}{\sqrt{1-x^2}} \cdot \dfrac{1}{x(1-x^2)} = \dfrac{1}{(1-x^2)\sqrt{1-x^2}}$.

比起用商的求导法则来讲,对数求导法既快又不容易出错吧.当然,选用哪一种方法由你了.

3.5　中值定理——平凡中孕育神奇

你已经体会了导数的部分功用,它还能为你做很多其他的事呢.在微积分里最重要的角色——中值定理需要出场了.

定理 3.5.1(罗尔定理)　如果函数 $f(x)$ 满足:

(1) 在闭区间 $[a,b]$ 上连续;

(2) 在开区间 (a,b) 内可导;

(3) $f(a) = f(b)$;

那么,在开区间 (a,b) 内至少有一点 $\xi(a<\xi<b)$,使得 $f'(\xi) = 0$.

这个定理是说：如果从某点出发到达和出发点相同高度的某点，如果行进的路途是平滑的（没有间断、也没有"尖点"），那么在行程中间的某处，一定会瞬间停下来（速率为零），如图 3-6 所示.

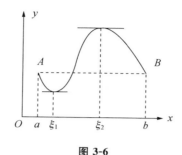

图 3-6

曲线在 $x=\xi_1$ 和 $x=\xi_2$ 的点处发生了转折. 在 $x=\xi_1$ 处由下降转为上升，在 $x=\xi_2$ 处由上升转为下降，从而显示出图形上的局部最低点和最高点. 再看看这些点处的小切线段（斜率为0），它们与曲线端点的连线 AB 平行呢. 罗尔定理就是把这个事实说出来而已.

接下来，微积分里最著名的定理之一要登场了，它就是下面的：

定理 3.5.2（拉格朗日中值定理） 如果函数 $f(x)$ 满足：

（1）在闭区间 $[a,b]$ 上连续；

（2）在开区间 (a,b) 内可导；

那么，在开区间 (a,b) 内至少有一点 $\xi(a<\xi<b)$，使得 $f'(\xi)=\dfrac{f(b)-f(a)}{b-a}$.

你大概做梦也不会想到，大名鼎鼎的拉格朗日中值定理，不过只是朴实无华的罗尔定理减少了一个条件，把图形转个角度，歪斜一下而已.

比较拉格朗日中值定理和罗尔定理的条件可以发现，前者对函数的要求减少了，定理的使用范围应该更加广泛. 那么结论是否难以验证呢？定理中 $\dfrac{f(b)-f(a)}{b-a}$ 恰好为割线 AB 的斜率，而结论表明在曲线上至少有一点 ξ 处的切线平行于割线，如图 3-7 所示.

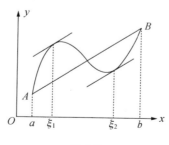

图 3-7

利用几何直观图示可以发现，如果重新建立坐标系使得 x 轴平行于割线 AB，这个定理就是罗尔定理的情形，所以考虑构造一个适合于罗尔定理条件的函数来证明拉格朗日中值定理.

可以这样寻找需要的函数：假设定理成立，那么，首先把 $f'(\xi)=\dfrac{f(b)-f(a)}{b-a}$ 改写成

$f'(\xi)-\dfrac{f(b)-f(a)}{b-a}=0$. 左端恰好为函数 $F(x)=f(x)-\dfrac{f(b)-f(a)}{b-a}x$ 在 ξ 处的导数，而且

$f'(\xi)-\dfrac{f(b)-f(a)}{b-a}=0$ 就是 $F'(\xi)=0$. 因此，函数 $F(x)=f(x)-\dfrac{f(b)-f(a)}{b-a}x$ 可能就是我

们所需要的. 最后，对于函数 $F(x)$ 验证罗尔定理的条件满足即可.

证 令 $F(x)=f(x)-\dfrac{f(b)-f(a)}{b-a}x$，因为函数 $f(x)$ 在闭区间 $[a,b]$ 上连续，开区间

(a,b) 内可导，所以函数 $F(x)$ 在闭区间 $[a,b]$ 上连续，开区间 (a,b) 内可导，又因为

$$F(b)-F(a)=\left[f(b)-\dfrac{f(b)-f(a)}{b-a}b\right]-\left[f(a)-\dfrac{f(b)-f(a)}{b-a}a\right]=0$$

利用罗尔定理，在开区间 (a,b) 内至少有一点 ξ $(a<\xi<b)$，使得 $F'(\xi)=0$，即

$$F'(\xi)=f'(\xi)-\dfrac{f(b)-f(a)}{b-a}=0$$

上面的定理证明方法称为**辅助函数法**，以前也提到过的. 其中心思想是通过对结论的认识，构造合适的函数，验证所需的条件满足，套用已知的结论，从而完成证明. 有趣的是，大量的各类习题中有关中值的问题，都可以仿照这个证明来完成解答.

例 3.5.1 设 $f(x)$ 在 $[a,b]$ 上连续，在 (a,b) 内可导. 证明：存在一点 $\xi\in(a,b)$，使得 $f(\xi)+\xi f'(\xi)=\dfrac{bf(b)-af(a)}{b-a}$.

看看要证结论的式子右端的样子，正好是拉格朗日中值定理中出现过的，**所谓证明就是，把定理运用到满足条件的指定的函数上，再陈述一遍而已**.

证 令 $F(x)=xf(x)$. 因为 $f(x)$ 在 $[a,b]$ 上连续，在 (a,b) 内可导，易见，$F(x)$ 在 $[a,b]$ 上连续，在 (a,b) 内可导函数 $F(x)$ 满足拉格朗日中值定理的条件. 于是，在区间 $[a,b]$ 上对函数 $F(x)$ 应用拉格朗日中值定理得，存在一点 $\xi\in(a,b)$，使得 $F(b)-F(a)=F'(\xi)(b-a)$，即

$$f(\xi)+\xi f'(\xi)=\dfrac{bf(b)-af(a)}{b-a}.$$

💡 **提 醒**

　　注意到结论的表现形式，罗尔定理可以在涉及函数方程 $f'(x)=0$ 的根的存在性问题中发挥作用，而拉格朗日中值定理具有更加广泛的应用前景.

事实上，表达式 $f'(\xi)=\dfrac{f(b)-f(a)}{b-a}$ 中的 a,b 可以换成 $[a,b]$ 内的任意两个点 $x,x+\Delta x$，再把 $x,x+\Delta x$ 之间的 ξ 记为 $\xi=x+\theta\Delta x$ $(0<\theta<1)$，那么

$$f(x+\Delta x)-f(x)=f'(x+\theta\Delta x)\cdot\Delta x$$

于是，我们得到了函数增量的一个表达式

$$\Delta y=f(x+\Delta x)-f(x)=f'(x+\theta\Delta x)\cdot\Delta x$$

其中的增量 Δx 不要求很小，这是函数增量的一个精确表达式，因此拉格朗日定理也叫

做有限增量公式或微分中值定理.

* *

重要提醒

　　因为拉格朗日定理讨论函数的增量,所以凡是涉及两点函数值的差的问题,都可以考虑使用这个定理.

* *

　　下面给出几个例子.

　　推论　若函数 $f(x)$ 在区间 $[a,b]$ 上满足 $f'(x)=0$,那么 $f(x)$ 是常值函数.

　　证　在区间 $[a,b]$ 上任取两点 $x_1,x_2(x_1<x_2)$,对函数 $f(x)$ 在区间 $[x_1,x_2]$ 上应用拉格朗日定理,得

$$f(x_2)-f(x_1)=f'(\xi)(x_2-x_1), \quad (x_1<\xi<x_2)$$

因为 $f'(\xi)=0$,所以 $f(x_2)-f(x_1)=0$ 即 $f(x_2)=f(x_1)$.由于 x_1、x_2 的任意性,这表明 $f(x)$ 是常值函数.

　　提　醒

　　这个推论常用于证明一些恒等式.例如,证明 $\arcsin x+\arccos x=\dfrac{\pi}{2}$.令 $f(x)=\arcsin x+\arccos x$,因为 $f'(x)=0$,故再考虑 $f(0)=\dfrac{\pi}{2}$ 就完成了.

　　例 3.5.2　证明:当 $x>0$ 时,$\dfrac{x}{1+x}<\ln(1+x)<x$.

　　说明　对于不等式的证明,经常把不等号两边的因式相减或相除,然后考察差的符号或比较商与 1 的大小.在这里,选择适当的函数,利用微分中值定理就可以比较方便地说明差的符号,从而完成许多复杂的不等式的证明.

　　本题结论中的 $\ln(1+x)$ 和 $\dfrac{1}{1+x}$,启发我们对函数 $f(t)=\ln(1+t)$ 利用微分中值定理,而且 $x>0$ 提示考虑的区间是 $[0,x]$,此时暂把 x 看成常数.

　　证　设 $f(t)=\ln(1+t)$,在区间 $[0,x]$ 上应用微分中值定理,得:存在 ξ $(0<\xi<x)$ 使得

$$\ln(1+x)=\ln(1+x)-\ln 1=\frac{x}{1+\xi}$$

因为 $0<\xi<x$,故

$$\frac{1}{1+x}<\frac{1}{1+\xi}<1$$

两边同乘以 $x>0$ 得

$$\frac{x}{1+x}<\ln(1+x)<x,其中 x>0.$$

把拉格朗日中值定理应用到由参数方程 $\begin{cases} x=F(t) \\ y=f(t) \end{cases}$ $(a \leqslant t \leqslant b)$ 表示的函数可得

定理 3.5.3(柯西中值定理)　如果函数 $f(t)$ 和 $F(t)$ 满足：

(1) 在闭区间 $[a,b]$ 上连续；

(2) 在开区间 (a,b) 内可导；

(3) 在开区间 (a,b) 内 $F'(t) \neq 0$.

那么，在开区间 (a,b) 内至少有一点 ξ $(a < \xi < b)$，使得 $\dfrac{f'(\xi)}{F'(\xi)} = \dfrac{f(b)-f(a)}{F(b)-F(a)}$.

参数方程 $\begin{cases} x=F(t) \\ y=f(t) \end{cases}$ $(a \leqslant t \leqslant b)$ 确定的隐函数的导数为 $\dfrac{\mathrm{d}y}{\mathrm{d}x} = \dfrac{f'(t)}{F'(t)}$，该曲线两个端点 $(F(a), f(a))$，$(F(b), f(b))$ 连线的斜率恰为 $\dfrac{f(b)-f(a)}{F(b)-F(a)}$. 柯西中值定理可看作拉格朗日中值定理的另一种形式，条件 $F'(t) \neq 0$ 是为了保证 $F(b)-F(a) \neq 0$.

仿照上一定理的证明方法，构造适当的函数 $G(x)$，例如，对 $G(x) = [F(b)-F(a)]f(x) - [f(b)-f(a)]F(x)$ 使用罗尔定理，可以方便地证明柯西中值定理，读者可以自行练习完成.

> ⚠ **警　告**
>
> 像下面的论述是错误的：对函数 $f(t)$ 和 $F(t)$ 分别应用拉格朗日中值定理得 $f'(\xi) = \dfrac{f(b)-f(a)}{b-a}$ 和 $F'(\xi) = \dfrac{F(b)-F(a)}{b-a}$，再将两式作比值，从而证明柯西中值定理. 错误的原因是上面两个式子中的 ξ 一般来讲是不同的.

例 3.5.3　设函数 $f(x)$ 在 $[a,b]$ 上连续，在 (a,b) 内可导，并且 $a > 0$. 证明：存在一点 ξ $(a < \xi < b)$，使得 $f(b)-f(a) = \xi f'(\xi) \ln \dfrac{b}{a}$.

你注意到结论给出的信息了吗？直觉告诉我们，$f(b)-f(a)$ 需要和 $b-a$ 配成对，于是要证明的结论可变化成 $\dfrac{f(b)-f(a)}{b-a} = \xi f'(\xi) \dfrac{\ln b - \ln a}{b-a}$，即 $\dfrac{f(b)-f(a)}{\ln b - \ln a} = \xi f'(\xi) = \dfrac{f'(\xi)}{\frac{1}{\xi}}$. 那么，该应用柯西中值定理来完成证明工作了.

证　函数 $f(x)$ 和 $\ln x$ 在区间 $[a,b]$ 上连续，在 (a,b) 内可导，并且 $(\ln x)' = \dfrac{1}{x} \neq 0$. 应用柯西中值定理得，存在一点 ξ $(a < \xi < b)$，使得 $\dfrac{f(b)-f(a)}{\ln b - \ln a} = \dfrac{f'(\xi)}{\frac{1}{\xi}}$，即

$$f(b)-f(a) = \xi f'(\xi) \ln \dfrac{b}{a}$$

3.6　洛比达(L'Hospital)法则——求极限的专家

虽然已经知道了许多微积分的内容，不过，就求极限的本领来说，还没有能够达到登峰

造极.实际上,经常遇到的情况,像两个无穷小或无穷大的比,简记为 $\dfrac{0}{0}$ 和 $\dfrac{\infty}{\infty}$,就属于疑难杂症.好在有一条现成的法则,可以用来求这种极限.

定理 3.6.1(洛比达(L'Hospital)法则)　假设

(1) $\lim\limits_{x \to x_0} f(x) = 0, \lim\limits_{x \to x_0} F(x) = 0$ 或 $\lim\limits_{x \to x_0} f(x) = \infty, \lim\limits_{x \to x_0} F(x) = \infty$;

(2) 在点 x_0 的某去心邻域内 $f(x)$ 和 $F(x)$ 都可导且 $F'(x) \neq 0$;

(3) $\lim\limits_{x \to x_0} \dfrac{f'(x)}{F'(x)}$ 存在.

那么

$$\lim_{x \to x_0} \frac{f(x)}{F(x)} = \lim_{x \to x_0} \frac{f'(x)}{F'(x)}$$

这个法则告诉我们,想要求两个无穷小或无穷大的比的极限(简记为 $\dfrac{0}{0}$ 和 $\dfrac{\infty}{\infty}$,俗称**未定式极限**),如果被卡在 $\lim\limits_{x \to x_0} \dfrac{f(x)}{F(x)}$ 这一步上,那么只要改看 $\lim\limits_{x \to x_0} \dfrac{f'(x)}{F'(x)}$ 就可以了.即将未定式的极限转换为函数分子、分母的导数之比的极限来求.

一般来讲,只要未定式中函数的分子、分母的导数比较简单,并且分母的导数不为零,就可以使用这个方法.

理论研究真是了不起,你也能成为求极限的专家了.

我们不加证明地指出,对于其他形式极限过程下的未定式,也有类似的结论.

让我们拿以下的几个例子小试牛刀.

例 3.6.1　求 $\lim\limits_{x \to \alpha} \dfrac{\sin x - \sin \alpha}{x - \alpha}$.

这是 $\dfrac{0}{0}$ 型的未定式.

解　$\lim\limits_{x \to \alpha} \dfrac{\sin x - \sin \alpha}{x - \alpha} = \lim\limits_{x \to \alpha} \dfrac{\cos x}{1} = \cos \alpha$

和以前用和差化积,再套用极限 $\lim\limits_{\heartsuit \to 0} \dfrac{\sin \heartsuit}{\heartsuit} = 1$ 的做法比起来,容易了不少吧.当然,使用哪一种方法全看你的喜好了.

很快就发现了一题多解的方法,是不是有点飘飘然?

再看下例,仅此一招!

例 3.6.2　求 $\lim\limits_{x \to +\infty} \dfrac{x^3}{e^x}$.

这是 $\dfrac{\infty}{\infty}$ 型的未定式.

解　$\lim\limits_{x \to +\infty} \dfrac{x^3}{e^x} = \lim\limits_{x \to +\infty} \dfrac{3x^2}{e^x} = \lim\limits_{x \to +\infty} \dfrac{6x}{e^x} = \lim\limits_{x \to +\infty} \dfrac{6}{e^x} = 0$

其中洛比达法则使用了两次,最后一个等号使用了极限的商运算规则.因为 $\lim\limits_{x \to +\infty} \dfrac{6}{e^x}$ 不是未定式,故不能使用洛比达法则.

 警　告

$\dfrac{0}{\infty}$ 不是未定式,它本来就等于 0. 同样 $\dfrac{\infty}{0}$ 也不是未定式,它等于 $+\infty$ 或 $-\infty$.

现在你看到了,如果一个极限是 $\dfrac{0}{0}$ 或 $\dfrac{\infty}{\infty}$ 的形式,使用洛比达法则就可以把它摆平. 当然了,专家也是考虑对症治疗的,许多的错误发生在疏忽了检查要求的极限是否为 $\dfrac{0}{0}$ 或 $\dfrac{\infty}{\infty}$ 的形式.

其他的未定式,像 $0 \cdot \infty$,$\infty \pm \infty$,0^0,1^∞,∞^0 等,症状与 $\dfrac{0}{0}$ 或 $\dfrac{\infty}{\infty}$ 稍有不同,需要一点预处理,那就是先把其中的部分挪动一下位置,很有点明星摆谱的架势,改写成 $\dfrac{0}{0}$ 或 $\dfrac{\infty}{\infty}$ 的形式,然后使用洛比达法则.

例如：将 $0 \cdot \infty$ 改写成 $\dfrac{0}{\frac{1}{\infty}} = \dfrac{0}{0}$ 或 $\dfrac{\infty}{\frac{1}{0}} = \dfrac{\infty}{\infty}$,然后使用洛比达法则.

利用关系式 $a^b = e^{b\ln a}$(还记得预备材料里强调对数运算的寓意吧),将 0^0 改写成 $e^{0 \cdot \infty}$;将 1^∞ 改写成 $e^{\ln 1^\infty} = e^{\infty \cdot 0}$;将 ∞^0 改写成 $e^{0 \cdot \infty}$. 对于这三种情形,先利用复合函数的极限运算规则,将所求的极限转化到幂的部分,然后在幂的部分使用洛比达法则.

例 3.6.3　求 $\lim\limits_{x \to 0^+} x^3 \ln x$.

解　这是 $0 \cdot \infty$ 型的未定式,先将其转化为 $\dfrac{\infty}{\infty}$ 型的未定式.

$$\lim\limits_{x \to 0^+} x^3 \ln x = \lim\limits_{x \to 0^+} \dfrac{\ln x}{\frac{1}{x^3}} = \lim\limits_{x \to 0^+} \dfrac{\frac{1}{x}}{\frac{-3}{x^4}} = -\dfrac{1}{3} \lim\limits_{x \to 0^+} x^3 = 0$$

提醒　把 $0 \cdot \infty$ 型的未定式转化为 $\dfrac{\infty}{\infty}$ 还是 $\dfrac{0}{0}$ 型的未定式,有时候需要试做一下才好确定.

因为 $\lim\limits_{x \to 0^+} \dfrac{(x^3)'}{\left(\frac{1}{\ln x}\right)'} = -\lim\limits_{x \to 0^+} 3x^3 \ln^2 x$,右端的极限比起原来的问题更加复杂而弄巧成拙了,故本例没有选择 $\dfrac{0}{0}$ 型的未定式.

例 3.6.4　求 $\lim\limits_{x \to 0^+} (\sin x)^x$.

说明　这是 0^0 型的未定式,先将其转化为 $e^{0 \cdot \infty}$,利用复合函数的极限运算规则,将所求的极限转化到幂的部分,然后在幂的部分使用洛比达法则.

解 $\lim\limits_{x\to 0^+}(\sin x)^x = e^{\lim\limits_{x\to 0^+} x \ln\sin x}$,

计算 $\lim\limits_{x\to 0^+} x\ln\sin x = \lim\limits_{x\to 0^+}\dfrac{\ln\sin x}{\dfrac{1}{x}} = \lim\limits_{x\to 0^+}\dfrac{\dfrac{\cos x}{\sin x}}{-\dfrac{1}{x^2}} = \lim\limits_{x\to 0^+}\dfrac{-x^2\cos x}{\sin x} = 0$,于是 $\lim\limits_{x\to 0^+}(\sin x)^x = e^0 = 1.$

例 3.6.5   求 $\lim\limits_{x\to 0}\dfrac{x-\tan x}{x(1-\cos x)}.$

说明   这是 $\dfrac{0}{0}$ 型的未定式,虽然可以使用洛比达法则,但是分母求导数后项数增加了,较繁.所以先利用等价无穷小替换简化运算.

解   因为 $1-\cos x \sim \dfrac{x^2}{2}$ $(x\to 0)$,所以

$$\lim_{x\to 0}\frac{x-\tan x}{x(1-\cos x)} = 2\lim_{x\to 0}\frac{x-\tan x}{x^3} = 2\lim_{x\to 0}\frac{1-\dfrac{1}{\cos^2 x}}{3x^2} = \frac{2}{3}\lim_{x\to 0}\frac{\cos^2 x - 1}{x^2\cos^2 x}$$

$$= -\frac{2}{3}\lim_{x\to 0}\frac{\sin^2 x}{x^2}\cdot\frac{1}{\cos^2 x} = -\frac{2}{3}$$

应当注意,即使 $\lim\limits_{x\to x_0}\dfrac{f'(x)}{F'(x)}$ 不存在,也有可能 $\lim\limits_{x\to x_0}\dfrac{f(x)}{F(x)}$ 存在.当然此时不能使用洛比达法则.例如,极限

$$\lim_{x\to\infty}\frac{x+\sin x}{x} = \lim_{x\to\infty}\left(1 + \frac{\sin x}{x}\right) = 1$$

存在.但因为 $\lim\limits_{x\to\infty}\dfrac{1+\cos x}{1}$ 不存在,所以不能使用洛比达法则.

另一方面,洛比达法则也不是万能的.例如

$$\lim_{x\to +\infty}\frac{\sqrt{1+x^2}}{x} = \lim_{x\to +\infty}\sqrt{\frac{1}{x^2}+1} = 1$$

若使用洛比达法则可看到

$$\lim_{x\to +\infty}\frac{\sqrt{1+x^2}}{x} = \lim_{x\to +\infty}\frac{x}{\sqrt{1+x^2}} = \lim_{x\to +\infty}\frac{\sqrt{1+x^2}}{x}$$

故该极限不能通过使用洛比达法则而得到.

唉,世界大一统的规则还真难发现.

3.7 求近似值——如何快速评估

在需要的时候,快速做出各种评估,是你在这世界能够成功的重要法门之一.在做数学问题时(其实何止是数学),经常需要知道函数在某些点的函数值,比如像 $\sqrt{4.01}$, $\sin 31.5°$ 等,如果你不是具有超乎常人的心算能力或者拥有强大的计算工具,你肯定会用"近似值"来对付,而你的估计产生误差的大小,能不能被接受总是让人担心的事.

现在让我们从微分中值定理,找到求近似值的快速评估之路.

取定 $x_0 \in (a,b)$,当函数 $f(x)$ 在包含 x_0 的开区间 (a,b) 内有一阶导数时,微分中值公

式可写成

$$f(x) = f(x_0) + f'(x_0 + \theta(x - x_0))(x - x_0) \quad (0 < \theta < 1)$$

当 $x - x_0$ 很小时,可以写成 $f(x) \approx f(x_0) + f'(x_0)(x - x_0)$. 右端是关于 $(x - x_0)$ 的一次多项式,计算很简单.

记 $\mathrm{d}x = x - x_0$ 和 $\mathrm{d}y = f'(x_0)(x - x_0) = f'(x_0)\mathrm{d}x$,分别称为关于 x 和 y 在点 x_0 处的**微分**. 这样近似公式

$$f(x) - f(x_0) \approx f'(x_0)(x - x_0)$$

就成了 $\Delta y \approx \mathrm{d}y$,即用函数的微分近似估计函数的改变量.

函数 $f(x)$ 在任何一点 x 处的微分,写成

$$\mathrm{d}y = f'(x)\mathrm{d}x$$

因为 $\mathrm{d}y$ 和 $\mathrm{d}x$ 具有了数值的意义,故在 $\mathrm{d}y = f'(x)\mathrm{d}x$ 两边同除以 $\mathrm{d}x$,就可以跟熟悉的导数连接起来了,**导数 $\dfrac{\mathrm{d}y}{\mathrm{d}x}$ 就是微分 $\mathrm{d}y$ 和 $\mathrm{d}x$ 的商**.

嘿,你应该能够从导数公式写出几个、几十个甚至几百个微分公式吧. 下面列出来一些微分公式,方便你查阅. 不过嘛,你应该把它们都记在大脑里,而不是仅仅写在笔记本上.

基本函数的微分公式

(1) $\mathrm{d}C = 0$　（C 为常数）

(2) $\mathrm{d}(x^a) = \alpha x^{a-1}\mathrm{d}x$　（α 为常数）

(3) $\mathrm{d}\left(\dfrac{1}{x}\right) = -\dfrac{\mathrm{d}x}{x^2}$

(4) $\mathrm{d}(\sqrt{x}) = \dfrac{\mathrm{d}x}{2\sqrt{x}}$

(5) $\mathrm{d}(\sin x) = \cos x\,\mathrm{d}x$

(6) $\mathrm{d}(\cos x) = -\sin x\mathrm{d}x$

(7) $\mathrm{d}(\tan x) = \sec^2 x\,\mathrm{d}x = \dfrac{1}{\cos^2 x}\mathrm{d}x$

(8) $\mathrm{d}(\cot x) = -\csc^2 x\mathrm{d}x = -\dfrac{\mathrm{d}x}{\sin^2 x}$

(9) $\mathrm{d}(\sec x) = \sec x\tan x\mathrm{d}x$

(10) $\mathrm{d}(\csc x) = -\csc x\cot x\mathrm{d}x$

(11) $\mathrm{d}(a^x) = a^x\ln a\,\mathrm{d}x$

(12) $\mathrm{d}(\mathrm{e}^x) = \mathrm{e}^x\mathrm{d}x$

(13) $\mathrm{d}(\log_a x) = \dfrac{1}{x\ln a}\mathrm{d}x$

(14) $\mathrm{d}(\ln x) = \dfrac{\mathrm{d}x}{x}$

(15) $\mathrm{d}(\arcsin x) = \dfrac{\mathrm{d}x}{\sqrt{1 - x^2}}$

(16) $\mathrm{d}(\arccos x) = -\dfrac{\mathrm{d}x}{\sqrt{1 - x^2}}$

(17) $\mathrm{d}(\arctan x) = \dfrac{\mathrm{d}x}{1 + x^2}$

(18) $\mathrm{d}(\mathrm{arccot}\,x) = -\dfrac{\mathrm{d}x}{1 + x^2}$

函数和、差、积、商的微分法则

(1) $\mathrm{d}(u \pm v) = \mathrm{d}u \pm \mathrm{d}v$,

(2) $\mathrm{d}(u \cdot v) = v\mathrm{d}u + u\mathrm{d}v$,

(3) $\mathrm{d}\left(\dfrac{u}{v}\right) = \dfrac{v\mathrm{d}u - u\mathrm{d}v}{v^2}$.

现在就以 $\sqrt{4.01}$ 为例来见识这套近似估计法. 每个人都会注意到,在 4.01 的附近不远处特别的值 $x = 4$,并且知道 $\sqrt{4} = 2$,那么取 $\Delta x = 0.01$. 于是,

$$\sqrt{4.01} \approx \sqrt{4} + \frac{1}{2\sqrt{4}} \times 0.01 = 2.0025$$

查一下计算器的结果，$\sqrt{4.01}$ 在小数点后五位的答案是 2.00249，很不错的近似嘛.

还记得在杏花村品酒时的得意之作吗？很多数学原理是相通的.

一个怪异的声音在耳边响起了. 很得意吗，我的要求是小数点后 6 位，能做到更好吗？还真幸运，我们有下面的：

定理 3. 7. 1（泰勒（Taylor）中值定理） 如果函数 $f(x)$ 在包含 x_0 的开区间 (a,b) 内有直到 $n+1$ 阶的导数，则对于任意的 $x\in(a,b)$，至少有一点 ξ（ξ 在 x 和 x_0 之间）使得

$$f(x)=f(x_0)+f'(x_0)(x-x_0)+\frac{f''(x_0)}{2!}(x-x_0)^2+\frac{f'''(x_0)}{3!}(x-x_0)^3+\cdots$$
$$+\frac{f^{(n)}(x_0)}{n!}(x-x_0)^n+R_n(x)，其中\ R_n(x)=\frac{f^{(n+1)}(\xi)}{(n+1)!}(x-x_0)^{n+1}.$$

显然，$n=0$ 时泰勒中值定理就是拉格朗日中值定理. 注意到多项式

$$P_n(x)=f(x_0)+f'(x_0)(x-x_0)+\frac{f''(x_0)}{2!}(x-x_0)^2+\frac{f'''(x_0)}{3!}(x-x_0)^3+\cdots$$
$$+\frac{f^{(n)}(x_0)}{n!}(x-x_0)^n$$

只需要进行加、减、乘三种算术运算，即可以方便地求出它的数值，这尤其适合于计算机处理. 同时，因为 $R_n(x)$ 是用 $P_n(x)$ 代替 $f(x)$ 的误差，如果进一步还有 $|f^{n+1}(x)|\leqslant M$，这里 M 为某个正的常数，那么

$$|R_n(x)|=\left|\frac{f^{(n+1)}(\xi)}{(n+1)!}(x-x_0)^{n+1}\right|\leqslant\frac{M}{(n+1)!}|(x-x_0)|^{n+1}$$

于是 $\lim\limits_{x\to x_0}\dfrac{|R_n(x)|}{|x-x_0|^n}=0.$

由此可见，当 $x\to x_0$ 时，$|R_n(x)|$ 是比 $|x-x_0|^n$ 高阶的无穷小. 这样即使增量 Δx 不是很小，只要让 n 取的足够大，那么，用 $P_n(x)$ 近似代替 $f(x)$ 时，仍然可以获得较高的精度（误差较小）. 事实上，像三角函数值表、对数值表等就是利用相应函数的 n 次多项式 $P_n(x)$ 计算出来的.

带有拉格朗日型余项的 n 阶**泰勒公式**就是

$$f(x)=f(x_0)+f'(x_0)(x-x_0)+\frac{f''(x_0)}{2!}(x-x_0)^2+\frac{f'''(x_0)}{3!}(x-x_0)^3+\cdots$$
$$+\frac{f^{(n)}(x_0)}{n!}(x-x_0)^n+R_n(x)$$

其中，$R_n(x)=\dfrac{f^{(n+1)}(\xi)}{(n+1)!}(x-x_0)^{n+1}$，而 ξ 在 x 和 x_0 之间.

泰勒公式在 $x_0=0$ 时有个华丽转身，叫做**麦克劳林（Maclaurin）公式**，它是

$$f(x)=f(0)+f'(0)x+\frac{f''(0)}{2!}x^2+\frac{f'''(0)}{3!}x^3+\cdots+\frac{f^{(n)}(0)}{n!}x^n+R_n(x)$$

其中，$R_n(x)=\dfrac{f^{(n+1)}(\xi)}{(n+1)!}x^{n+1}$，而 ξ 在 x 和 0 之间.

如果不考虑余项 $R_n(x)$ 的精确表达式，把 $R_n(x)$ 写成关于 $x-x_0$ 的高阶无穷小 $R_n(x)=\circ[(x-x_0)^n]$，则相应的公式称为带有**皮亚诺（Peano）型余项**的 n 阶**泰勒公式**

$$f(x)=f(x_0)+f'(x_0)(x-x_0)+\frac{f''(x_0)}{2!}(x-x_0)^2+\frac{f'''(x_0)}{3!}(x-x_0)^3+\cdots$$

$$+\frac{f^{(n)}(x_0)}{n!}(x-x_0)^n+\circ\left[(x-x_0)^n\right]$$

下面利用高阶导数的递推公式 $(\mathrm{e}^x)^{(n)}=\mathrm{e}^x$，$(\sin x)^{(n)}=\sin\left(x+\frac{n\pi}{2}\right)$ $(n=0,1,2,\cdots)$

$[\ln(1+x)]^{(n)}=(-1)^{n-1}\frac{(n-1)!}{(1+x)^n}$ $(n=1,2,\cdots)$ 写出几个常用函数的麦克劳林公式，其中

$0<\theta<1$.建议将它们背诵下来，在以后学习函数的幂级数展开时会用到.

(1) $\mathrm{e}^x=1+x+\frac{1}{2!}x^2+\frac{1}{3!}x^3+\cdots+\frac{1}{n!}x^n+\frac{\mathrm{e}^{\theta x}}{(n+1)!}x^{n+1}$

(2) $\sin x=x-\frac{x^3}{3!}+\frac{x^5}{5!}-\cdots+\frac{(-1)^{n-1}x^{2n-1}}{(2n-1)!}+\frac{\sin\left(\theta x+\frac{(2n+1)\pi}{2}\right)}{(2n+1)!}x^{2n+1}$

(3) $\ln(1+x)=x-\frac{1}{2}x^2+\frac{1}{3}x^3-\cdots+\frac{(-1)^{n-1}}{n}x^n+\frac{(-1)^n(1+\theta x)^{-n-1}}{n+1}x^{n+1}$

在上述公式中略去余项后就变成了相应函数的 n 次多项式近似公式.

(1) $\mathrm{e}^x\approx 1+x+\frac{1}{2!}x^2+\frac{1}{3!}x^3+\cdots+\frac{1}{n!}x^n$

(2) $\sin x\approx x-\frac{x^3}{3!}+\frac{x^5}{5!}-\cdots+\frac{(-1)^{n-1}x^{2n-1}}{(2n-1)!}$

(3) $\ln(1+x)\approx x-\frac{1}{2}x^2+\frac{1}{3}x^3-\cdots+\frac{(-1)^{n-1}}{n}x^n$

图 3-8 中描绘了在 $x=0$ 附近用泰勒多项式近似正弦函数的效果.

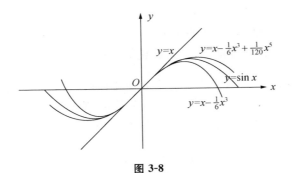

图 3-8

嘿,你的样子怎么是不屑一顾的神情呀,难道你有更高明的办法得出像 $\sqrt[7]{4.0001}$ 的值到小数点后 8 位吗?

第4章 极大值与极小值——与最优化相关的实用部分

现在要开始进入微积分的实用部分了.理论研究的目的是为了给解决现实问题提供方向性的指导.有了闭区间上连续函数的最大最小值的存在定理之后,我们要做的就是如何找到最大最小值.该从哪里入手呢? 一定还记得求二次函数(图形为抛物线)极值的方法吧.有图形帮助就方便了.

4.1 曲线的长相——单调性、凹凸性

4.1.1 函数的单调性

我们已经知道,如果对于区间 I 上任意两点 x_1 及 x_2,当 $x_1 < x_2$ 时恒有 $f(x_1) < f(x_2)$,则称函数 $f(x)$ 在区间 I 上是单调增加的;如果对于区间 I 上任意两点 x_1 及 x_2,当 $x_1 < x_2$ 时恒有 $f(x_1) > f(x_2)$,则称函数 $f(x)$ 在区间 I 上是单调减少的.

讨论函数的单调性就是要比较不同点上函数值的大小,也就是对于任意给定的两个点 $x_1 < x_2$,考察函数值差 $f(x_2) - f(x_1)$ 的符号.注意到微分中值定理恰好是考察两点函数值的差,因此,利用函数的导数,可以解决函数在某个区间内的单调性问题.

实际上,假定函数 $f(x)$ 在某个区间 (a,b) 内可导,那么,对于任意给定的两个点 $x_1 < x_2$,应用拉格朗日中值定理可知 $f(x_2) - f(x_1) = f'(\xi)(x_2 - x_1)$.这样一来,$f(x_2) - f(x_1)$ 的符号完全由导函数 $f'(x)$ 的符号确定.这可以表述如下:

定理 4.1.1 设函数 $f(x)$ 在其定义域内的任何区间 (a,b) 内可导,

(1) 如果当 $x \in (a,b)$ 时 $f'(x) > 0$,那么函数 $f(x)$ 在区间 (a,b) 上单调增加;

(2) 如果当 $x \in (a,b)$ 时 $f'(x) < 0$,那么函数 $f(x)$ 在区间 (a,b) 上单调减少.

有时候,函数 $f(x)$ 并不是在其整个定义域上都单调,因此我们需要考虑使得 $f'(x) = 0$ 的点(称为函数的**驻点**)以及导函数不存在的点,利用这些点把定义域划分成若干个开区间,那么函数在这些开区间上是单调的.这些开区间称为函数的**单调区间**.

例 4.1.1 讨论函数 $f(x) = 2x + |x|$ 的单调性.

解 函数的定义域为 $(-\infty, +\infty)$,因为 $f(x) = \begin{cases} 3x, & x \geq 0 \\ x, & x < 0 \end{cases}$

易见,函数在点 0 处不可导.利用点 0 把定义域分成两个开区间 $(-\infty, 0)$ 和 $(0, +\infty)$.在区间 $(-\infty, 0)$ 上 $f'(x) = 1 > 0$;在区间 $(0, +\infty)$ 上 $f'(x) = 3 > 0$.所以除了点 0,导数在定义域上都为正,故函数在 $(-\infty, +\infty)$ 单调增加.

例 4.1.2 确定函数 $f(x) = 2x^3 - 9x^2 + 12x - 3$ 的单调区间.

解 函数的定义域为 $(-\infty, +\infty)$,求出导数

$$f'(x) = 6x^2 - 18x + 12 = 6(x-1)(x-2)$$

解方程 $f'(x) = 0$，得驻点 $x_1 = 1, x_2 = 2$，

利用驻点将定义域 $(-\infty, +\infty)$ 分成三个开区间 $(-\infty, 1)$，$(1, 2)$ 以及 $(2, +\infty)$，然后，在每个开区间内考察导数的符号.

当 $x \in (-\infty, 1)$ 时，$f'(x) > 0$，故函数在区间 $(-\infty, 1)$ 内单调增加；

当 $x \in (1, 2)$ 时，$f'(x) < 0$，故函数在区间 $(1, 2)$ 内单调减少；

当 $x \in (2, +\infty)$ 时，$f'(x) > 0$，故函数在区间 $(2, +\infty)$ 内单调增加.

因此，函数的单调增区间为 $(-\infty, 1)$ 和 $(2, +\infty)$，单调减区间为 $(1, 2)$.

如果判定了一个函数在某个区间上的单调性，那么将区间端点处的函数值和区间内部任意点处的函数值相比较，可以证明一些不等式.

例 4.1.3 证明：当 $0 \leqslant x < \dfrac{\pi}{2}$ 时，有 $\sin x + \tan x \geqslant 2x$ 成立.

说明 令函数 $f(x) = \sin x + \tan x - 2x$，注意到要证的不等式就是 $f(x) > f(0) = 0$. 所以，在区间 $\left[0, \dfrac{\pi}{2}\right)$ 上考察函数 $f(x) = \sin x + \tan x - 2x$ 的单调性. 因为

$$f'(x) = \cos x + \sec^2 x - 2 = (\cos x - 1) + \tan^2 x$$

希望 $f'(x) > 0$. 不过，此时并不明显，故再次考虑证明 $f'(x) > 0$.

证 令 $f(x) = \sin x + \tan x - 2x$，$x \in \left[0, \dfrac{\pi}{2}\right)$. 显然 $f(0) = 0$，因为

$$f'(x) = \cos x + \sec^2 x - 2 \quad \text{且} \quad f'(0) = 0$$
$$f''(x) = -\sin x + 2\sec^2 x \tan x = \sin x \cdot (2\sec^3 x - 1)$$

当 $x \in \left(0, \dfrac{\pi}{2}\right)$ 时，$\sin x > 0$ 且 $\sec x = \dfrac{1}{\cos x} > 1$. 所以 $f''(x) > 0$，即函数 $f'(x)$ 在 $\left[0, \dfrac{\pi}{2}\right)$ 单调增加. 于是，当 $x \in \left[0, \dfrac{\pi}{2}\right)$ 时，$f'(x) > f'(0) = 0$，故函数 $f(x)$ 在 $\left[0, \dfrac{\pi}{2}\right)$ 单调增加，从而 $f(x) > f(0) = 0$. 所以，当 $0 \leqslant x < \dfrac{\pi}{2}$ 时，有

$$\sin x + \tan x \geqslant 2x$$

 提　醒

这是利用单调性证明不等式的基本方法哦.

现在把讨论函数单调性问题的解题步骤列出如下：

(1) 指出函数的定义域；

(2) 求出函数的一阶导数并解方程 $f'(x) = 0$，从而求出所有的驻点，若函数有不可导的点也要一并列出；

(3) 利用驻点和不可导的点（如果有的话）将定义域分成几个开区间；

(4) 在每个开区间内，考察 $f'(x)$ 的符号，确定函数的单调性以及相应的单调区间.

4.1.2 曲线的凹凸性

函数的单调性反映在几何图形上,就是曲线的上升或下降.很明显,即使是同样的上升(下降)曲线,图形上还是有区别的,即曲线的弯曲方向差异,称之为**曲线的凹凸性**.是什么导致了曲线的这种特性呢?又该怎样度量曲线的凹凸性呢?这就是二阶导数 $f''(x)$ 的工作和用途了.二阶导数其实就是一阶导函数的导数,也就是一阶导函数的变化率;另一个说法是,二阶导数为曲线上切线斜率的变化率.

参考图 4-1 和图 4-2 中的两个图形,我们在曲线上画出了一条切线.

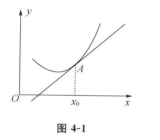

图 4-1

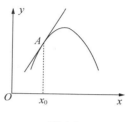

图 4-2

观察发现,向下凹的曲线上的切线都在曲线的下面,而向上凸的曲线上的切线都在曲线的上面.下面是曲线凹凸性的定义:

定义 4.1.1 设函数 $f(x)$ 在区间 I 上有定义,

(1)如果对任意的 $x_1,x_2 \in I$ 恒有 $f\left(\dfrac{x_1+x_2}{2}\right) > \dfrac{f(x_1)+f(x_2)}{2}$ 成立,那么称曲线在区间 I 上是凸的,曲线弧为凸弧;

(2)如果对任意的 $x_1,x_2 \in I$ 恒有 $f\left(\dfrac{x_1+x_2}{2}\right) < \dfrac{f(x_1)+f(x_2)}{2}$ 成立,那么称曲线在区间 I 上是凹的,曲线弧为凹弧.

细心的读者或许已经注意到了,在曲线凹凸性的定义中,选择了点 $\dfrac{x_1+x_2}{2}$ 处的函数值 $f\left(\dfrac{x_1+x_2}{2}\right)$ 与 $\dfrac{f(x_1)+f(x_2)}{2}$ 比较它们的大小,如图 4-3 和图 4-4 所示.

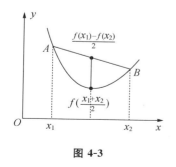

图 4-3

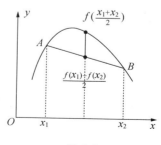

图 4-4

曲线上一点 $(x_0,f(x_0))$ 处的切线方程为 $y-f(x_0)=f'(x_0)(x-x_0)$.曲线上的切线都在曲线的上面,用曲线上点的纵坐标与点 $(x_0,f(x_0))$ 处切线上点的纵坐标之差表达为

$f(x)-[f(x_0)+f'(x_0)(x-x_0)]\leqslant 0$；类似地，曲线上的切线都在曲线的下面就可以表达为 $f(x)-[f(x_0)+f'(x_0)(x-x_0)]\geqslant 0$. 如果这个函数还有二阶导数，联系到泰勒中值定理，那么

$$f(x)-[f(x_0)+f'(x_0)(x-x_0)]=\frac{f''(\xi)}{2}(x-x_0)^2 \quad (\xi 在 x 和 x_0 之间)$$

由此可见，只要知道 $f''(x)$ 的符号，就可以断定曲线的凹凸性了. 我们表述成下面的：

定理 4.1.2　设函数 $f(x)$ 在区间 I 上有定义，

(1) 若对 $x\in I$ 恒有 $f''(x)<0$ 成立，那么曲线在区间 I 上是凸的，曲线弧为凸弧；

(2) 若对 $x\in I$ 恒有 $f''(x)>0$ 成立，那么曲线在区间 I 上是凹的，曲线弧为凹弧.

若曲线 $y=f(x)$ 在经过点 $(x_0,f(x_0))$ 时，凹凸性发生了改变，那么称这样的点 $(x_0,f(x_0))$ 是曲线的**拐点**. 在拐点处，只有两种可能的情况：$f''(x)=0$ 或 $f''(x)$ 不存在.

因此，可以利用二阶导数 $f''(x)$ 的符号判定曲线的凹凸性. 为此，首先考察函数 $f(x)$ 在某个区间内的二阶导数 $f''(x)$，并解方程 $f''(x)=0$，如果有二阶导数不存在的点也需要指出来. 然后利用上述点将对应的区间分成几个开区间，最后在各个区间内考察 $f''(x)$ 的符号并利用定理判定曲线的凹凸性. 对应的区间称为曲线的**凹区间**、**凸区间**.

例 4.1.4　设函数 $f(x)=\dfrac{1}{a+be^{-x}}$，$x\geqslant 0$，其中 $a>0$，$b>0$ 为常数. 讨论曲线的凹凸性，并指出凹凸区间.

解　函数的定义域为 $[0,+\infty)$，易见

$$f'(x)=\frac{be^{-x}}{(a+be^{-x})^2}, \quad f''(x)=\frac{be^{x}(-a+be^{-x})}{(a+be^{-x})^3}$$

令 $f''(x)=0$，则 $-a+be^{-x}=0$，解得 $x=\ln\dfrac{b}{a}$.

在区间 $\left(0,\ln\dfrac{b}{a}\right)$ 内，$x<\ln\dfrac{b}{a}$，即 $-x>-\ln\dfrac{b}{a}=\ln\dfrac{a}{b}$，从而 $f''(x)>0$，

在区间 $\left(\ln\dfrac{b}{a},+\infty\right)$ 内，$x>\ln\dfrac{b}{a}$，即 $-x<-\ln\dfrac{b}{a}=\ln\dfrac{a}{b}$，从而 $f''(x)<0$.

于是，该函数曲线在区间 $\left(0,\ln\dfrac{b}{a}\right)$ 为凹，在区间 $\left(\ln\dfrac{b}{a},+\infty\right)$ 为凸，参考图 4-5.

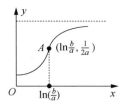

图 4-5

这条曲线是 S 形的，在曲线上点 $A\left(\ln\dfrac{b}{a},\dfrac{1}{2a}\right)$ 的两边，曲线的形状由凹转变为凸. 曲线上的点 $A\left(\ln\dfrac{b}{a},\dfrac{1}{2a}\right)$ 为拐点.

S 形曲线出现在非常多的应用领域. 例如, 经济学中在竞争环境下的利润增长问题, 生态学中生物种群数量在环境压力下的增长问题描述等. 拐点的实际意义就非常明显了, 时刻 x_0 就是增长开始变慢的时刻.

现在列出**讨论函数 $f(x)$ 的曲线凹凸性并寻找拐点的解题步骤**:

(1) 指出所讨论函数 $f(x)$ 的定义区间;

(2) 求出 $f''(x)$, 若有 $f''(x)$ 不存在的点也一并指出来;

(3) 解出 $f''(x)=0$ 的实根并利用这些根和 $f''(x)$ 不存在的点(如果有的话), 将函数 $f(x)$ 的定义区间分成几个开区间;

(4) 判定曲线的凹凸性并指出凹凸区间, 检查曲线是否有拐点.

例 4.1.5 讨论函数 $f(x)=\sqrt[3]{x}$ 曲线的凹凸性并指出凹凸区间, 检查曲线是否有拐点.

解 函数的定义域为 $(-\infty,+\infty)$, 易见

$$f'(x)=\frac{1}{3\sqrt[3]{x^2}}, \quad f''(x)=-\frac{2}{9x\sqrt[3]{x^2}}$$

显然方程 $f''(x)=0$ 无实根, 但是 $x=0$ 时 $f''(x)$ 不存在.

利用 $x=0$ 把区间 $(-\infty,+\infty)$ 分成 $(-\infty,0)$ 和 $(0,+\infty)$.

在区间 $(-\infty,0)$ 内, $f''(x)>0$; 在区间 $(0,+\infty)$ 内, $f''(x)<0$. 于是, 该函数的曲线在区间 $(-\infty,0)$ 为凹, 在区间 $(0,+\infty)$ 为凸, 曲线上的点 $(0,0)$ 为拐点.

最后给出一个使用曲线的凹凸性证明不等式的例子.

例 4.1.6 证明: 对任意的 $x>0, y>0, x\neq y, n>1$, 有 $\frac{1}{2}(x^n+y^n)>\left(\frac{x+y}{2}\right)^n$.

证 设函数 $f(t)=t^n, t\in(0,+\infty) \ (n>1)$

因为当 $t\in(0,+\infty)$ 时, $f'(t)=nt^{n-1}>0$. 所以, 函数 $f(t)=t^n \ (n>1)$ 的图形在 $(0,+\infty)$ 上凹. 于是, 由曲线凹凸性的定义, 对任意的 $t_1=x\in(0,+\infty)$ 和 $t_2=y\in(0,+\infty)$, 有

$$f\left(\frac{t_1+t_2}{2}\right)<\frac{f(t_1)+f(t_2)}{2}$$

即

$$\frac{1}{2}(x^n+y^n)>\left(\frac{x+y}{2}\right)^n$$

 提 醒

如果要证明的不等式中出现两个变量的时候, 利用曲线的凹凸性对付它, 一般都可以搞定哦.

4.2 函数极值、最值的判定与求法

相当不错, 只花了一点点工夫, 我们利用函数的一阶和二阶导数的符号, 考察了函数的单调性和曲线的凹凸性, 你都不用把函数图形画出来, 就可以大致地了解这个曲线的长相,

对局部性的极值问题就显得相对简单了.

4.2.1　函数的极值

定义 4.2.1　设函数 $f(x)$ 在点 x_0 的某邻域 $U(x_0)$ 内有定义,若对于 $x \in U(x_0)$ 满足
$$f(x) \leqslant f(x_0) \quad 或 \quad f(x) \geqslant f(x_0)$$
则称 $f(x_0)$ 为函数的一个极大值或极小值,点 x_0 称为**极值点**.

注意到仅仅在点 x_0 的某邻域 $U(x_0)$ 内比较 $f(x)$ 与 $f(x_0)$ 的大小,而邻域 $U(x_0)$ 可大可小,所以极值是函数的局部性质.函数在某点的极小值可以大于另一点的极大值,在某点的极大值也可以小于另一点的极小值,而且函数可能在某个范围内既没有极大值也没有极小值,也可能只有极大值或者极小值,极值点的个数也不确定.因此,解决极值问题,必须从极值点的寻找开始,然后才能进行判断.那么,函数的极值点可能在哪里呢? 参考图 4-6.

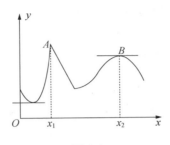

图 4-6

在极值点附近,曲线形成一个"峰"或"谷",在平缓的"峰"或"谷"处,曲线的切线是水平的,即切线的斜率 $f'(x)=0$,而在陡峭的"峰"或"谷"对应的 x 处,函数不可导.

定理 4.2.1(函数取得极值的必要条件)　设函数 $f(x)$ 在点 x_0 可导并且取得极值,那么 $f'(x_0)=0$.

这个结论告诉我们,想要求可导函数的极值,盯住驻点就是了.不过,尚有例外的情形需要留心.例如,函数 $y=x^3$ 在驻点 $x_0=0$ 处不取极值.此外,函数也可能在不可导的点处取得极值,例如,$y=|x|$ 在不可导的点 $x_0=0$ 处取极小值.总之:**想要求极值,盯住驻点和函数不可导的点就是了.**

在已经寻找到函数的可能的极值点(驻点或不可导的点)以后,判定其是否为极值点就提上了议事日程,使用的工具当然是函数的导数了,而且方法还不止一种呢.

定理 4.2.2(第一充分条件)　设函数 $f(x)$ 在点 x_0 不可导或 $f'(x_0)=0$,且在点 x_0 的某去心邻域 $\mathring{U}(x_0,\delta)$ 内可导,那么:

(1) 若 $x \in (x_0-\delta, x_0)$ 时 $f'(x)>0$,而 $x \in (x_0, x_0+\delta)$ 时 $f'(x)<0$,则函数 $f(x)$ 在点 x_0 取得极大值;

(2) 若 $x \in (x_0-\delta, x_0)$ 时 $f'(x)<0$,而 $x \in (x_0, x_0+\delta)$ 时 $f'(x)>0$,则函数 $f(x)$ 在点 x_0 取得极小值;

(3) 若 $x \in \mathring{U}(x_0)$ 时 $f'(x)$ 的符号保持不变,则函数 $f(x)$ 在点 x_0 不取极值.

极值的这个判别方法，其实就是让我们在可能的极值点附近，左瞧瞧右看看函数的图形，先上升后下降是极大值，先下降后上升是极小值，没有变化就不是极值.

真有点烦人，不是吗？在这个忙碌的世界，谁有时间这么磨蹭？幸好，下面还有一个办法，可以让你更快地知道哪个驻点会使得函数取极大值或是取极小值.

定理 4.2.3(第二充分条件)　设函数 $f(x)$ 在点 x_0 处具有二阶导数并且
$$f'(x_0) = 0, \quad f''(x_0) \neq 0$$
那么

(1) 若 $f''(x_0) < 0$，则函数 $f(x)$ 在点 x_0 取得极大值；

(2) 若 $f''(x_0) > 0$，则函数 $f(x)$ 在点 x_0 取得极小值.

简单吧？判断数值 $f''(x_0)$ 的符号显然比判断不等式 $f'(x) > 0$ 或 $f'(x) < 0$ 容易，记住它们也不是难事，$f''(x_0)$ 为负，取极大值；$f''(x_0)$ 为正，取极小值. 对了，是不是忘记了 $f''(x_0) = 0$ 的情形？很抱歉，这个时候没法肯定 x_0 会是什么，所以我们必须回到那个有点麻烦的第一充分条件，耐着性子左瞧右看才好完成任务.

现在我们把讨论函数极值问题的解题步骤列出如下.

方法一：

(1) 指出函数 $f(x)$ 的定义域或指定的讨论范围；

(2) 求出函数 $f(x)$ 的一阶导数并解方程 $f'(x) = 0$，从而求出所有的驻点，若存在不可导的点也要一并列出；

(3) 利用驻点和不可导的点(如果有的话)将定义域分成几个开区间；

(4) 在每个开区间内考察 $f'(x)$ 的符号以确定函数的单调性，再根据第一充分条件判断哪些点是极值点，确定是极大值还是极小值；

(5) 求出所有极值点的函数值，就得到 $f(x)$ 的全部极值.

方法二：

(1) 指出函数 $f(x)$ 的定义域或指定的讨论范围.

(2) 求出函数 $f(x)$ 的一阶导数 $f'(x)$ 和二阶导数 $f''(x)$ 并解方程 $f'(x) = 0$，从而求出所有的驻点，若存在不可导的点也要一并列出.

(3) 利用驻点和不可导的点(如果有的话)将定义域分成几个开区间；然后，(a) 对驻点计算 $f''(x)$ 的数值，再根据第二充分条件判断哪些点是极值点，确定是极大值还是极小值；(b) 对不可导的点，根据第一充分条件判断哪些点是极值点，确定是极大值还是极小值.

(4) 求出所有极值点的函数值，就得到 $f(x)$ 的全部极值.

例 4.2.1　求函数 $f(x) = (x-4)\sqrt[3]{(x+1)^2}$ 的极值.

解　函数的定义域为 $(-\infty, +\infty)$ 且 $f'(x) = \dfrac{5(x-1)}{3\sqrt[3]{x+1}}$，易见，$x = -1$ 是不可导的点，再解方程 $f'(x) = \dfrac{5(x-1)}{3\sqrt[3]{x+1}} = 0$ 得驻点 $x = 1$.

利用点 $x = -1$ 和 $x = 1$，把函数的定义域为 $(-\infty, +\infty)$ 分成三个开区间 $(-\infty, -1)$ 和 $(-1, 1)$ 以及 $(1, +\infty)$.

当 $x \in (-\infty, -1)$ 时, $f'(x) > 0$; 当 $x \in (-1, 1)$ 时, $f'(x) < 0$; 当 $x \in (1, +\infty)$ 时, $f'(x) > 0$.

根据第一充分条件知,点 $x = -1$ 是极大值点,点 $x = 1$ 是极小值点. 对应的函数的极大值是 $f(-1) = 0$, 极小值是 $f(1) = -3\sqrt[3]{4}$.

例 4. 2. 2 求函数 $f(x) = \dfrac{x^3}{3} - x^2 - 3x + 3$ 的极值.

解 函数的定义域为 $(-\infty, +\infty)$ 且 $f'(x) = x^2 - 2x - 3$.

令 $f'(x) = x^2 - 2x - 3 = 0$, 解得驻点 $x_1 = -1$, $x_2 = 3$. 又 $f''(x) = 2x - 2$, 分别计算得 $f''(-1) = -4 < 0$, $f''(3) = 4 > 0$. 根据第二充分条件,点 $x = -1$ 是极大值点,点 $x = 3$ 是极小值点. 函数的极大值是 $f(-1) = \dfrac{14}{3}$, 极小值是 $f(3) = -6$.

由于情况比较复杂,最好把上面的讨论列成下表:

x	$(-\infty, -1)$	-1	$(-1, 3)$	3	$(3, +\infty)$
$f'(x)$	>0	0	<0	0	>0
$f(x)$	递增	$\dfrac{14}{3}$	递减	-6	递增

4. 2. 2 函数的最大值与最小值

函数的最值问题是一个全局性的概念,常常表述为:在一定条件下,怎样使"用料最省""成本最低""效率最高"等,求某一函数(称之为**目标函数**)的最大值与最小值问题. 理论上说,讨论最值问题首先要保证最值存在,为了简便,我们约定:所有函数在讨论的范围内至多有有限个极值点.

对于定义在闭区间上的函数的最值问题,已经知道,闭区间上的连续函数必然存在最大值和最小值. 我们把所有的极值求出来后与区间端点的函数值进行比较,就可以解决最值问题了. 至于在实际应用问题中,通常根据问题的性质就可以断定最大值或最小值存在.

例 4. 2. 3 讨论函数 $f(x) = (x-4)\sqrt[3]{(x+1)^2}$ 的最值.

解 函数的定义域为 $(-\infty, +\infty)$ 且 $f'(x) = \dfrac{5(x-1)}{3\sqrt[3]{x+1}}$.

易见, $x = -1$ 是不可导的点. 再解方程 $f'(x) = \dfrac{5(x-1)}{3\sqrt[3]{x+1}} = 0$, 得驻点 $x = 1$. 利用驻点把函数的定义域 $(-\infty, +\infty)$ 分成三个开区间 $(-\infty, -1)$ 和 $(-1, 1)$ 以及 $(1, +\infty)$.

当 $x \in (-\infty, -1)$ 时, $f'(x) > 0$; 当 $x \in (-1, 1)$ 时, $f'(x) < 0$; 当 $x \in (1, +\infty)$ 时, $f'(x) > 0$.

根据第一充分条件知,不可导的点 $x = -1$ 是极大值点,驻点 $x = 1$ 是极小值点. 对应的函数的极大值是 $f(-1) = 0$, 极小值是 $f(1) = -3\sqrt[3]{4}$.

因为 $\lim\limits_{x \to -\infty} f(x) = -\infty$ 和 $\lim\limits_{x \to +\infty} f(x) = +\infty$ 都不存在,所以函数的最大值和最小值都不存在.

例 4.2.4 设电风扇每台零售价为 110 元, 成本为 60 元. 某厂家为鼓励销售商大量采购, 决定凡是订购量超过 300 台以上的, 每多订购 1 台, 售价就降低 0.10 元, 但最低价为每台 75 元. 问上述策略使厂家获得最大利润的订购量是多少台? 最大利润是多少元?

解 首先将每台电风扇的实际售价 p 表示为订购量 x 的函数

$$p(x) = \begin{cases} 110, & 0 < x \leqslant 300 \\ 140 - 0.1x, & 300 < x \leqslant 650 \\ 75, & x > 650 \end{cases}$$

再将厂方所获的利润 L 表示为订购量 x 的函数

$$L(x) = xp(x) - 60 \begin{cases} 50x, & 0 < x \leqslant 300 \\ 80x - 0.1x^2, & 300 < x \leqslant 650 \\ 15x, & x > 650 \end{cases}$$

函数 $L(x)$ 的定义域为: $[0, +\infty)$, 而

$$L'(x) = \begin{cases} 50, & 0 < x < 300 \\ 80 - 0.2x, & 300 < x < 650 \\ 15, & x > 650 \end{cases}$$

注意 $L(x)$ 在 $x_1 = 300$ 和 $x_2 = 650$ 处不可导. 令 $L'(x) = 0$ 得驻点为 $x_0 = 400$, 又

$$L''(x) = \begin{cases} 0, & x \in (0, 300) \bigcup (650, +\infty) \\ -0.2, & 300 < x < 650 \end{cases}$$

显然 $L''(400) = -0.2 < 0$, 即 $x_0 = 400$ 是 $L(x)$ 极大值点, 极大值是 $L(400) = 16\,000$.

另外, 当 $0 < x < 400$ 时, $L'(x) > 0$; 当 $x > 400$ 时, $L'(x) > 0$. 故在不可导的点 $x_1 = 300$ 和 $x_2 = 650$ 处 $L(x)$ 不取极值.

综合上述结果得: 上述策略使厂家获得最大利润的订购量是 400 台, 最大利润是 16\,000 元.

4.2.3 函数图形的描绘

描绘出函数的图形可以帮助我们从直观上了解函数曲线的性态, 借助数学软件(如 Mathmatica、Maple、Matlab 等)可以很好地完成这个任务. 但有时候可能只需要手工画出草图, 通过计算函数的导数, 找出单调区间、凹凸区间、拐点、极值等, 就可以把图形画得比较准确. 原则上可以执行以下的步骤:

第一步: 确定函数的定义域及函数具有的某些特征(如对称性、周期性)以及渐近线等;

第二步: 找出函数的间断点、驻点以及一、二阶导数不存在的点, 用这些点把定义域分成几个部分区间;

第三步: 判断函数在这些区间内的单调性、凹凸性, 求出拐点坐标以及极值;

第四步: 先画出上述步骤发现的曲线上的特殊点(曲线间断点、极值点、拐点、导数不存在的点以及曲线和坐标轴的交点等), 然后根据单调性、凹凸性将相应的点用曲线段连接, 最后描绘出函数的图形.

建议大家使用数学软件完成函数图形的描绘.

4.3 边际分析——商业与经济中的变化率

关于生意嘛,无非是花费了多少本钱(成本),赚取了多少利润,期间可能会发生好多的事情.将函数的变量赋以特定的经济含义,通过数学处理,摇身一变就成了经济学的内容.边际分析是商业与经济中的变化率.经济名词对应的函数,关于自变量的导数称为**边际函数**,如边际成本、边际收益、边际需求、边际供给等.下面是一些主要涉及的经济学名词:

成本:生产一定数量(Quantity)的产品,所需的全部费用总额.

总成本(Cost)＝可变成本＋固定成本

收益:出售一定数量的产品所得到的全部收入总额,也称为市场销售总额.

收益(Return)＝ 价格(Price) ×数量(Quantity)

利润(Profit)＝ 收益－成本

需求:指在一定价格条件下,消费者愿意并有支付能力购买的商品数量.

需求函数:影响需求的各种因素联合作用的结果.通常为多变元的函数.这里仅考虑需求与价格的关系 $Q=f(P)$,它是单调减函数.

供给:指在一定价格条件下,生产者愿意并有可供出售的商品数量.

供给函数:影响供给的各种因素联合作用的结果.通常为多变元的函数.这里仅考虑供给与价格的关系 $Q=g(P)$,它是单调增函数.

例 4.3.1(最大利润原则——取得最大利润的条件) 设总利润函数为

$$L(Q) = R(Q) - C(Q)$$

根据极值的必要条件 $L'(Q) = 0$ 得 $R'(Q)=C'(Q)$.所以取得最大利润的必要条件为:**边际收益＝边际成本**.

又由极值的充分条件 $L''(Q)<0$ 得 $R''(Q)<C''(Q)$.所以取得最大利润的充分条件为:**边际收益的变化率＜边际成本的变化率**.

例 4.3.2(定价问题) 忙碌的推销商为了达到追求的目标(利润最大),你可以想方设法降低各种开销费用、不眠不休、期望能增加销售数量.但是,总是听到顾客抱怨:定价太高.看来售卖价格才是关键.于是,你留意了过往销售情况的数据,发现以 1 美元的价格,每天能卖掉 500 件;而价格每提高 5 美分,每天就会少卖掉 2 件.你的进货成本 50 美分/件和每天的固定开销 200 美元(固定成本)怎么都不能降低,只有在价格上想办法了.如何确定售卖价格才能使利润最高? 你的定价会不会导致歇业?

你应该知道如何用数学方法解决这样的问题(取得最大利润的问题).既然利润是关键,那么就设函数 $P(x)$ 是你每天的利润,其中的 x 当然是关心的价格了.根据你的销售活动的状况可知,每天的销售数量(设为 y)随着价格 x 在变化,x 每增加 1 美元(等于 20 个 5 美分),就减少 40 件.因此,在售价为 x 时每天的销售数量 $y=500-40(x-1)=500-40x$,你每天的收益为 $R(x)=xy=x(500-40x)$,成本是 $C(x)=200+0.5y=200+0.5(500-40x)$ $=450-20x$.所以,利润函数为

$$P(x) = xy - (200 + 0.5y) = (x - 0.5)y - 200 = 560 - 80x$$

找出最优价格($x=6.75$ 美元)的工作就交给你了.

让我们来看看,本次活动在经济学上的评价.

边际成本:$C'(x) = (450 - 20x)' = -20$,边际收益:$R'(x) = [x(500 - 40x)]' = -80x + 500$. 当 $x = 6.75$ 美元/件时,边际收益=边际成本. 所以定价为 $x = 6.75$ 美元/件,适合了取得最大利润的必要条件.

边际收益的变化率 $R''(x) = (-80x + 500)' = -80$,边际成本的变化率 $C''(x) = 0$. 边际收益的变化率<边际成本的变化率,也适合了取得最大利润的充分条件.

恭喜恭喜,你可以走上赚钱之路了.

第二部分　一元函数的积分学

——累加求和的技术

　　有太多的原因要求将许多的东西累加在一起.涓涓小溪汇流成河,日积月累的营养增加了我们的体重,减肥甚至成了某些人的生活负担.也有的时候,我们会很计较办公室空间的大小(其实为职级的高低)等.像面积、体积一类的数学问题,还真是得费些心思呢.回想一下到现在为止,除了三角形的面积、圆柱体的体积之外,我们能够做的确实没多少呀.

　　积分学——将通过"累加求和的技术",极大地提升我们"求和"的能力,解决像面积、体积、物体的质量等问题.

第5章　不定积分——把微分的结果还原回去

现在要进入微积分的第二个模块——积分学了. 如同标题上写明的, 我们要把微分的结果还原回去, 就像是"回忆"曾经的艰辛历程, "回味"过去的酸甜苦辣. 当然了, 你肯定知道, "回忆"的目的是为了更好的未来.

积分被分成了不定积分与定积分两种类型. 看到它们的名字, 你就能知道: 不定积分与定积分有不同的地方, 而且有非常直接的联系. 我们先解决不定积分的问题——把微分的结果还原回去, 其主要任务是求原函数的积分方法.

5.1　认识不定积分

5.1.1　原函数与不定积分的概念

我们的问题是: 寻找一个函数 $F(x)$, 使得它的导函数等于给定的已知函数 $f(x)$, 即求出 $F'(x)=f(x)$ 中的未知函数 $F(x)$. 为什么要研究这样的问题呢? 因为导数是变化率, 如速度、加速度等, 在应用实践中比较容易通过测量得出, 而要寻找的函数就是运动轨迹方程, 有了它就可以更加详细地了解运动规律.

例 5.1.1　以每小时 36 km 的速度行驶的汽车, 因为面对障碍物需要立即停车. 假设该汽车以加速度 $a=-5\,\mathrm{m/s^2}$ 刹车, 问从开始刹车到完全停止, 汽车还要行驶多少距离?

在刹车的开始时刻 $t=0$, 汽车的速度为 $V(0)=36\,\mathrm{km/h}=10\,\mathrm{m/s}$, 刹车后汽车减速行驶的速度为 $V(t)=V(0)+at=10-5t$. 汽车从开始刹车到完全停止 $V(t)=10-5t=0$, 总共耗时 2 s. 要计算刹车后汽车行驶的距离, 必须知道汽车行驶的位置函数 $S(t)$. 这就是已知 $V(t)=S'(t)$, 求 $S(t)$ 的问题.

解　刹车后汽车减速行驶的速度为 $V(t)=10-5t$, 故 $S(t)=10t-\dfrac{5t^2}{2}$. 当 $t=2$ s 时, $S(t)=10\,\mathrm{m}$.

* *

尽管每小时 36 km 的车速不算太快, 刹车后仍然有较长的行驶距离. 开车时速度不要太快哦.

* *

定义 5.1.1 如果在区间 I 上都有 $F'(x)=f(x)$ 或 $\mathrm{d}F(x)=f(x)\mathrm{d}x$,那么称 $F(x)$ 为 $f(x)$ 的原函数.

大家可以根据原函数的定义和导数公式,写出 $(\sin x)'=\cos x$,故 $\sin x$ 是 $\cos x$ 的原函数,又如 $\left(\dfrac{1}{x}\right)'=-\dfrac{1}{x^2}$,故 $\dfrac{1}{x}$ 是 $-\dfrac{1}{x^2}$ 的原函数.

熟悉导数公式的人都会说:呵呵,求原函数的问题,很简单嘛! 不过,在正式接触这个问题之前,有必要先了解下面的问题:

(1) 在 $f(x)$ 满足什么条件下一定存在 $F(x)$?

(2) 若 $F(x)$ 存在的话是否唯一?

情况是这样的:

定理 5.1.1 如果函数 $f(x)$ 在区间 I 上连续,那么在区间 I 上存在可导的函数 $F(x)$ 满足 $F'(x)=f(x)$. 即连续函数一定有原函数.

其次,**原函数不唯一**. 事实上,若 $F'(x)=f(x)$,则对任意的常数 C,都有 $[F(x)+C]'=f(x)$. 因此,如果 $f(x)$ 在区间 I 上有一个原函数,则它就有无穷多个原函数,而且,这些原函数中的任意两个至多相差一个常数.

定义 5.1.2 $f(x)$ 的原函数全体可以表示为
$$F(x)+C \quad \text{其中 } C \text{ 表示任意常数}$$
使用积分的记号即
$$\int f(x)\mathrm{d}x = \int \mathrm{d}F(x) = F(x)+C$$

其中,$\displaystyle\int$ 称为**积分号**;$f(x)$ 称为**被积函数**;$f(x)\mathrm{d}x$ 称为**被积表达式**;x 称为**积分变元**;$\displaystyle\int f(x)\mathrm{d}x$ 称为**不定积分**.

求函数 $f(x)$ 的不定积分,就是找出原函数的全体. 因此,设法把 $f(x)\mathrm{d}x$ 写成 $\mathrm{d}F(x)$,那么
$$\int f(x)\mathrm{d}x = \int \mathrm{d}F(x) = F(x)+C$$
就是求出了函数 $f(x)$ 的不定积分. 而且,通过验证 $[F(x)+C]'=f(x)$ 就可以知道这个不定积分是不是做对了.

一方面,从不定积分的定义可知下述关系式
$$\left[\int f(x)\mathrm{d}x\right]' = [F(x)+C]' = F'(x) = f(x) \quad \text{或} \quad \mathrm{d}\left[\int f(x)\mathrm{d}x\right] = f(x)\mathrm{d}x$$
它表明,对一个函数 $f(x)$ 进行先积分、后求导运算,则函数保持不变.

另一方面,因为
$$\int f(x)\mathrm{d}x = \int F'(x)\mathrm{d}x = \int \mathrm{d}F(x) = F(x)+C$$
它表明,对一个函数 $F(x)$ 进行先微分、后积分运算,则函数至多差一个常数.

简单地说,在忽略任意常数的前提下,对函数的微分和积分互为逆运算.

⚠️ **警 告**

通过找出 $f(x)$ 的一个原函数 $F(x)$，再加上任意常数 C 来完成求函数 $f(x)$ 的不定积分，其中的任意常数 C 是万万不能遗漏的.

例 5.1.2 求 $\int x^2 \mathrm{d}x$.

解 因为 $\mathrm{d}\left(\dfrac{x^3}{3}\right) = x^2 \mathrm{d}x$，所以 $\dfrac{x^3}{3}$ 是 x^2 的一个原函数，因此，$\int x^2 \mathrm{d}x = \dfrac{x^3}{3} + C$.

例 5.1.3 求 $\int \dfrac{1}{x} \mathrm{d}x$.

解 因为 $\dfrac{1}{x}$ 的连续区间为 $(-\infty, 0)$ 和 $(0, +\infty)$，

当 $x \in (0, +\infty)$ 时，$\mathrm{d}(\ln x) = \dfrac{1}{x} \mathrm{d}x$，所以 $\ln x$ 是 $\dfrac{1}{x}$ 在 $(0, +\infty)$ 内的一个原函数；

当 $x \in (-\infty, 0)$ 时，$\mathrm{d}[\ln(-x)] = \dfrac{1}{-x} \cdot (-1) \mathrm{d}x = \dfrac{1}{x} \mathrm{d}x$，所以 $\ln(-x)$ 是 $\dfrac{1}{x}$ 在 $(-\infty, 0)$ 内的一个原函数；

把上述两种情况合写成 $\int \dfrac{1}{x} \mathrm{d}x = \ln|x| + C$.

本例对被积函数的连续区间讨论了原函数的存在条件. 一般地约定：求不定积分都是在被积函数的连续区间上.

例 5.1.4 设一条曲线上任一点处，切线的斜率等于该点横坐标的两倍且曲线经过点 $(0, 1)$，求该曲线的方程.

解 设所求曲线的方程为 $y = f(x)$，曲线上任一点 (x, y) 处，切线的斜率等于该点横坐标 x 的两倍，即

$$\frac{\mathrm{d}y}{\mathrm{d}x} = 2x$$

可见要求曲线的方程 $y = f(x)$ 应该是 $2x$ 的一个原函数且曲线经过点 $(0, 1)$.

因为 $f(x) = \int 2x \mathrm{d}x = x^2 + C$. 将 $x = 0$，$y = 1$ 带入 $y = x^2 + C$，确定 $C = 1$. 于是所求曲线的方程为 $y = x^2 + 1$.

5.1.2 套用积分公式——积分的简单方法

利用微分公式表，可以写出下面的积分基本公式.

$$\int x^\mu \mathrm{d}x = \frac{x^{\mu+1}}{\mu+1} + C \quad (\mu \neq -1) \qquad \int \frac{1}{x} \mathrm{d}x = \ln|x| + C$$

$$\int \frac{1}{x^2} \mathrm{d}x = -\frac{1}{x} + C \qquad \int \frac{1}{2\sqrt{x}} \mathrm{d}x = \sqrt{x} + C$$

$$\int \cos x \, \mathrm{d}x = \sin x + C \qquad\qquad \int \sin x \, \mathrm{d}x = -\cos x + C$$

$$\int \frac{1}{1+x^2} \, \mathrm{d}x = \arctan x + C \qquad \int \frac{1}{\sqrt{1-x^2}} \, \mathrm{d}x = \arcsin x + C$$

$$\int \frac{1}{\cos^2 x} \, \mathrm{d}x = \int \sec^2 x \, \mathrm{d}x = \tan x + C \qquad \int \frac{1}{\sin^2 x} \, \mathrm{d}x = \int \csc^2 x \, \mathrm{d}x = -\cot x + C$$

$$\int \sec x \tan x \, \mathrm{d}x = \sec x + C \qquad \int \csc x \cot x \, \mathrm{d}x = -\csc x + C$$

$$\int \mathrm{e}^x \, \mathrm{d}x = \mathrm{e}^x + C \qquad\qquad \int a^x \, \mathrm{d}x = \frac{a^x}{\ln a} + C$$

上述基本积分公式是从微分公式逆向推出的,**公式中的积分变元 x 可以换成任何相同的表达式**,以后还将添加一些常用的积分公式.熟记它们将帮助你在求不定积分时大展拳脚,获得"高人"的荣誉称号.

以下的性质方便了不定积分的计算.

(1) $\displaystyle\int k \cdot f(x) \, \mathrm{d}x = k \cdot \int f(x) \, \mathrm{d}x$　　(k 为常数,可以随意进出积分号),

(2) $\displaystyle\int \left[f(x) \pm g(x) \right] \mathrm{d}x = \int f(x) \, \mathrm{d}x \pm \int g(x) \, \mathrm{d}x.$

让我们来点实际的操练.

例 5.1.5　求 $\displaystyle\int 2^x \mathrm{e}^x \, \mathrm{d}x$.

解　$\displaystyle\int 2^x \mathrm{e}^x \, \mathrm{d}x = \int (2\mathrm{e})^x \, \mathrm{d}x = \frac{(2\mathrm{e})^x}{\ln 2\mathrm{e}} + C = \frac{(2\mathrm{e})^x}{1 + \ln 2} + C$

例 5.1.6　求 $\displaystyle\int (\mathrm{e}^x - 3\cos x) \, \mathrm{d}x$.

解　$\displaystyle\int (\mathrm{e}^x - 3\cos x) \, \mathrm{d}x = \int \mathrm{e}^x \, \mathrm{d}x + \int (-3\cos x) \, \mathrm{d}x = \int \mathrm{e}^x \, \mathrm{d}x - 3 \int \cos x \, \mathrm{d}x$

$$= \mathrm{e}^x - 3\sin x + C$$

例 5.1.7　求 $\displaystyle\int \frac{x^2}{1+x^2} \, \mathrm{d}x$.

解　如果把 x^2 和 $\dfrac{1}{1+x^2}$ 分离,就可以找到公式套用,因此将被积函数变形.

$$\int \frac{x^2}{1+x^2} \, \mathrm{d}x = \int \frac{x^2+1-1}{1+x^2} \, \mathrm{d}x = \int \left(1 - \frac{1}{1+x^2} \right) \mathrm{d}x$$

$$= \int \mathrm{d}x - \int \frac{1}{1+x^2} \, \mathrm{d}x = x - \arctan x + C$$

例 5.1.8　求 $\displaystyle\int \tan^2 x \, \mathrm{d}x$.

解　$\displaystyle\int \tan^2 x \, \mathrm{d}x = \int (\sec^2 x - 1) \, \mathrm{d}x = \int \sec^2 x \, \mathrm{d}x - \int \mathrm{d}x = \tan x - x + C$

例 5.1.9 求 $\int \sin^2 \frac{x}{2} \mathrm{d}x$.

解 $\int \sin^2 \frac{x}{2} \mathrm{d}x = \int \frac{1}{2}(1 - \cos x)\mathrm{d}x = \frac{1}{2}\int(1 - \cos x)\mathrm{d}x = \frac{1}{2}\left[\int \mathrm{d}x - \int \cos x \mathrm{d}x\right]$
$$= \frac{1}{2}(x - \sin x) + C$$

例 5.1.10 求 $\int \frac{\cos 2x}{\sin^2 x \cos^2 x}\mathrm{d}x$.

解 $\int \frac{\cos 2x}{\sin^2 x \cos^2 x}\mathrm{d}x = \int \frac{\cos^2 x - \sin^2 x}{\sin^2 x \cos^2 x}\mathrm{d}x = \int\left(\frac{1}{\sin^2 x} - \frac{1}{\cos^2 x}\right)\mathrm{d}x$
$$= -\cot x - \tan x + C$$

例 5.1.11 求 $\int \frac{x^4}{1 + x^2}\mathrm{d}x$.

解 $\int \frac{x^4}{1 + x^2}\mathrm{d}x = \int \frac{x^4 - 1 + 1}{1 + x^2}\mathrm{d}x = \int \frac{(x^2 + 1)(x^2 - 1) + 1}{1 + x^2}\mathrm{d}x$
$$= \int(x^2 - 1)\mathrm{d}x + \int \frac{1}{1 + x^2}\mathrm{d}x = \frac{x^3}{3} - x + \arctan x + C$$

* *

重要提醒

　　求函数的不定积分,能直接套用积分公式的情形是最简单的,其他情形一般需要一些技巧.所有这些技巧的选择或采用,其目的还是要套用积分公式.因此,尽可能多地记忆积分公式和熟练辨认函数的微分表达式,对提升积分技能是必需的.

* *

5.2　对付积分问题——三大门派的基本招式

　　关于积分方法,我们一直没有告诉大家,那些连教授们都不愿承认的难言之痛.能够让人手到擒来、三两下搞定的积分问题,实属异类,其他的绝大多数,都要人使出浑身解数,仍然不愿束手就擒.所以,要想降伏它们,我们还需要好多的招式,练好三大门派(三大类的积分问题)的基本功,然后与更多的对手过过招,见多识广以后,你就可以步入"高手"的行列了.

　　在开始之前,有件事你得记住:当讨论到某一种积分技巧时,例题都是可以使用该方法解决的.然而,在你练习或考试的时候,题目旁边可没有任何提示,告诉你该用哪一个方法.所以,你还需要熟悉积分问题与各个技巧之间的关联,这样才能立即做出正确的判断.总之,**能够判断出积分问题应该用什么方法**,跟知道怎样使用这些技巧具有同等的重要性.

5.2.1　凑微分法(第一换元法)

　　利用恒等变形,把被积表达式凑成某个函数的微分,然后,替换积分变元的记号直接套用积分公式,从而求出不定积分的方法叫**凑微分法**.

因为这个方法强调的是"凑",在你面对一个积分时,朝着什么样子的积分公式"凑"过去,那是必须先想清楚的.这要求你知道尽可能多的积分公式(就算是死记硬背,也是值得的),然后才是"凑"的具体动作——找出函数的微分表达式需要什么和不需要什么,接着,按需要组合并保持恒等变形,最后替换积分变元的记号,直接套用积分公式就可以了.

例 5.2.1 求 $\displaystyle\int \frac{\mathrm{d}x}{1+2x}$.

说明 被积函数 $\dfrac{1}{1+2x}$ 的样式与 $\dfrac{1}{u}$ 相似,要把被积表达式 $\dfrac{\mathrm{d}x}{1+2x}$ 改写成 $\dfrac{\mathrm{d}u}{u}$ 的样式.故令 $u=1+2x$,此时 $\mathrm{d}u=2\mathrm{d}x$,被积表达式 $\dfrac{\mathrm{d}x}{1+2x}=\dfrac{1}{2}\dfrac{\mathrm{d}u}{u}$.

解 令 $u=1+2x$,此时 $\mathrm{d}u=2\mathrm{d}x$,故

$$\int \frac{\mathrm{d}x}{1+2x}=\int \frac{1}{2}\frac{\mathrm{d}u}{u}=\frac{1}{2}\int \frac{\mathrm{d}u}{u}=\frac{1}{2}\ln|u|+C=\frac{1}{2}\ln|1+2x|+C$$

例 5.2.2 求 $\displaystyle\int \cos(2x+1)\mathrm{d}x$.

说明 被积函数 $\cos(2x+1)$ 的样式与 $\cos u$ 相似,参照积分公式,需要把被积表达式 $\cos(2x+1)\mathrm{d}x$ 改写成 $\cos u\,\mathrm{d}u$ 的样式.故令 $u=2x+1$,此时 $\mathrm{d}u=2\mathrm{d}x$,被积表达式 $\cos(2x+1)\mathrm{d}x=\dfrac{1}{2}\cos u\,\mathrm{d}u$.

解 令 $u=1+2x$,此时 $\mathrm{d}u=2\mathrm{d}x$,故

$$\int \cos(2x+1)\mathrm{d}x=\frac{1}{2}\int \cos u\,\mathrm{d}u=\frac{1}{2}\sin u+C=\frac{1}{2}\sin(2x+1)+C$$

上面两个例题中,引入变量 u 是为了帮助联想到积分公式,熟练以后就不必写出了.说明部分是解释做题方法的,解题时不需要再写出了.

例 5.2.3 求 $\displaystyle\int x\mathrm{e}^{x^2}\mathrm{d}x$.

看积分的样子,想到 $\displaystyle\int \mathrm{e}^u\mathrm{d}u=\mathrm{e}^u+C$ 了吗?多出来的 x 正好是 $\mathrm{d}u=\mathrm{d}x^2$ 需要的.

解 $\displaystyle\int x\mathrm{e}^{x^2}\mathrm{d}x=\int \frac{1}{2}\mathrm{e}^{x^2}\cdot(2x)\mathrm{d}x=\frac{1}{2}\int \mathrm{e}^{x^2}\mathrm{d}(x^2)=\frac{1}{2}\mathrm{e}^{x^2}+C$

例 5.2.4 求 $\displaystyle\int x\sqrt{1-x^2}\mathrm{d}x$

看到积分中难缠的 $\sqrt{1-x^2}$ 了吗? 多出来的 x 正好是 $\mathrm{d}(1-x^2)$ 需要的.所以

解

$$\int x\sqrt{1-x^2}\mathrm{d}x=\int \sqrt{1-x^2}\cdot x\mathrm{d}x=\int \sqrt{1-x^2}\cdot\left(-\frac{1}{2}\right)\mathrm{d}(1-x^2)$$

$$=-\frac{1}{2}\int (1-x^2)^{1/2}\mathrm{d}(1-x^2)$$

$$= -\frac{1}{2} \cdot \frac{(1-x^2)^{1+\frac{1}{2}}}{1+\frac{1}{2}} + C = -\frac{1}{3}(1-x^2)^{3/2} + C$$

 提　醒

将积分表达式中的 $2x\mathrm{d}x$ 改写成 $\mathrm{d}x^2$，把根号改写成指数式，有助于发现积分的思路.

例 5.2.5　求 $\displaystyle\int \frac{\mathrm{d}x}{x(2+\ln x)}$.

观察到积分表达式中有点难看的 $\ln x$ 可发现积分的思路，将 $\dfrac{\mathrm{d}x}{x}$ 改写成 $\mathrm{d}(\ln x)$.

解　$\displaystyle\int \frac{\mathrm{d}x}{x(2+\ln x)} = \int \frac{\mathrm{d}(2+\ln x)}{2+\ln x} = \ln|2+\ln x| + C$

例 5.2.6　求 $\displaystyle\int \tan x \mathrm{d}x$.

似乎没有现成的公式可套用，那就把它改写一下，最直接的就是 $\displaystyle\int \tan x \mathrm{d}x = \int \frac{\sin x}{\cos x} \mathrm{d}x$ 吧. 再观察到 $\sin x \mathrm{d}x = -\mathrm{d}\cos x$ 就可以了.

解　$\displaystyle\int \tan x \mathrm{d}x = \int \frac{\sin x}{\cos x} \mathrm{d}x = -\int \frac{\mathrm{d}\cos x}{\cos x} = -\ln|\cos x| + C$

类似可得

$$\int \cot x \mathrm{d}x = \ln|\sin x| + C$$

例 5.2.7　求 $\displaystyle\int \frac{\mathrm{d}x}{a^2+x^2}$.

想到公式 $\displaystyle\int \frac{1}{1+x^2} \mathrm{d}x = \arctan x + C$ 了吗？把积分的样子搞成和 $\displaystyle\int \frac{1}{1+u^2} \mathrm{d}u$ 一致，该干什么就知道了.

解　$\displaystyle\int \frac{\mathrm{d}x}{a^2+x^2} = \int \frac{\dfrac{1}{a^2}\mathrm{d}x}{\dfrac{a^2+x^2}{a^2}} = \frac{1}{a}\int \frac{\mathrm{d}\left(\dfrac{x}{a}\right)}{1+\left(\dfrac{x}{a}\right)^2} = \frac{1}{a}\arctan\left(\dfrac{x}{a}\right) + C$

例 5.2.8　求 $\displaystyle\int \frac{\mathrm{d}x}{\sqrt{a^2-x^2}}$　$(a>0)$.

类似例 5.2.7，经验的作用很大哦.

解　$\displaystyle\int \frac{\mathrm{d}x}{\sqrt{a^2-x^2}} = \int \frac{\dfrac{\mathrm{d}x}{a}}{\dfrac{\sqrt{a^2-x^2}}{a}} = \int \frac{\mathrm{d}\left(\dfrac{x}{a}\right)}{\sqrt{1-\left(\dfrac{x}{a}\right)^2}} = \arcsin\left(\dfrac{x}{a}\right) + C$

例 5.2.9　求 $\displaystyle\int\frac{\mathrm{d}x}{x^2-a^2}$　$(a\neq 0)$.

看到 x^2-a^2，换个写法就是 $x^2-a^2=(x-a)(x+a)$，再让 $\dfrac{1}{(x-a)(x+a)}$ 中的 $\dfrac{1}{x-a}$ 和 $\dfrac{1}{x+a}$ 分家，于是 $\dfrac{1}{(x-a)(x+a)}=\dfrac{1}{2a}\left(\dfrac{1}{x-a}-\dfrac{1}{x+a}\right)$，右边两项的积分可以方便地计算了.

解
$$
\begin{aligned}
\int\frac{\mathrm{d}x}{x^2-a^2} &= \frac{1}{2a}\int\left(\frac{1}{x-a}-\frac{1}{x+a}\right)\mathrm{d}x = \frac{1}{2a}\int\left[\frac{1}{x-a}-\frac{1}{x+a}\right]\mathrm{d}x\\
&= \frac{1}{2a}\left[\int\frac{\mathrm{d}(x-a)}{x-a}-\int\frac{\mathrm{d}(x+a)}{x+a}\right] = \frac{1}{2a}\left[\ln\mid x-a\mid-\ln\mid x+a\mid\right]+C\\
&= \frac{1}{2a}\ln\left|\frac{x-a}{x+a}\right|+C
\end{aligned}
$$

呵，积分技巧就是用已经知道的对付新问题，"散伙"是常用的技术.

当求不定积分的被积函数中含有三角函数时，常要用到一些三角恒等式.

例 5.2.10　求 $\displaystyle\int\sin^3 x\mathrm{d}x$.

要是 $\sin x$ 没有头上的那个 3 多好？那么，把 $\sin x$ 的幂降低.

解
$$
\begin{aligned}
\int\sin^3 x\mathrm{d}x &= \int\sin^2 x(\sin x\mathrm{d}x) = -\int\sin^2 x\mathrm{d}(\cos x)\\
&= -\int(1-\cos^2 x)\mathrm{d}(\cos x) = -\int\mathrm{d}(\cos x)+\int\cos^2 x\mathrm{d}(\cos x)\\
&= -\cos x+\frac{1}{3}\cos^3 x+C
\end{aligned}
$$

仿照此例，可计算 $\displaystyle\int\cos^3 x\mathrm{d}x$，$\displaystyle\int\cos^5 x\mathrm{d}x$ 等类型的积分.

例 5.2.11　求 $\displaystyle\int\sin^2 x\mathrm{d}x$.

解
$$
\begin{aligned}
\int\sin^2 x\mathrm{d}x &= \int\frac{1-\cos 2x}{2}\mathrm{d}x = \frac{1}{2}\left(\int\mathrm{d}x-\int\cos 2x\mathrm{d}x\right)\\
&= \frac{1}{2}\left(\int\mathrm{d}x-\frac{1}{2}\int\cos 2x\mathrm{d}(2x)\right) = \frac{x}{2}-\frac{1}{4}\sin 2x+C
\end{aligned}
$$

仿照此例，可计算 $\displaystyle\int\cos^2 x\mathrm{d}x$，$\displaystyle\int\cos^4 x\mathrm{d}x$ 等类型的积分.

例 5.2.12　求 $\displaystyle\int\sin^2 x\cos^5 x\mathrm{d}x$.

感觉上这个积分有点麻烦，但如果 $\sin^2 x\cos^5 x$ 中只有一项，则有办法搞定.

解
$$
\begin{aligned}
\int\sin^2 x\cos^5 x\mathrm{d}x &= \int\sin^2 x\cos^4 x(\cos x\mathrm{d}x) = \int\sin^2 x\cos^4 x\mathrm{d}(\sin x)\\
&= \int\sin^2 x(1-\sin^2 x)^2\mathrm{d}(\sin x)
\end{aligned}
$$

$$= \int (\sin^2 x - 2\sin^4 x + \sin^6 x) \mathrm{d}(\sin x)$$

$$= \frac{1}{3}\sin^3 x - \frac{2}{5}\sin^5 x + \frac{1}{7}\sin^7 x + C$$

趁热打铁,搞定下一题.

例 5. 2. 13 求 $\int \sec^3 x \tan^5 x \mathrm{d}x$.

解 $\int \sec^3 x \tan^5 x \mathrm{d}x = \int \sec^2 x \tan^4 x (\sec x \tan x \mathrm{d}x) = \int \sec^2 x \tan^4 x \mathrm{d}(\sec x)$

$$= \int \sec^2 x (\sec^2 x - 1)^2 \mathrm{d}(\sec x) = \int (\sec^6 x - 2\sec^4 x + \sec^2 x) \mathrm{d}(\sec x)$$

$$= \frac{1}{7}\sec^7 x - \frac{2}{5}\sec^5 x + \frac{1}{3}\sec^3 x + C$$

* *

积分技巧

若被积函数为正弦函数、余弦函数的乘积,且含有正弦函数、余弦函数的幂次的奇偶不相同,则分离出 $\cos x$ 或 $\sin x$,再与 $\mathrm{d}x$ 组合成 $\mathrm{d}(\sin x)$ 或 $\mathrm{d}(\cos x)$,把被积函数改写成关于 $\sin x$ 或 $\cos x$ 的函数,然后套用相关的公式积分.

* *

例 5. 2. 14 求 $\int \cos 3x \cos 2x \mathrm{d}x$.

若能将被积函数中的三角函数分开成和或差的形式就可以用公式积分,故使用积化和差的三角公式.

解 $\int \cos 3x \cos 2x \mathrm{d}x = \frac{1}{2}\int (\cos x + \cos 5x) \mathrm{d}x = \frac{1}{2}\left(\int \cos x \mathrm{d}x + \int \cos 5x \mathrm{d}x\right)$

$$= \frac{1}{2}\left(\int \cos x \mathrm{d}x + \frac{1}{5}\int \cos 5x \mathrm{d}(5x)\right) = \frac{1}{2}\sin x + \frac{1}{10}\sin 5x + C$$

例 5. 2. 15 求 $\int \sec x \mathrm{d}x$.

将积分换写成 $\int \frac{1}{\cos x} \mathrm{d}x$,发现该积分与 $\int \frac{1}{\cos^2 x} \mathrm{d}x$ 类似. 故作变形 $\int \frac{1}{\cos x} \mathrm{d}x = \int \frac{\cos x}{\cos^2 x} \mathrm{d}x$ 后再积分.

解 $\int \sec x \mathrm{d}x = \int \frac{\cos x \mathrm{d}x}{\cos^2 x} = \int \frac{\mathrm{d}\sin x}{\cos^2 x} = \int \frac{\mathrm{d}\sin x}{1 - \sin^2 x} = \int \frac{\mathrm{d}\sin x}{(1 - \sin x)(1 + \sin x)}$

$$= \frac{1}{2}\left[\int \frac{\mathrm{d}\sin x}{1 - \sin x} + \int \frac{\mathrm{d}\sin x}{1 + \sin x}\right] = \frac{1}{2}\left[-\int \frac{\mathrm{d}(1 - \sin x)}{1 - \sin x} + \int \frac{\mathrm{d}(1 + \sin x)}{1 + \sin x}\right]$$

$$= \frac{1}{2}\ln\left|\frac{1 + \sin x}{1 - \sin x}\right| + C = \frac{1}{2}\ln\left|\frac{(1 + \sin x)^2}{(1 - \sin x)(1 + \sin x)}\right| + C$$

$$= \frac{1}{2}\ln\left|\frac{1+\sin x}{\cos x}\right|^2 + C = \ln|\sec x + \tan x| + C$$

类似可以得到

$$\int \csc x \, dx = \ln|\csc x - \cot x| + C$$

下面是一些可考虑使用凑微分法求不定积分的被积函数的一般样式,在练习时加以应用和体会,慢慢地,你也会"凑"了.

(1) $\dfrac{1}{x}f(\ln x)dx = f(\ln x)d(\ln x)$ 　　将 $\dfrac{1}{x}dx$ 凑成 $d\ln x$

(2) $\dfrac{1}{x^2}f\left(\dfrac{1}{x}\right)dx = -f\left(\dfrac{1}{x}\right)d\left(\dfrac{1}{x}\right)$ 　　将 $\dfrac{1}{x^2}dx$ 凑成 $d\left(-\dfrac{1}{x}\right)$

(3) $f(e^x)e^x dx = f(e^x)de^x$ 　　　　将 $e^x dx$ 凑成 de^x

(4) $f(\sin x)\cos x dx = f(\sin x)d(\sin x)$

(5) $f(\cos x)\sin x dx = -f(\cos x)d(\cos x)$

(6) $f(x^2)x dx = \dfrac{1}{2}f(x^2)d(x^2)$

(7) $f(\sqrt{x})\dfrac{1}{\sqrt{x}}dx = 2f(\sqrt{x})d(\sqrt{x})$ 　　将 $\dfrac{1}{2\sqrt{x}}dx$ 凑成 $d\sqrt{x}$,

(8) $f(a+bx)dx = \dfrac{1}{b}f(a+bx)d(a+bx)$

(9) $f(\arcsin x)\dfrac{1}{\sqrt{1-x^2}}dx = f(\arcsin x)d(\arcsin x)$

(10) $f(\arctan x)\dfrac{1}{1+x^2}dx = f(\arctan x)d(\arctan x)$

5.2.2　去根式法

当被积函数中包含有根式时,一般来讲,求不定积分比较麻烦.

利用合适的变量替换把根式去掉,使被积函数中不再包含根式,然后求出不定积分的方法称为**去根式法**.

因为在这种情形,使用变量替换后,不定积分的积分变元发生了改变,故求出不定积分后,必须代换为原来的变量.所以,选择的变量替换一定要能够写出显式反函数.

例 5.2.16　求 $\displaystyle\int \frac{1}{1+\sqrt[3]{x+2}}dx$.

作变量替换,目标是去掉根号.令 $u = \sqrt[3]{x+2}$,则 $x = u^3 - 2$, $dx = 3u^2 du$,原积分变成了 $\displaystyle\int \frac{3u^2}{1+u}du$,可以利用上一节的方法求出来.

解　令 $u = \sqrt[3]{x+2}$,则 $x = u^3 - 2$, $dx = 3u^2 du$,

$$\int \frac{1}{1+\sqrt[3]{x+2}}dx = \int \frac{3u^2}{1+u}du = 3\int \frac{u^2}{1+u}du = 3\int \frac{u^2-1+1}{1+u}du$$

$$= 3\left(\int(u-1) + \int \frac{1}{1+u}\right)du = 3\left(\frac{1}{2}u^2 - u + \ln|1+u|\right) + C$$

$$= \frac{3}{2} \left(\sqrt[3]{x+2} \right)^2 - 3 \sqrt[3]{x+2} + 3\ln \left| 1 + \sqrt[3]{x+2} \right| + C$$

例 5.2.17 求 $\int \sqrt{a^2 - x^2} \, \mathrm{d}x \quad (a > 0)$.

⚠ **警 告**

直接用变换 $u = \sqrt{a^2 - x^2}$ 是不能去掉根号的！别忘了还有 $\mathrm{d}x$ 要处理. 换个思路,利用三角恒等式 $1 - \sin^2 t = \cos^2 t$ 去掉根号,也就是采用变换 $x = a \sin t$.

解 令 $x = a \sin t$,当 $-\frac{\pi}{2} < t < \frac{\pi}{2}$ 时有反函数 $t = \arcsin \left(\frac{x}{a} \right)$,则

$$\sqrt{a^2 - x^2} = \sqrt{a^2 - (a \sin t)^2} = a \cos t, \quad \mathrm{d}x = a \cos t \, \mathrm{d}t,$$

原积分

$$\int \sqrt{a^2 - x^2} \, \mathrm{d}x = a^2 \int \cos^2 t \, \mathrm{d}t = \frac{a^2}{2} t + \frac{a^2}{2} \sin t \cos t + C$$

接下来,将变元 t 换回到原变量 x.

因为 $t = \arcsin \left(\frac{x}{a} \right)$,所以 $\sin t = \frac{x}{a}$,而且 $\cos t = \sqrt{1 - \sin^2 t} = \sqrt{1 - \left(\frac{x}{a} \right)^2} = \frac{\sqrt{a^2 - x^2}}{a}$,最后所求积分为

$$\int \sqrt{a^2 - x^2} \, \mathrm{d}x = \frac{a^2}{2} \arcsin \left(\frac{x}{a} \right) + \frac{1}{2} x \sqrt{a^2 - x^2} + C$$

例 5.2.18 求 $\int \frac{1}{\sqrt{a^2 + x^2}} \mathrm{d}x \quad (a > 0)$.

同上例,改用三角公式 $1 + \tan^2 t = \sec^2 t$ 去掉根号,采用的变换是 $x = a \tan t$.

解 令 $x = a \tan t$,当 $-\frac{\pi}{2} < t < \frac{\pi}{2}$ 时有反函数 $t = \arctan \left(\frac{x}{a} \right)$,则

$$\sqrt{a^2 + x^2} = \sqrt{a^2 + (a \tan t)^2} = a \sec t, \quad \mathrm{d}x = a \sec^2 t \, \mathrm{d}t$$

原积分

$$\int \frac{1}{\sqrt{a^2 + x^2}} \mathrm{d}x = \int \frac{a \sec^2 t}{a \sec t} \mathrm{d}t = \int \sec t \, \mathrm{d}t = \ln |\sec t + \tan t| + C$$

接下来,将变元 t 换回到原变量 x.

因为 $t = \arctan \left(\frac{x}{a} \right)$,所以 $\tan t = \frac{x}{a}$,而且 $\sec t = \sqrt{1 + \tan^2 t} = \frac{\sqrt{a^2 + x^2}}{a}$,最后所求积分为

$$\int \frac{1}{\sqrt{a^2 + x^2}} \mathrm{d}x = \ln \left[\frac{x}{a} + \frac{\sqrt{a^2 + x^2}}{a} \right] + C$$

$$= \ln \left(x + \sqrt{a^2 + x^2} \right) + C_1 \quad (\text{其中 } C_1 = C - \ln a)$$

＊＊＊＊＊＊＊＊＊＊＊＊＊＊＊＊＊＊＊＊＊＊＊＊＊＊＊＊＊＊＊＊＊＊＊＊＊

 ### 积分技巧

当被积函数中包含 $\sqrt{a^2-x^2}$，$\sqrt{a^2+x^2}$，$\sqrt{x^2-a^2}$ 时，可以用三角代换去掉根式. 通常这类积分的计算较繁，具体解题时应先考虑能否用凑微分法解出，不得已时才使用上面的方法.

＊＊＊＊＊＊＊＊＊＊＊＊＊＊＊＊＊＊＊＊＊＊＊＊＊＊＊＊＊＊＊＊＊＊＊＊＊

例 5.2.19　求 $\displaystyle\int \frac{2x}{\sqrt{a^2+x^2}}\mathrm{d}x$.

说明　从形式上看，似乎要考虑利用三角公式 $1+\tan^2 t=\sec^2 t$ 去掉根号. 但应当注意到被积表达式中的 $2x\mathrm{d}x$ 恰好为 a^2+x^2 的微分，所以可使用凑微分法解.

解
$$\int \frac{2x}{\sqrt{a^2+x^2}}\mathrm{d}x = \int \frac{1}{\sqrt{a^2+x^2}}\mathrm{d}(a^2+x^2) = \int (a^2+x^2)^{-\frac{1}{2}}\mathrm{d}(a^2+x^2)$$
$$= \frac{1}{2}\sqrt{a^2+x^2}+C$$

除了常见的去根式变量代换外，视不同的积分问题，常用的还有指数代换、倒代换、三角函数的万能代换等，统称为第二换元法，目的都是将积分化成可以套用积分公式.

例 5.2.20　求积分 $\displaystyle\int \frac{1}{x^2\sqrt{x^2+1}}\mathrm{d}x$.

解　设 $x=\dfrac{1}{u}$，则 $\mathrm{d}x=-\dfrac{1}{u^2}\mathrm{d}u$（常称为**倒代换法**），于是

$$\int \frac{1}{x^2\sqrt{x^2+1}}\mathrm{d}x = -\int \frac{u}{\sqrt{u^2+1}}\mathrm{d}u = -\int \frac{\mathrm{d}(u^2+1)}{2\sqrt{u^2+1}}$$
$$= -\sqrt{u^2+1}+C = -\frac{\sqrt{x^2+1}}{x}+C$$

> ⚠ **严重警告**
>
> 作变量替换时，必须把整个被积表达式中的变量全部替换，特别要注意正确求出微分 $\mathrm{d}x$. 另一种常见的错误是，作变量替换后，积分表达式中有两个变量，如 $\displaystyle\int \frac{\mathrm{d}x}{1+t}$ 等样式.

下列积分也作为常用的积分公式.

$$\int \tan x\,\mathrm{d}x = -\ln|\cos x|+C$$

$$\int \cot x\,\mathrm{d}x = \ln|\sin x|+C$$

$$\int \frac{\mathrm{d}x}{a^2 + x^2} = \frac{1}{a}\arctan\left(\frac{x}{a}\right) + C$$

$$\int \frac{\mathrm{d}x}{\sqrt{a^2 - x^2}} = \arcsin\left(\frac{x}{a}\right) + C$$

$$\int \frac{\mathrm{d}x}{x^2 - a^2} = \frac{1}{2a}\ln\left|\frac{x-a}{x+a}\right| + C$$

$$\int \sin^2 x \mathrm{d}x = \frac{x}{2} - \frac{1}{4}\sin 2x + C$$

$$\int \sec x \mathrm{d}x = \ln|\sec x + \tan x| + C$$

$$\int \csc x \mathrm{d}x = \ln|\csc x - \cot x| + C$$

$$\int \sqrt{a^2 - x^2}\,\mathrm{d}x = \frac{a^2}{2}\arcsin\left(\frac{x}{a}\right) + \frac{1}{2}x\sqrt{a^2 - x^2} + C$$

$$\int \frac{1}{\sqrt{a^2 + x^2}}\mathrm{d}x = \ln(x + \sqrt{a^2 + x^2}) + C$$

最后给出几个利用上述公式求积分的例子.

例 5.2.21 求 $\int \frac{1}{x^2 + 2x + 5}\mathrm{d}x$.

解 $\int \frac{1}{x^2 + 2x + 5}\mathrm{d}x = \int \frac{1}{(x+1)^2 + 4}\mathrm{d}(x+1) = \frac{1}{2}\arctan\left(\frac{x+1}{2}\right) + C$

例 5.2.22 求 $\int \frac{\mathrm{d}x}{\sqrt{3 + 2x - x^2}}$.

解 $\int \frac{\mathrm{d}x}{\sqrt{3 + 2x - x^2}} = \int \frac{\mathrm{d}x}{\sqrt{4 - (1-x)^2}} = -\int \frac{\mathrm{d}(1-x)}{\sqrt{2^2 - (1-x)^2}} = -\arcsin\left(\frac{1-x}{2}\right) + C$

  提 醒

把被积表达式中的二次三项式进行配方处理,有助于找到积分的方法.

5.2.3 分部积分法

仔细观察一下积分公式表,应该能够发现:当被积函数是正整数次的幂函数与指数函数、对数函数、正(余)弦函数、反三角函数的乘积时,并没有给出相应的公式.因为这些类型的不定积分需要使用本节的积分方法才能解决.

利用两个函数乘积的微分公式 $\mathrm{d}(uv) = u\mathrm{d}v + v\mathrm{d}u$,移项后得 $u\mathrm{d}v = \mathrm{d}(uv) - v\mathrm{d}u$,然后两边求不定积分有

$$\int u\,\mathrm{d}v = \int [\mathrm{d}(uv) - v\mathrm{d}u] = uv - \int v\,\mathrm{d}u$$

这个公式称为**分部积分公式**.

利用上式把求不定积分 $\int u\,\mathrm{d}v$ 转换为求不定积分 $\int v\,\mathrm{d}u$. 如果后者容易求出,那么就可以

解决求 $\int u\,\mathrm{d}v$ 的问题了. 这个方法把被积表达式分成了 u 和 $\mathrm{d}v$ 两部分,然后把求左端的不定积分转换为求右边的不定积分,称为**分部积分法**.

下面通过例题,说明如何把被积表达式分成 u 和 $\mathrm{d}v$ 两部分. 幸运的是,在被积表达式所对应的类型的积分中,必须要采用分部积分的这些技巧(参考例题后的**提醒**).

例 5.2.23 求 $\int x\cos x\,\mathrm{d}x$.

解 选择 $u=x,\mathrm{d}v=\cos x\,\mathrm{d}x=\mathrm{d}\sin x$,利用分部积分公式

$$\int x\cos x\,\mathrm{d}x=\int x\,\mathrm{d}\sin x=x\sin x-\int \sin x\,\mathrm{d}x=x\sin x+\cos x+C$$

例 5.2.24 求 $\int x^2\sin x\,\mathrm{d}x$.

解
$$\begin{aligned}
\int x^2\sin x\,\mathrm{d}x &=-\int x^2\,\mathrm{d}\cos x=-\left[x^2\cos x-\int \cos x\,\mathrm{d}x^2\right]\\
&=-x^2\cos x+2\int x\,\mathrm{d}\sin x=-x^2\cos x+2\left[x\sin x-\int \sin x\,\mathrm{d}x\right]\\
&=-x^2\cos x+2x\sin x+2\cos x+C
\end{aligned}$$

💡 **提 醒**

当被积表达式为正整数次的幂函数与正(余)弦函数的乘积时,选择幂函数部分为 u,其余部分写成 $\mathrm{d}v$,然后分部积分,有时要多次使用分部积分.

例 5.2.25 求 $\int x\mathrm{e}^x\,\mathrm{d}x$.

解 选择 $u=x,\mathrm{d}v=\mathrm{e}^x\,\mathrm{d}x=\mathrm{d}\mathrm{e}^x$,利用分部积分公式
$$\int x\mathrm{e}^x\,\mathrm{d}x=\int x\,\mathrm{d}\mathrm{e}^x=x\mathrm{e}^x-\int \mathrm{e}^x\,\mathrm{d}x=x\mathrm{e}^x-\mathrm{e}^x+C$$

使用两次分部积分可以求出 $\int x^2\mathrm{e}^x\,\mathrm{d}x$.

例 5.2.26 求 $\int 2x\ln x\,\mathrm{d}x$.

解 选择 $u=\ln x,\mathrm{d}v=2x\,\mathrm{d}x=\mathrm{d}x^2$,利用分部积分公式
$$\int 2x\ln x\,\mathrm{d}x=\int \ln x\,\mathrm{d}x^2=x^2\ln x-\int x^2\,\mathrm{d}\ln x=x^2\ln x-\int x\,\mathrm{d}x=x^2\ln x-\frac{1}{2}x^2+C$$

使用两次分部积分可以求出 $\int x^2\ln x\,\mathrm{d}x$.

💡 **提 醒**

当被积表达式为正整数次的幂函数与对数函数的乘积时,选择对数函数部分为 u,其余部分写成 $\mathrm{d}v$,然后分部积分,有时要多次使用分部积分.

例 5. 2. 27　求 $\int \arcsin x \mathrm{d}x$.

解　选择 $u = \arcsin x, \mathrm{d}v = \mathrm{d}x$，利用分部积分公式

$$\int \arcsin x \mathrm{d}x = x\arcsin x - \int x\mathrm{d}(\arcsin x) = x\arcsin x - \int \frac{x}{\sqrt{1-x^2}}\mathrm{d}x$$

$$= x\arcsin x + \int \frac{\mathrm{d}(1-x^2)}{2\sqrt{1-x^2}} = x\arcsin x + \sqrt{1-x^2} + C$$

例 5. 2. 28　求 $\int \arctan x \mathrm{d}x$.

解　选择 $u = \arctan x, \mathrm{d}v = \mathrm{d}x$，利用分部积分公式

$$\int \arctan x \mathrm{d}x = x\arctan x - \int x\mathrm{d}(\arctan x) = x\arctan x - \int \frac{x}{1+x^2}\mathrm{d}x$$

$$= x\arctan x - \frac{1}{2}\int \frac{\mathrm{d}(1+x^2)}{1+x^2} = x\arctan x - \frac{1}{2}\ln(1+x^2) + C$$

例 5. 2. 29　求 $\int 2x\arctan x \mathrm{d}x$.

解　选择 $u = \arctan x, \mathrm{d}v = 2x\mathrm{d}x = \mathrm{d}x^2$，利用分部积分公式

$$\int 2x\arctan x \mathrm{d}x = \int \arctan x \mathrm{d}x^2 = x^2\arctan x - \int x^2\mathrm{d}(\arctan x) = x^2\arctan x - \int \frac{x^2}{1+x^2}\mathrm{d}x$$

$$= x^2\arctan x - \int \frac{x^2+1-1}{1+x^2}\mathrm{d}x = x^2\arctan x - \left[\int \mathrm{d}x - \int \frac{1}{1+x^2}\mathrm{d}x\right]$$

$$= x^2\arctan x - x + \arctan x + C$$

💡 **提　醒**

　　当被积表达式为正整数次的幂函数与反三角函数的乘积时，选择反三角函数部分为 u，其余部分写成 $\mathrm{d}v$，然后分部积分，右端的积分可能要使用第一或第二换元法.

　　下面给出一个利用相似的两次分部积分产生原积分的"循环"，再求出不定积分的例子，其被积函数是指数函数与正(余)弦函数的乘积.

例 5. 2. 30　求 $\int \mathrm{e}^x\cos x \mathrm{d}x$.

解
$$\int \mathrm{e}^x\cos x \mathrm{d}x = \int \cos x \mathrm{d}\mathrm{e}^x = \mathrm{e}^x\cos x - \int \mathrm{e}^x\mathrm{d}\cos x = \mathrm{e}^x\cos x + \int \sin x \mathrm{d}\mathrm{e}^x$$

$$= \mathrm{e}^x\cos x + \left[\mathrm{e}^x\sin x - \int \mathrm{e}^x\mathrm{d}\sin x\right]$$

$$= \mathrm{e}^x\cos x + \mathrm{e}^x\sin x - \int \mathrm{e}^x\cos x \mathrm{d}x$$

上式两端都出现了积分 $\int \mathrm{e}^x\cos x \mathrm{d}x$，移项后再两端同除以 2 得

$$\int e^x \cos x dx = \frac{1}{2}(e^x \cos x + e^x \sin x) + C$$

上式右端的 C 是根据不定积分的意义加上的.

类似可以得到 $\int e^x \sin x dx = \frac{1}{2}(e^x \sin x - e^x \cos x) + C$

5.3 无门无派的杂例——各个击破

从前面的例子知道,根据被积函数的不同形式求不定积分,主要的选择方向是设法转化成可以直接利用积分公式.有时候,需要综合运用多种方法.

例 5.3.1 求 $\int e^{\sqrt{x}} dx$.

解 令 $\sqrt{x} = t$,则 $x = t^2$,$dx = 2t dt$,于是
$$\int e^{\sqrt{x}} dx = 2\int t e^t dt = 2\left[t e^t - \int e^t dt \right] = 2t e^t - 2e^t + C$$

例 5.3.2 求 $\int \frac{x e^x}{\sqrt{e^x - 1}} dx$.

解 令 $\sqrt{e^x - 1} = t$,则 $e^x = 1 + t^2$,$x = \ln(1 + t^2)$,并且 $dx = \frac{2t}{1 + t^2} dt$,于是
$$\int \frac{x e^x}{\sqrt{e^x - 1}} dx = \int \frac{(1 + t^2)\ln(1 + t^2)}{t} \cdot \frac{2t dt}{1 + t^2} = 2\int \ln(1 + t^2) dt$$
$$= 2\left[t \ln(1 + t^2) - \int \frac{2t^2 dt}{1 + t^2} \right]$$
$$= 2t \ln(1 + t^2) - 4\int (1 - \frac{1}{1 + t^2}) dt = 2t \ln(1 + t^2) - 4t + 4\arctan t + C$$
$$= 2x \sqrt{e^x - 1} - 4 \sqrt{e^x - 1} + 4\arctan \sqrt{e^x - 1} + C$$

例 5.3.3 设 $\frac{\sin x}{x}$ 是 $f(x)$ 的一个原函数,求 $\int x f'(x) dx$.

说明 可以利用原函数的意义先求出 $f'(x)$ 再求积分,这就需要求 $\frac{\sin x}{x}$ 的二阶导数,比较麻烦.注意到被积表达式中的 $f'(x) dx$ 是 $f(x)$ 的微分,故先使用分部积分法.

解 因为 $\frac{\sin x}{x}$ 是 $f(x)$ 的一个原函数,所以 $\int f(x) dx = \frac{\sin x}{x} + C$.两边对 x 求导得 $f(x) = \frac{x\cos x - \sin x}{x^2}$,于是,分部积分得
$$\int x f'(x) dx = x f(x) - \int f(x) dx = x \cdot \frac{x\cos x - \sin x}{x^2} - \frac{\sin x}{x} + C = \cos x - \frac{2\sin x}{x} + C$$

例 5.3.4 设 $f(x) = \begin{cases} x + 1, & x \leqslant 1 \\ 2x, & x > 1 \end{cases}$,求 $\int f(x) dx$.

说明 这是求分段函数的不定积分的问题.和微分学部分考虑分段函数的问题类似,必须注意在函数的分段点处的情况,这里的要求是 $f(x)$ 的原函数必须可导.

解 设 $F(x)=\int f(x)\mathrm{d}x$.

当 $x\leqslant 1$ 时,$F(x)=\int f(x)\mathrm{d}x=\int(x+1)\mathrm{d}x=\dfrac{x^2}{2}+x+C_1$,

当 $x>1$ 时,$F(x)=\int f(x)\mathrm{d}x=\int 2x\mathrm{d}x=x^2+C_2$,

根据原函数的意义,$F(x)$ 在 $x=1$ 处可导,那么也在 $x=1$ 处连续,因此必须有 $\lim\limits_{x\to 1^-}F(x)=\lim\limits_{x\to 1^+}F(x)$,即 $\dfrac{1}{2}+1+C_1=1+C_2$.

令 $C_1=C$,则 $C_2=\dfrac{1}{2}+C$. 于是 $F(x)=\begin{cases}\dfrac{x^2}{2}+x+C, & x\leqslant 1\\[2mm] x^2+\dfrac{1}{2}+C, & x>1\end{cases}$

两个多项式的商称为**有理(分式)函数**.利用多项式的除法,总可以将一个有理分式函数化成多项式与一个真分式之和的形式.多项式的积分是容易的,而计算真分式的积分需要以下的结果,我们不加证明地指出:

设真分式 $\dfrac{Q_n(x)}{P_m(x)}$ 中分母的多项式 $P_m(x)$ 可以分解成质因式的乘积:

$$P_m(x)=b_0(x-a)^\alpha\cdots(x-b)^\beta(x^2+px+q)^\lambda\cdots(x^2+rx+s)^\mu$$

那么真分式 $\dfrac{Q_n(x)}{P_m(x)}$ 可以分解成如下形式的部分分式之和:

(1) 分母中的因式 $(x-a)^k$ 对应有 k 个部分分式之和

$$\frac{A_1}{(x-a)}+\frac{A_2}{(x-a)^2}+\cdots+\frac{A_k}{(x-a)^k}$$

(2) 分母中的因式 $(x^2+px+q)^l$ 对应有 l 个部分分式之和

$$\frac{B_1x+C_1}{(x^2+px+q)}+\frac{B_2x+C_2}{(x^2+px+q)^2}+\cdots+\frac{B_lx+C_l}{(x^2+px+q)^l}$$

上面分解式中的 A_i $(i=1,2,\cdots,k)$,B_i,C_i $(i=1,2,\cdots,l)$ 都为待定常数,可以在 $\dfrac{Q_n(x)}{P_m(x)}$ 的分解式中先通分,然后通过比较分子多项式中同次幂的系数,再解方程组得出,最后求出有理函数的不定积分.

部分分式积分法的核心其实就是:处于同一个分母里的几个函数,在一起的时候,你试过了多种方法都无法积分,它们合不来,那就只有散伙了.奇妙的是,成为不相干的部分分式以后,一切困难都烟消云散了.曾记否?求导数或微分时,若能够把函数写成和(差)的样子,做起来更容易,散伙的情形不只在这里才发生.

例 5.3.5 求 $\displaystyle\int\frac{x-3}{(x-1)(x+1)^2}\mathrm{d}x$.

说明 注意到形式为 $\displaystyle\int\frac{\mathrm{d}x}{x-1}$ 或 $\displaystyle\int\frac{\mathrm{d}x}{(x+1)^2}$ 的积分比较容易,我们用分解部分分式的方法,让被积函数中分母的因式"散伙",然后搞定它. 即

$$\frac{x-3}{(x-1)(x+1)^2}=\frac{P}{x-1}+\frac{Q}{x+1}+\frac{R}{(x+1)^2}$$

其中,常数 P,Q,R 可以用比较系数的方法确定.

解　设 $\dfrac{x-3}{(x-1)(x+1)^2}=\dfrac{P}{x-1}+\dfrac{Q}{x+1}+\dfrac{R}{(x+1)^2}$,则

$$x-3=P(x+1)^2+Q(x+1)(x-1)+R(x-1)$$

在上式中取 $x=1$ 得 $P=-\dfrac{1}{2}$,取 $x=-1$ 得 $R=2$,取 $x=0$ 得 $Q=\dfrac{1}{2}$,故

$$\int\frac{x-3}{(x-1)(x+1)^2}\mathrm{d}x=\int\left[\frac{-\dfrac{1}{2}}{x-1}+\frac{\dfrac{1}{2}}{x+1}+\frac{2}{(x+1)^2}\right]\mathrm{d}x$$

$$=-\frac{1}{2}\int\frac{\mathrm{d}x}{x-1}+\frac{1}{2}\int\frac{\mathrm{d}x}{x+1}+2\int\frac{\mathrm{d}x}{(x+1)^2}$$

$$=-\frac{1}{2}\ln|x-1|+\frac{1}{2}\ln|x+1|-\frac{2}{x+1}+C$$

例 5.3.6　求 $\displaystyle\int\frac{x-2}{x^2+2x+3}\mathrm{d}x$.

说明　本题积分的被积函数分母为质因式,故先配方再将分子进行加项处理.

解

$$\int\frac{x-2}{x^2+2x+3}\mathrm{d}x=\int\frac{(x+1)-3}{(x+1)^2+2}\mathrm{d}x=\int\frac{(x+1)\mathrm{d}x}{(x+1)^2+2}-3\int\frac{\mathrm{d}x}{(x+1)^2+2}$$

$$=\frac{1}{2}\ln[(x+1)^2+2]-\frac{3}{\sqrt{2}}\arctan\frac{x+1}{\sqrt{2}}+C$$

例 5.3.7　求 $\displaystyle\int\frac{1+\sin x}{\sin x\,(1+\cos x)}\mathrm{d}x$.

说明　对于三角函数的积分,若作恒等变形也不易获得时,可以使用万能公式将原积分转化成有理函数的积分处理.

解　令 $u=\tan\dfrac{x}{2}$,$(-\pi<x<\pi)$,那么 $\sin x=\dfrac{2u}{1+u^2}$,$\cos x=\dfrac{1-u^2}{1+u^2}$ 并且 $x=2\arctan u$,$\mathrm{d}x=\dfrac{2\mathrm{d}u}{1+u^2}$,于是

$$\int\frac{1+\sin x}{\sin x\,(1+\cos x)}\mathrm{d}x=\int\frac{1+\dfrac{2u}{1+u^2}}{\dfrac{2u}{1+u^2}\left(1+\dfrac{1-u^2}{1+u^2}\right)}\cdot\frac{2\mathrm{d}u}{1+u^2}$$

$$=\frac{1}{2}\int\left(u+2+\frac{1}{u}\right)\mathrm{d}u=\frac{1}{2}\left(\frac{u^2}{2}+2u+\ln|u|\right)+C$$

$$=\frac{1}{4}\tan^2\frac{x}{2}+\tan\frac{x}{2}+\frac{1}{2}\ln\left|\tan\frac{x}{2}\right|+C$$

例 5.3.8　求不定积分 $\displaystyle\int\mathrm{e}^{2x}(\tan x+1)^2\mathrm{d}x$.

解

$$\int e^{2x}(\tan x + 1)^2 dx = \int e^{2x}(\sec^2 x + 2\tan x)dx = \int e^{2x}d\tan x + 2\int e^{2x}\tan x dx$$

$$= e^{2x}\tan x - 2\int e^{2x}\tan x dx + 2\int e^{2x}\tan x dx = e^{2x}\tan x + C$$

呵呵,竟然有如此巧妙的结局.该好好总结一下积分的技巧了.

5.4 回味积分技巧

回顾求不定积分的方法,针对不同的积分,我们使用了包括恒等变形、加项减项、凑微分、变量代换、分部积分,有些比较复杂的积分,甚至要综合使用十八般武艺,困难是屡见不鲜的.很多时候,我们中的许多人,会对积分产生一种莫名的恐惧,放弃努力,以致毁掉了几乎所有的关联到微积分的课程.其实,通过做练习,尽可能多地总结经验,你就会逐渐熟悉积分问题与各个技巧之间的关联,这样就能立即做出正确的判断.**能够判断出积分问题应该用什么方法,跟知道怎样使用这些技巧具有同等的重要性.**想要克服这些困难,较大数量的练习是必要的.积分技巧考验的是你的观察力,当然也包括你的忍耐力.如果有积分问题几乎耗尽了你的所有(仅限于时间、笔墨、纸张、眼球的疲劳),终于完成以后,准叫你兴奋不已、浑身舒畅.经历若干次这样的过程,你就进入积分"高手"的队列了.即使你不想成为"高手",但也决不可沦落为"菜鸟".因为整个积分学的应用,基本上是建立在求出不定积分的基础上的.

最后,我们指出:有一些不定积分是存在的,但是我们不能用初等函数表示它们,或者说它们是求不出来的,以后(多元函数的积分中)遇到时会用其他方法作转换处理.这些不定积分有

$$\int e^{x^2}dx, \qquad \int e^{-x^2}dx, \qquad \int \cos x^2 dx, \qquad \int \sin x^2 dx, \qquad \int \frac{1}{\sqrt{1+x^4}}dx,$$

$$\int \frac{\sin x}{x}dx, \qquad \int \frac{\cos x}{x}dx, \qquad \int \frac{1}{\ln x}dx \qquad 等.$$

第6章 定积分——与面积相关的求和技术

6.1 定积分干什么用

所谓定积分,是由一个函数外加上两个数值,最后产生的一个确定的数值.定积分的长相与不定积分非常相似,只不过在积分号的上下,添加了两个装饰物.标准的定积分写法是

$$\int_a^b f(x)\mathrm{d}x$$

其中,a 和 b 分别为积分下限和积分上限.不定积分和定积分都叫积分,因为有了结果中的任意常数 C,所以称 $\int f(x)\mathrm{d}x$ 是不定积分;也因为有了两个装饰物,$\int_a^b f(x)\mathrm{d}x$ 是一个确定的数值,所以称之为定积分.而且更加重要的是,它们的长相非常相似,应该隐含什么吧.太有才了,这可是关系到定积分计算的关键的关键.

真应该感谢自己,把不定积分的积分技巧玩了个通.

兴奋之余,你势必要问:定积分跟我有什么关系? 比较客气的问法是,定积分能告诉我们哪些事情? 为什么要计算定积分?

定积分的一项重要功能是要帮助你计算出图形的面积.啥样图形的面积? 当然是到目前为止,你不能解决的问题.要不然,我们才不会花费那么多的精力,留到现在来处理呢.

例 6.1.1 计算由曲线 $y=\sqrt{4-x^2}$ 和直线 $x=0$,$x=2$ 以及 $y=0$ 所围成图形的面积,如图 6-1 所示.

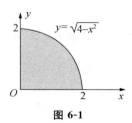

图 6-1

这个嘛,容易! 曲线 $y=\sqrt{4-x^2}$ 是半径为 2 的圆周,所求图形是该圆周在第一象限的部分与 x 轴、y 轴围成的部分,它的面积是半径为 2 的圆面积的四分之一,即 $\dfrac{\pi \cdot 2^2}{4}=\pi$.

例 6.1.2 计算由曲线 $y=x^2$ 和直线 $y=0$,$x=1.5$ 所围成图形的面积,如图 6-2 所示.

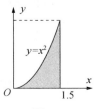

图 6-2

这个嘛,告诉你,图形的面积是

$$\int_0^{1.5} x^2 \, \mathrm{d}x = \frac{1.5^3}{3} - \frac{0^3}{3} = \frac{9}{8}$$

太容易了,不是吗? 至于为什么,答案是因为有了所谓的"微积分基本定理"这颗无价的数学宝石.

6.2　微积分基本定理

马上要和定积分打交道了,了解一些游戏规则是必要的,它们随时都用得上.
　　规则 1

$$\int_a^b f(x) \, \mathrm{d}x = -\int_b^a f(x) \, \mathrm{d}x$$

每交换一次上下限,定积分改变一次符号.上下限相同时,定积分为 0,即

$$\int_a^a f(x) \, \mathrm{d}x = 0$$

　　规则 2

$$\int_a^b [c_1 f(x) + c_2 g(x)] \, \mathrm{d}x = c_1 \int_a^b f(x) \, \mathrm{d}x + c_2 \int_a^b g(x) \, \mathrm{d}x$$

　　规则 3

$$\int_a^b f(x) \, \mathrm{d}x = \int_a^c f(x) \, \mathrm{d}x + \int_c^b f(x) \, \mathrm{d}x$$

规则 3 叫做定积分的**区间可加性**.在求分段函数的定积分时,必然要使用它了.
　　规则 4　定积分是一个数值,它与积分变元的记号没有关系,你可以写

$$\int_a^b f(x) \, \mathrm{d}x = \int_a^b f(t) \, \mathrm{d}t = \int_a^b f(u) \, \mathrm{d}u, \quad 等等.$$

> 💡　**提　醒**
> 　　千万别小看这个不起眼的规则 4,它在有关定积分的恒等式证明的问题中使用频率最高呢.

　　规则 5　若 $a < b$ 并且 $f(x) \geqslant 0$,则 $\int_a^b f(x) \, \mathrm{d}x \geqslant 0$,从而

$$\left| \int_a^b f(x) \, \mathrm{d}x \right| \leqslant \int_a^b | f(x) | \, \mathrm{d}x$$

　　规则 6　若 M 和 m 分别是函数 $f(x)$ 在闭区间 $[a, b]$ 上的最大值和最小值,则

$$m(b - a) \leqslant \int_a^b f(x) \, \mathrm{d}x \leqslant M(b - a)$$

规则 5 和规则 6 用于比较积分值的大小或估计定积分的取值范围.

　　定理 6.2.1(微积分基本定理)　若 $F(x)$ 为函数 $f(x)$ 在区间 $[a, b]$ 上的一个原函数,那么

$$\int_a^b f(x) \, \mathrm{d}x = F(x) \Big|_a^b = F(b) - F(a)$$

此式也称为牛顿-莱布尼茨公式.

在发明微积分的那些大师们的眼里,定积分 $\int_a^b f(x)\mathrm{d}x$ 只不过是函数

$$F(x) = \int_a^x f(t)\mathrm{d}t$$

在 b 处的函数值 $F(b)$. 换句话讲, $\int_a^x f(t)\mathrm{d}t$ 具有双重身份:当 x 变化时,它是一个函数;当认定 x 不变时,它是一个定积分. 这种看似简单的处理却揭示了微分学与积分学的本质联系.

一般把

$$F(x) = \int_a^x f(t)\mathrm{d}t$$

称为**积分上限函数**,这是一种新的表示函数的方法. 其中 t 是积分变元(可以换成任何其他的记号),而积分下限 a 可以是任何与 x 无关的常数.

定理 6.2.2 若函数 $f(x)$ 在区间 $[a,b]$ 上连续,那么 $F(x) = \int_a^x f(t)\mathrm{d}t$ 可导,并且

$$F'(x) = \frac{\mathrm{d}}{\mathrm{d}x}\left(\int_a^x f(t)\mathrm{d}t\right) = f(x)$$

这个定理除了表明积分与微分互为逆运算之外,也回答了原函数的存在性问题——**连续函数 $f(x)$ 的原函数一定存在**,积分上限函数 $F(x) = \int_a^x f(t)\mathrm{d}t$ 就是其中的一个.

定理的结论也是积分上限函数的导数公式,对积分上限函数表示的函数,求关于 x 的导数时使用链式法则. 下面是常见的三种情形.

如果函数 $u(x)$ 与 $v(x)$ 可导,则函数

$$\int_a^{u(x)} f(t)\mathrm{d}t \quad \text{与} \quad \int_{v(x)}^{u(x)} f(t)\mathrm{d}t$$

可导,且

$$\left(\int_a^{u(x)} f(t)\mathrm{d}t\right)' = f[u(x)] \cdot u'(x)$$

$$\left(\int_{v(x)}^b f(t)\mathrm{d}t\right)' = \left(-\int_b^{v(x)} f(t)\mathrm{d}t\right)' = -f[v(x)] \cdot v'(x)$$

以及

$$\left(\int_{v(x)}^{u(x)} f(t)\mathrm{d}t\right)' = \left[\int_{v(x)}^0 f(t)\mathrm{d}t + \int_0^{u(x)} f(t)\mathrm{d}t\right]'$$
$$= f[u(x)] \cdot u'(x) - f[v(x)] \cdot v'(x)$$

例 6.2.1 求 $\int_{x^2}^{x^3} \sin^2 t\,\mathrm{d}t$ 的导数.

解 $\left(\int_{x^2}^{x^3} \sin^2 t\,\mathrm{d}t\right)' = \sin^2(x^3)(x^3)' - \sin^2(x^2)(x^2)' = 3x^2\sin^2(x^3) - 2x\sin^2(x^2)$.

例 6.2.2 求极限 $\lim\limits_{x \to 0} \dfrac{1}{x}\int_0^x (1+t^2)\mathrm{e}^{t^2-x^2}\,\mathrm{d}t$.

解 注意到 $\dfrac{1}{\mathrm{e}^{x^2}}$ 在积分中为常数,可以提到积分号外,于是

$$原式 = \lim_{x \to 0} \frac{1}{x} \int_0^x (1+t^2) \frac{\mathrm{e}^{t^2}}{\mathrm{e}^{x^2}} \mathrm{d}t = \lim_{x \to 0} \frac{\int_0^x (1+t^2) \mathrm{e}^{t^2} \mathrm{d}t}{x \, \mathrm{e}^{x^2}}$$

$$= \lim_{x \to 0} \frac{(1+x^2) \mathrm{e}^{x^2}}{(1+2x^2) \mathrm{e}^{x^2}} = \lim_{x \to 0} \frac{1+x^2}{1+2x^2} = 1$$

💡 **提 醒**

在求导数 $\dfrac{\mathrm{d}}{\mathrm{d}x}\left(\displaystyle\int_a^x f(t)\mathrm{d}t\right)$ 的时候,x 当作是变量. 有的时候,x 还会出现在积分上限函数的被积表达式中,这时,把积分上限函数看作定积分,先利用定积分的变量替换,将 x 置换出来,然后选择适当的求导法则对 x 求导.

例 6.2.3 求函数 $F(x) = \displaystyle\int_0^{\sin x} f(x-t)\mathrm{d}t$ 的导数.

解 令 $u = x - t$,则 $f(x-t) = f(u)$,$\mathrm{d}u = -\mathrm{d}t$,并且当 $t = 0$ 时 $u = x$,当 $t = \sin x$ 时 $u = x - \sin x$,于是 $F(x) = -\displaystyle\int_x^{x-\sin x} f(u)\mathrm{d}u$,从而

$$F'(x) = -\left[f(x-\sin x) \cdot (x-\sin x)' - f(x)\right] = -f(x-\sin x) \cdot (1-\cos x) + f(x)$$

微积分基本定理除了明白地告诉人们,绝大多数的定积分用它来计算之外,还与微分中值定理有非常深的渊源.

对于函数 $F(x)$ 在区间 $[a,b]$ 上应用微分中值定理得

$$F(b) - F(a) = F'(\xi)(b-a) = f(\xi)(b-a) \quad (\xi \in [a,b])$$

把这个式子与牛顿-莱布尼茨公式连接起来,得到

$$\int_a^b f(x)\mathrm{d}x = f(\xi)(b-a) \quad (\xi \in [a,b])$$

也称之为**积分中值定理**.

⚠️ **注 意**

经常把 $\dfrac{\displaystyle\int_a^b f(x)\mathrm{d}x}{b-a}$ 称为函数 $f(x)$ 在区间 $[a,b]$ 上的平均值. 它的来历可参考定积分数值计算的矩形法.

6.3 计算定积分——原函数在积分限处值的差

原则上,只要求出函数 $f(x)$ 在区间 $[a,b]$ 上的原函数,就可以完成定积分的计算. 这样,不定积分的积分方法稍作修改,即可以直接用于定积分的计算.

6.3.1　定积分的换元积分法

为了计算 $\int_a^b f(x)\mathrm{d}x$，引入变量替换 $x=\varphi(t)$，要求 $x=\varphi(t)$ 在区间 $[\alpha,\beta]$ 上严格单调，并且 $a=\varphi(\alpha)$，$b=\varphi(\beta)$，那么有

$$\int_a^b f(x)\mathrm{d}x = \int_\alpha^\beta f(\varphi(t))\varphi'(t)\mathrm{d}t$$

也就是说，当使用变量替换计算定积分时，只要把积分限作相应的修改，按照新的积分变元求定积分就可以了，而不必像计算不定积分那样，要换回原来的变元.

⚠ **警　告**

一旦对定积分使用了变量替换，必须同时修改积分限！有太多的错误是发生在这个地方哦.

例 6.3.1　计算 $\int_{-1}^2 |x^2-x|\mathrm{d}x$.

解　绝对值函数是分段函数，这里 $|x^2-x|=\begin{cases} x^2-x, & -1\leqslant x\leqslant 0 \\ x-x^2, & 0\leqslant x\leqslant 1 \\ x^2-x, & 1\leqslant x\leqslant 2 \end{cases}$，故使用区间可加性有

$$\int_{-1}^2 |x^2-x|\mathrm{d}x = \int_{-1}^0 (x^2-x)\mathrm{d}x + \int_0^1 (x-x^2)\mathrm{d}x + \int_1^2 (x^2-x)\mathrm{d}x$$
$$= \left(\frac{x^3}{3}-\frac{x^2}{2}\right)\Big|_{-1}^0 + \left(\frac{x^2}{2}-\frac{x^3}{3}\right)\Big|_1^0 + \left(\frac{x^3}{3}-\frac{x^2}{2}\right)\Big|_1^2 = \frac{3}{2}$$

例 6.3.2　已知 $f(x)=\mathrm{e}^x+x\cdot\int_0^2 f(x)\mathrm{d}x$，求函数 $f(x)$ 的表达式.

注意到右端表达式中 的 $\int_0^2 f(x)\mathrm{d}x$ 了吗?看上去有点恐怖，其实它就是一个常数而已.

解　设 $\int_0^2 f(x)\mathrm{d}x=a$，两边积分得

$$a = \int_0^2 f(x)\mathrm{d}x = \int_0^2 \mathrm{e}^x\mathrm{d}x + a\cdot\int_0^2 x\mathrm{d}x = \mathrm{e}^x\Big|_0^2 + a\cdot\frac{x^2}{2}\Big|_0^2 = \mathrm{e}^2-1+2a$$

所以 $a=1-\mathrm{e}^2$，因此 $f(x)=\mathrm{e}^x+x(1-\mathrm{e}^2)$.

例 6.3.3　计算 $\int_0^{\ln2} \sqrt{\mathrm{e}^x-1}\mathrm{d}x$.

解　令 $t=\sqrt{\mathrm{e}^x-1}$，则当 $x=0$ 时 $t=0$，当 $x=\ln2$ 时 $t=1$，故

$$\int_0^{\ln2} \sqrt{\mathrm{e}^x-1}\mathrm{d}x = \int_0^1 \frac{t\cdot 2t\,\mathrm{d}t}{t^2+1} = 2\int_0^1 \frac{t^2}{t^2+1}\mathrm{d}t = 2\int_0^1 \left(1-\frac{1}{t^2+1}\right)\mathrm{d}t$$

$$= 2(t - \arctan t)\big|_0^1 = 2\left(1 - \frac{\pi}{4}\right)$$

例 6.3.4 设 $f(x)$ 是对称区间 $[-a, a]$ 上的连续函数,那么

(1) 若 $f(x)$ 是偶函数,则

$$\int_{-a}^{a} f(x) \mathrm{d}x = 2\int_{0}^{a} f(x) \mathrm{d}x,$$

(2) 若 $f(x)$ 是奇函数,则

$$\int_{-a}^{a} f(x) \mathrm{d}x = 0.$$

分析 结论提示要把区间 $[-a, a]$ 分为区间 $[-a, 0]$ 和区间 $[0, a]$,考虑使用区间可加性.因为

$$\int_{-a}^{a} f(x) \mathrm{d}x = \int_{-a}^{0} f(x) \mathrm{d}x + \int_{0}^{a} f(x) \mathrm{d}x$$

只需证明

(1) 当 $f(x)$ 是偶函数时,有 $\displaystyle\int_{-a}^{0} f(x) \mathrm{d}x = \int_{0}^{a} f(x) \mathrm{d}x$;

(2) 当 $f(x)$ 是奇函数时,有 $\displaystyle\int_{-a}^{0} f(x) \mathrm{d}x = -\int_{0}^{a} f(x) \mathrm{d}x$.

证明 作变换 $x = -t$,那么

$$\int_{-a}^{0} f(x) \mathrm{d}x = -\int_{a}^{0} f(-t) \mathrm{d}(-t) = \int_{0}^{a} f(-t) \mathrm{d}t$$

于是

(1) 当 $f(x)$ 是偶函数时,有 $f(t) = f(-t)$,从而

$$\int_{-a}^{0} f(x) \mathrm{d}x = \int_{0}^{a} f(-t) \mathrm{d}t = \int_{0}^{a} f(t) \mathrm{d}t = \int_{0}^{a} f(x) \mathrm{d}x$$

故 $\displaystyle\int_{-a}^{a} f(x) \mathrm{d}x = 2\int_{0}^{a} f(x) \mathrm{d}x$.

(2) 当 $f(x)$ 是奇函数时,有 $f(t) = -f(-t)$,从而

$$\int_{-a}^{0} f(x) \mathrm{d}x = \int_{0}^{a} f(-t) \mathrm{d}t = -\int_{0}^{a} f(t) \mathrm{d}t = -\int_{0}^{a} f(x) \mathrm{d}x$$

故 $\displaystyle\int_{-a}^{a} f(x) \mathrm{d}x = 0$.

如果你遇到要计算对称区间上奇函数的定积分,那么直接写出它的值是 0,任务就完成了.瞧好了! 下面的运算常常是和这个结论配套使用的哦.

💡 **提　醒**

两个奇函数的和是奇函数;两个偶函数的和是偶函数;两个奇(偶)函数的乘积是偶函数;一个奇函数与一个偶函数的乘积是奇函数.

例 6.3.5　计算定积分 $\displaystyle\int_{-1}^{1}(|x|+x)\mathrm{e}^{-|x|}\mathrm{d}x$.

解　因为在区间 $[-1,1]$ 上，$|x|\mathrm{e}^{-|x|}$ 是偶函数，$x\mathrm{e}^{-|x|}$ 是奇函数，所以

$$\int_{-1}^{1}|x|\mathrm{e}^{-|x|}\mathrm{d}x=2\int_{0}^{1}x\mathrm{e}^{-x}\mathrm{d}x,\text{而}\int_{-1}^{1}x\mathrm{e}^{-|x|}\mathrm{d}x=0,\text{故}$$

$$\text{原式}=2\int_{0}^{1}x\mathrm{e}^{-x}\mathrm{d}x=-2\int_{0}^{1}x\mathrm{d}\mathrm{e}^{-x}=-2(x\mathrm{e}^{-x}+\mathrm{e}^{-x})\big|_{0}^{1}=2(1-2\mathrm{e}^{-1})$$

例 6.3.6　设 $f(x)$ 是区间 $[0,1]$ 上的连续函数，证明：

(1)　$\displaystyle\int_{0}^{\frac{\pi}{2}}f(\sin x)\mathrm{d}x=\int_{0}^{\frac{\pi}{2}}f(\cos x)\mathrm{d}x$;

(2)　$\displaystyle\int_{0}^{\pi}xf(\sin x)\mathrm{d}x=\frac{\pi}{2}\int_{0}^{\pi}f(\sin x)\mathrm{d}x$.

提示　(1)从要证的等式两端，发现仅仅是被积函数的差异(正弦变成了余弦)，故采用变换 $x=\dfrac{\pi}{2}-t$.

证明　令 $x=\dfrac{\pi}{2}-t$，则 $\mathrm{d}x=-\mathrm{d}t$. 当 x 从 0 变到 $\dfrac{\pi}{2}$ 时，t 从 $-\dfrac{\pi}{2}$ 变到 0，所以

$$\int_{0}^{\frac{\pi}{2}}f(\cos x)\mathrm{d}x=-\int_{-\frac{\pi}{2}}^{0}f\left[\cos\left(\frac{\pi}{2}-t\right)\right]\mathrm{d}t=\int_{0}^{\frac{\pi}{2}}f(\sin x)\mathrm{d}x$$

(2)从要证的等式两端，发现被积函数的主要部分 $f(\sin x)$ 没有变化，故可能要采用变换 $x=\pi-t$，那么试试看会怎样.

嘿，你自己能完成本例中(2)的证明了吧. 如果是，那你应该能够对付类似的很多问题了，总结经验，趁热打铁，再找几个类似的问题练练拳脚. 如果不是，你必须把这段内容重新读几遍.

> 💡 **方法提醒**
>
> 定积分恒等式的证明方法中必然要使用变量替换，可以从要证的等式两端的差异来发现需要的变换，其中定积分与积分变元的记号无关的特点将引导你完成证明.

例 6.3.7(柯西-施瓦兹不等式)　对区间 $[a,b]$ 上的任意连续函数 $f(x)$ 和 $g(x)$，有

$$\left(\int_{a}^{b}f(x)\cdot g(x)\mathrm{d}x\right)^{2}\leqslant\int_{a}^{b}f^{2}(x)\mathrm{d}x\cdot\int_{a}^{b}g^{2}(x)\mathrm{d}x$$

分析　从不等式的形式 $B^{2}\leqslant A\cdot C$ 联想到一元二次方程

$$At^{2}+2Bt+C=0$$

根的判定问题. 如何产生不等式需要的项呢? 看看被积函数的形式 $f(x)\cdot g(x)$，$f^{2}(x)$，$g^{2}(x)$，考虑 $[tf(x)-g(x)]^{2}\geqslant0$，然后，两边在区间 $[a,b]$ 上积分就好了.

证　因为对任意的实数 t 都有

$$0\leqslant\int_{a}^{b}[tf(x)-g(x)]^{2}\mathrm{d}x=\left(\int_{a}^{b}f^{2}(x)\mathrm{d}x\right)t^{2}-2\left(\int_{a}^{b}f(x)\cdot g(x)\mathrm{d}x\right)t+\left(\int_{a}^{b}g^{2}(x)\mathrm{d}x\right)$$

上式右端为关于 t 的二次三项式，对任意的实数 t 都非负. 故判别式

$$B^2 - 4A \cdot C \leqslant 0$$

即

$$4\left[\left(\int_a^b f(x) \cdot g(x)\,\mathrm{d}x\right)^2 - \int_a^b f^2(x)\,\mathrm{d}x \cdot \int_a^b g^2(x)\,\mathrm{d}x\right] \leqslant 0$$

所以

$$\left(\int_a^b f(x) \cdot g(x)\,\mathrm{d}x\right)^2 \leqslant \int_a^b f^2(x)\,\mathrm{d}x \cdot \int_a^b g^2(x)\,\mathrm{d}x$$

6.3.2 定积分的分部积分法

容易从不定积分公式得出定积分的分部积分公式

$$\int_a^b u(x)\,\mathrm{d}v(x) = u(x)v(x)\,\big|_a^b - \int_a^b v(x)\,\mathrm{d}u(x)$$

例 6.3.8 计算积分 $\displaystyle\int_0^1 x\mathrm{e}^{-x}\,\mathrm{d}x$.

解

$$\int_0^1 x\mathrm{e}^{-x}\,\mathrm{d}x = -\int_0^1 x\,\mathrm{d}\mathrm{e}^{-x} \quad (\text{分部积分})$$

$$= -x\mathrm{e}^{-x}\,\big|_0^1 + \int_0^1 \mathrm{e}^{-x}\,\mathrm{d}x = -\frac{1}{\mathrm{e}} - \int_0^1 \mathrm{e}^{-x}\,\mathrm{d}(-x)$$

$$= -\frac{1}{\mathrm{e}} - \mathrm{e}^{-x}\,\big|_0^1 = -\frac{1}{\mathrm{e}} - \left(\frac{1}{\mathrm{e}} - 1\right) = 1 - \frac{2}{\mathrm{e}}$$

例 6.3.9 计算定积分 $\displaystyle\int_0^{\frac{\pi}{4}} \frac{x}{1+\cos 2x}\,\mathrm{d}x$.

解

$$\text{原式} = \int_0^{\frac{\pi}{4}} \frac{x}{2\cos^2 x}\,\mathrm{d}x = \frac{1}{2}\int_0^{\frac{\pi}{4}} x\,\mathrm{d}\tan x = \frac{1}{2}\left(x\tan x\,\big|_0^{\frac{\pi}{4}} - \int_0^{\frac{\pi}{4}} \tan x\,\mathrm{d}x\right)$$

$$= \frac{1}{2}\left(\frac{\pi}{4} + \ln\cos x\,\big|_0^{\frac{\pi}{4}}\right) = \frac{1}{2}\left(\frac{\pi}{4} + \ln\frac{1}{\sqrt{2}}\right) = \frac{\pi}{8} - \frac{1}{4}\ln 2$$

6.4 应用定积分——面积、体积、弧长等

现在,你应该能够计算好多好多的定积分了.对于为什么要计算定积分这样的问题还没有释怀吧.定积分的一项重要功能是要帮助你计算出平面图形的面积,而且这些图形远不止三角形那样容易处理,通常的情况都不简单.我们把它留到这里才讲,是因为定积分的技术定义很繁琐.不过,为了回答你的问题,仍然有必要陈述一下.

6.4.1 直角坐标的情形

由直线 $x = a$, $x = b$ ($a < b$),x 轴及曲线 $y = f(x) \geqslant 0$,$x \in [a,b]$ 所围成的图形称为**曲边梯形**,如图 6-3 所示.这是应用定积分求面积时标准的图形样子.

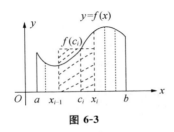

图 6-3

为了计算曲边梯形的面积,先把区间 $[a,b]$ 任意分成 n 个小区间

$$[x_0,x_1],[x_1,x_2],\cdots,[x_{n-1},x_n],$$ 这里 $a=x_0<x_1<\cdots<x_{n-1}<x_n=b$

第 i 个小区间 $[x_{i-1},x_i]$ 的长度为 $\Delta x_i=x_i-x_{i-1}$,在这些 $[x_{i-1},x_i]$ 上任意点 $c_i\in[x_{i-1},x_i]$ 的函数值为 $f(c_i)$.以 Δx_i 为底边长,以 $f(c_i)$ 为高度的小矩形的面积为 $f(c_i)\Delta x_i$,它是第 i 个小曲边梯形面积的近似值.而 $\sum\limits_{i=1}^{n}f(c_i)\Delta x_i$ (称为**黎曼和**)是曲边梯形面积的近似值.

记 $\lambda=\max\{\Delta x_1,\Delta x_2,\cdots,\Delta x_n\}$,当 $\lambda\to 0$ 时,极限

$$\lim_{\lambda\to 0}\sum_{i=1}^{n}f(c_i)\Delta x_i=\int_a^b f(x)\mathrm{d}x$$

就是曲边梯形的面积,其中的 $f(x)\geqslant 0$.

上面叙述的定积分的技术定义,简单讲就是:把大的问题分割成类似的小问题,为的是在小范围内取得"较好的"近似;把小的"近似值"累加,从而得出大的问题对象的"近似值";最后,利用极限工具达到"精确值".它是积分学的中心思想方法.

现在由直线 $x=a$,$x=b$ $(a<b)$,x 轴及曲线 $y=f(x)\geqslant 0$,$x\in[a,b]$ 所围成的曲边梯形的面积,就可以用定积分来计算了.这也就是 $\int_a^b f(x)\mathrm{d}x$ 的几何意义:

当 $y=f(x)\geqslant 0$ 时,由直线 $x=a,x=b$ $(a<b)$,x 轴及曲线 $y=f(x)\geqslant 0$,$x\in[a,b]$ 所围成的曲边梯形的面积等于 $\int_a^b f(x)\mathrm{d}x$.

利用这个特点,你可以直接写出积分 $\int_0^R \sqrt{R^2-x^2}\,\mathrm{d}x$ 的值,它就是四分之一圆的面积 $\dfrac{\pi R^2}{4}$.

⚠ **警　告**

　　如果 $y=f(x)\leqslant 0$,此时 $-\int_a^b f(x)\mathrm{d}x$ 才是由直线 $x=a$,$x=b$ $(a<b)$,x 轴及曲线 $y=f(x)\leqslant 0$,$x\in[a,b]$ 所围成的曲边梯形的面积.

定积分与面积不是同义词哦,但可以用定积分计算面积.

例 6.4.1　计算由曲线 $y=x^2$ 和 $y=2-x^2$ 所围成图形的面积 S.

既然是面积问题,当然是用定积分来解决了.步骤如下:

第一步:画图形,求出曲线的交点坐标,如图 6-4 所示.图形可以帮助确定定积分的积分限.

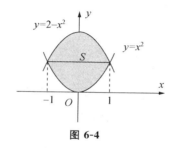

图 6-4

第二步：根据图形，将要求的图形面积表示为定积分，然后计算出来.

解

$$S = \int_{-1}^{1} \left[(2 - x^2) - x^2 \right] \mathrm{d}x = \int_{-1}^{1} 2(1 - x^2) \mathrm{d}x = 2\left(x - \frac{x^3}{3} \right) \Big|_{-1}^{1} = \frac{8}{3}$$

例 6.4.2　计算由曲线 $x = y^2$ 和 $x = 2$ 所围成图形的面积 A.

画出图形，求出曲线的交点坐标 $(2, \sqrt{2})$ 和 $(2, -\sqrt{2})$，如图 6-5 所示.

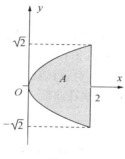

图 6-5

解　转个角度看图形，用 y 作积分变元，则曲线 $x = y^2$ 和 $x = 2$ 所围成图形的面积为

$$A = \int_{-\sqrt{2}}^{\sqrt{2}} (2 - y^2) \mathrm{d}y = \left(2y - \frac{y^3}{3} \right) \Big|_{-\sqrt{2}}^{\sqrt{2}} = \frac{8\sqrt{2}}{3}$$

* *

　　如果例 6.4.2 中用 x 作积分变元，则表示图形面积的定积分是 $A = \int_0^2 \sqrt{x} \mathrm{d}x - \int_0^2 (-\sqrt{x}) \mathrm{d}x$，计算量要大多了.

* *

　　好了，计算平面图形的面积，就是先"切块"，其中的每一块都要是"曲边梯形"，然后"拼图". 至于具体的切法（横切或是竖切），要看图形的样子，选择用 x 还是用 y 作为积分变量，最后把它们表示成定积分并计算出来，你就可以求出大部分能画出的平面图形的面积了. 之所以这样讲，是因为需要首先看到图形. 到目前为止，我们都是在直角坐标系下看函数、看曲线、看图形,而有些表达式很复杂的曲线方程,利用称为极坐标的方法可以简单许多.

6.4.2　极坐标的情形

为了表示平面上的一点,需要用两个数 r 和 θ,这里用数 $r(0 \leqslant r < +\infty)$ 说明该点和原点的距离,然后是该点和原点的连线跟 x 轴正方向的夹角 $\theta(0 \leqslant \theta \leqslant 2\pi)$,排成一个数对 (r,θ),称为该点的**极坐标**.表示平面上的一点,既可以用极坐标来表示,也可以用直角坐标来表达,它们之间的转化关系从图 6-6 很容易发现.

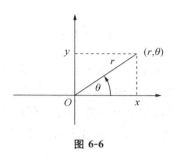

图 6-6

利用关系式 $\begin{cases} x = r\cos\theta \\ y = r\sin\theta \end{cases}$ 很容易把曲线的方程在直角坐标和极坐标之间进行转换.现在认识几个极坐标下的曲线.

例 6.4.3　认识方程 $r = 2\sin\theta$ 表示的曲线.

首先,在等号两边同乘以 r,得到 $r^2 = 2r\sin\theta$,再由刚学到的关系式,就可以把它转换成 $x^2 + y^2 = 2y$.这是一个半径为 1,圆心在 $(0,1)$ 的圆周.类似的,方程 $r = 2\cos\theta$ 表示的曲线为一个半径为 1,圆心在 $(1,0)$ 的圆周.

例 6.4.4　$a > 0$ 时,形式为 $r = a(1 \pm \sin\theta)$ 或 $r = a(1 \pm \cos\theta)$ 的极坐标方程表示的曲线称**心脏线**.a 的大小,决定了"心脏"的大小;方程式中用的是正弦还是余弦,决定了心脏是竖着还是横着的;方程式里的正负号,则决定了凹进去的部位,在竖着的情形是朝下还是朝上,在横着的情形是朝左还是朝右,如图 6-7 所示.

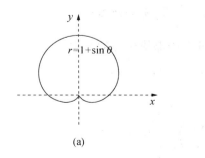

(a)

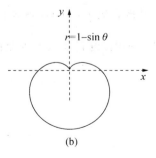

(b)

图 6-7

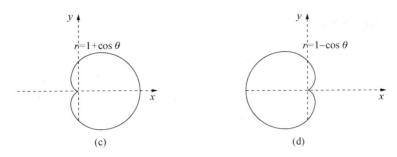

图 6-7(续)

有些曲线的极坐标方程比直角坐标方程简单得多,这就大大简化了某些图形的表示方法.如同直角坐标中的曲线"围住"一块图形,极坐标中的曲线也"围住"一块图形.想要求出这个图形的面积,办法嘛,似乎可以把曲线的极坐标方程转换成直角坐标方程,然后求面积.不过,对比曲线在两种坐标系下的方程式,你就会打消这个念头.因此,最好还是来瞧瞧,如何在极坐标上求面积.

在极坐标上,标准的图形是:**曲边扇形**.它是由曲线 $r=f(\theta)$ 和两条径向直线 $\theta=\alpha$, $\theta=\beta$ 所围成的,θ 的范围当然是 $\alpha\leqslant\theta\leqslant\beta$,如图 6-8 所示.

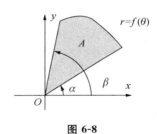

图 6-8

要求出这个图形的面积,用的方法仍然是分割、求近似和(用圆扇形代替曲边扇形)、取极限.最后得出:

极坐标下图形的面积公式: $\quad A = \dfrac{1}{2}\displaystyle\int_{\alpha}^{\beta}\left[\,f(\theta)\,\right]^2\mathrm{d}\theta$

例 6.4.5 求出在圆 $r=2\cos\theta$ 内但在圆 $r=1$ 外部分的面积.

解 第一步:画图.题目要求的就是图 6-9 中那块弦月的面积.

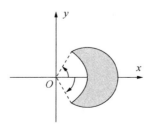

图 6-9

第二步：找出曲线的交点，确定要计算面积的图形夹在两条径线 $\theta=\alpha$，$\theta=\beta$ 之间，决定定积分的积分限 α，β.

在交点处的 r 值相等，所以有 $1=2\cos\theta$，得出 $\theta_1=-\dfrac{\pi}{3}$，$\theta_2=\dfrac{\pi}{3}$. 那么，积分限 $\alpha=-\dfrac{\pi}{3}$，$\beta=\dfrac{\pi}{3}$.

第三步：写出积分过程，计算出指定图形的面积.

$$A=\frac{1}{2}\int_{-\frac{\pi}{3}}^{\frac{\pi}{3}}4\cos^2\theta\,\mathrm{d}\theta-\frac{1}{2}\int_{-\frac{\pi}{3}}^{\frac{\pi}{3}}1^2\,\mathrm{d}\theta=\frac{1}{2}\int_{-\frac{\pi}{3}}^{\frac{\pi}{3}}(4\cos^2\theta-1)\,\mathrm{d}\theta$$

$$=\frac{1}{2}\Big[\theta+\sin(2\theta)\Big]\Big|_{-\frac{\pi}{3}}^{\frac{\pi}{3}}=\frac{\pi}{3}+\frac{\sqrt{3}}{2}$$

嘿！怎么看不到你幸福的表情，难道对付上面的积分有麻烦吗？

例 6.4.6　求出心脏线 $r=a(1+\cos\theta)$ 所围成图形的面积 A.

解　这个图形参考图 6-7(c). 利用极坐标下图形的面积公式得

$$A=\frac{1}{2}\int_0^{2\pi}\big[a(1+\cos\theta)\big]^2\,\mathrm{d}\theta=\frac{a^2}{2}\int_0^{2\pi}(1+2\cos\theta+\cos^2\theta)\,\mathrm{d}\theta$$

$$=\frac{a^2}{2}\int_0^{2\pi}\Big(\frac{3}{2}+2\cos\theta+\frac{1}{2}\cos2\theta\Big)\,\mathrm{d}\theta$$

$$=\frac{a^2}{2}\Big[\frac{3}{2}\theta+2\sin\theta+\frac{1}{4}\sin2\theta\Big]_0^{2\pi}=\frac{3}{2}\pi a^2$$

瞧见了吗？a 的大小决定了"心脏"的大小.

6.4.3　旋转体的体积

例 6.4.7(宝瓶的秘密)　将图 6-10(a) 中的曲边梯形绕 y 轴旋转一周，得到一个漂亮的宝瓶，如图 6-10(b) 所示. 问它的体积是多少？

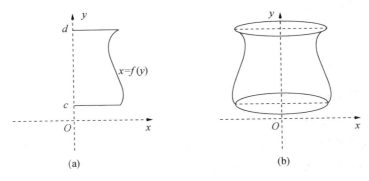

(a)　　　　　　　　(b)

图 6-10

这宝瓶的体积关我什么事？况且加入一些水，再倒出来用量杯量一下不就成了？难道你眼前就只有茶杯和饮料瓶吗？换成是特别大或是密封的这类物体，还有什么招能够说出来？静下心来，看看怎样用定积分的计算来搞定它.

哎，定积分不是计算面积的吗？如何牵涉到体积问题呢？前面叙述过的定积分的技术定义——把大的问题分割成类似的小问题，在小范围内取得"较好的"近似，再把小的"近似值"累加,从而得出大的问题对象的"近似值",最后,利用极限工具达到"精确值".现在可以大显身手了,参考图 6-11.

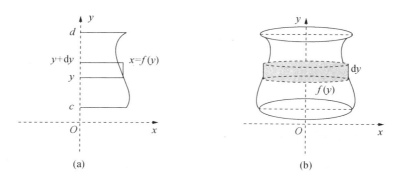

图 6-11

取纵坐标 y 为积分变元,它的变化范围是 $[c,d]$,相应于 $[c,d]$ 上任一小区间 $[y,y+\mathrm{d}y]$ 的曲边梯形绕轴旋转而成的薄片的体积近似等于以 $f(y)$ 为底半径、$\mathrm{d}y$ 为高的圆柱体的体积,即体积元素是 $\mathrm{d}V=\pi[f(y)]^2\mathrm{d}y$ 无限累加得到该旋转体的体积

$$V=\int_c^d \pi[f(y)]^2\mathrm{d}y$$

用类似的方法可得,由曲线段 $y=f(x)$,直线 $x=a$,$x=b$,$(a<b)$ 以及 x 轴所围成的曲边梯形,绕 x 轴旋转一周得到的旋转体的体积为

$$V=\int_a^b \pi[f(x)]^2\mathrm{d}x$$

例 6.4.8 求上半个圆 $x^2+y^2=R^2$,$(y\geqslant 0)$ 绕 x 轴旋转得到的球的体积.

解 上半个圆的方程为 $y=\sqrt{R^2-x^2}$. 由公式得

$$V=\int_{-R}^R \pi[f(x)]^2\mathrm{d}x=\int_{-R}^R \pi[R^2-x^2]\mathrm{d}x=\frac{4}{3}\pi R^3$$

原来球的体积公式是这么来的呀!

6.4.4 曲线的弧长

在微积分之前,人们测量长度的能耐非常有限,除了直线段之外,大概就是要你背诵下(没告诉理由)的圆的周长了.其实,关于曲线的长度问题有很深的学问,这里不加证明地指出:光滑曲线弧(函数处处可导且导函数连续)是可求长的.那么,怎样测量曲线的长度呢?

首先把曲线切成小段,再用连接每个小段端点的直线段近似代替曲线段,将所有这些直线段的长度加起来,最后取极限获得曲线段的长度值.这就是定积分嘛!

假定曲线段由参数方程 $\begin{cases} x=\varphi(t) \\ y=\psi(t) \end{cases}$ $(\alpha\leqslant t\leqslant\beta)$ 给出,其中 $\varphi(t)$,$\psi(t)$ 有连续导数.

取参数 t 为积分变量,相应于 $[\alpha,\beta]$ 上任一小区间 $[t,\mathrm{d}t]$ 的小弧段的长度 Δs 近似等于对应的弦的长度 $\sqrt{(\Delta x)^2+(\Delta y)^2}$. 因为

$$\Delta x=\varphi(t+\mathrm{d}t)-\varphi(t)\approx\mathrm{d}x=\varphi'(t)\mathrm{d}t,\Delta y=\psi(t+\mathrm{d}t)-\psi(t)\approx\mathrm{d}y=\psi'(t)\mathrm{d}t,$$

所以,弧微分

$$\mathrm{d}s = \sqrt{(\mathrm{d}x)^2 + (\mathrm{d}y)^2} = \sqrt{[\varphi'(t)]^2(\mathrm{d}t)^2 + [\psi'(t)]^2(\mathrm{d}t)^2} = \sqrt{[\varphi'(t)]^2 + [\psi'(t)]^2}\,\mathrm{d}t$$

于是,要求弧段的长度为

$$s = \int_\alpha^\beta \sqrt{[\varphi'(t)]^2 + [\psi'(t)]^2}\,\mathrm{d}t$$

 提　醒

　　当你套用这个公式的时候,必须先确定曲线的方程已经是参数形式,而且曲线段的起点和终点对应的参数是 α 与 β ($\alpha < \beta$).

　　如果曲线的方程是直角坐标形式 $y = f(x)$,($a \leqslant x \leqslant b$)时,则相应的参数形式为

$$\begin{cases} x = x \\ y = f(x) \end{cases} (a \leqslant x \leqslant b),视 x 为参数.$$

　　如果曲线的方程是直角坐标形式 $x = g(y)$,($c \leqslant y \leqslant d$)时,则相应的参数形式为

$$\begin{cases} x = g(y) \\ y = y \end{cases} (c \leqslant y \leqslant d),视 y 为参数.$$

　　如果曲线的方程是极坐标形式 $r = r(\theta)$,($\alpha \leqslant \theta \leqslant \beta$)时,则相应的参数形式为

$$\begin{cases} x = r(\theta)\cos\theta \\ y = r(\theta)\sin\theta \end{cases} (\alpha \leqslant \theta \leqslant \beta)$$

你应该能写出在这些情况下的弧长计算公式吧.

例 6.4.9　利用定积分计算圆 $x^2 + y^2 = R^2$ 的周长.

解　圆 $x^2 + y^2 = R^2$ 的参数形式为

$$\begin{cases} x = R\cos t \\ y = R\sin t \end{cases} (0 \leqslant t \leqslant 2\pi)$$

于是

$$圆的周长 = \int_0^{2\pi} \sqrt{[-R\sin t]^2 + [R\cos t]^2}\,\mathrm{d}t = \int_0^{2\pi} R\,\mathrm{d}t = 2\pi R$$

　　顺便告诉你,在三维空间里,曲线的方程中多了一个分量 $z = \omega(t)$,长度的计算类似上面的公式,写出来就是

$$s = \int_\alpha^\beta \sqrt{[\varphi'(t)]^2 + [\psi'(t)]^2 + [\omega'(t)]^2}\,\mathrm{d}t$$

　　例 6.4.10　一只大黄蜂,在空中某处的蜜蜂巢中偷饮了一些发酵过的蜂蜜(有些醉了)之后,它的飞行路线是条**螺旋线**,在时刻 t 的位置坐标为 $x = \sin t, y = \cos t, z = t$,如图6-12所示.假定 $t = 0$ 为大黄蜂饮完蜂蜜的时刻,而它落地的时刻为 $t = 5$.请问大黄蜂盘旋飞行了多少单位距离?

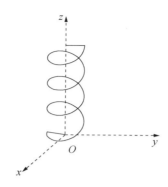

图 6-12　螺旋线

解　曲线的方程恰好为参数形式 $\begin{cases} x = \sin t \\ y = \cos t \\ z = t \end{cases}$ （$0 \leqslant t \leqslant 5$）. 套用公式可得

$$s = \int_0^5 \sqrt{[\sin'(t)]^2 + [\cos'(t)]^2 + [(t)']^2}\, \mathrm{d}t = \int_0^5 \sqrt{2}\, \mathrm{d}t = 5\sqrt{2}$$

6.5　近似定积分的计算机技术

解决了上面各种各样的问题,不得不感叹:微积分基本公式真是可爱透顶了! 你瞧,只要求出被积函数的原函数,把积分上下限代进去,三两下就得到精确的积分值. 但是,最糟糕的情况仍然会发生,那就是:有些函数的原函数根本就写不出来,谁也拿它没辙. 如果想要求这些函数的定积分,就只有**数值积分法**了. 数值积分法可以求出几乎任何一个定积分的很好的近似值.

数值积分法就是根据定积分的技术定义,产生各式各样的"积分和",用它来代替定积分值的方法. 这些方法,在计算上都很简单,只是过程单调、乏味,理应丢给计算机去做(事实上就是如此). 鉴于了解编写程序的目的,我们把常见的三种数值方法列出来.

为了计算 $\int_a^b f(x)\mathrm{d}x$,将区间 $[a,b]$ 任意分割成 n 等份,每个小区间

$[x_0,x_1],[x_1,x_2],\cdots,[x_{n-1},x_n]$,这里 $a = x_0 < x_1 < \cdots < x_{n-1} < x_n = b$

的长度都为 $\dfrac{b-a}{n}$,做出的积分和为

$$\sum_{i=1}^n f(c_i)\Delta x_i = \frac{b-a}{n} \cdot \sum_{i=1}^n f(c_i)$$

不同数值方法的差别在于,用什么方式来取代小区间上的函数曲线段.

　　1. **矩形法**　选取每个小区间的左端点为 c_i,则

$$\int_a^b f(x)\mathrm{d}x \approx \frac{b-a}{n}[f(x_0) + f(x_1) + \cdots + f(x_{n-1})]$$

矩形法也可以选取每个小区间的右端点或中点为 c_i,得到相应的数值计算近似公式.

　　2. **梯形法**　选取每个小区间端点的连线段来代替小区间上的函数曲线段,用梯形面积作为小块面积的近似值,则

$$\int_a^b f(x)\mathrm{d}x \approx \frac{b-a}{n}\left[\frac{f(x_0)}{2}+f(x_1)+\cdots+f(x_{n-1})+\frac{f(x_n)}{2}\right]$$

3. 抛物线法(也称为辛普森法) 选取经过每个小区间端点的抛物线段来代替小区间上的函数曲线段,则

$$\int_a^b f(x)\mathrm{d}x \approx \frac{b-a}{3n}\left[f(x_0)+4f(x_1)+2f(x_2)+\cdots+2f(x_{n-2})+4f(x_{n-1})+f(x_n)\right]$$

6.6 反常积分——开口曲边梯形的面积问题

来参加"微积分聚会"的宾客里,总有些身着奇装异服,或身材超高,或行为诡异的异类. 当考虑这些家伙的积分时,要称之为反常积分了.反常积分可大概分为两类:第一类是积分限为无穷的积分;另一类是被积函数在积分区间内的某处跑到 $\pm\infty$ 去了,称作被积函数为无界函数的积分.

6.6.1 无穷限的反常积分——无穷积分

例 6.6.1 试求曲线 $y=\dfrac{1}{x^2}$ 之下,x 轴上方,直线 $x=1$ 右侧图形的面积,如图 6-13 所示.

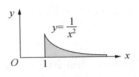

图 6-13

定积分通常代表一个图形的面积,这个问题写成计算 $\displaystyle\int_1^{+\infty}\frac{1}{x^2}\mathrm{d}x$ 应该没什么不同意见吧.你说,这还不简单!看看图上的那块阴影区域,面积会随着 x 增大,无穷无尽,所以答案一定是 $+\infty$.慢着,你这看似振振有词的预言,却跟事实不符!为了发掘真相,需要把积分限中的 $+\infty$ 理解为极限,如此 $\displaystyle\int_1^{+\infty}\frac{1}{x^2}\mathrm{d}x$ 就应该正式解释为

$$\int_1^{+\infty}\frac{1}{x^2}\mathrm{d}x=\lim_{b\to+\infty}\int_1^b\frac{1}{x^2}\mathrm{d}x=\lim_{b\to+\infty}\left(-\frac{1}{x}\ \Big|_1^b\right)=\lim_{b\to+\infty}\left[\frac{-1}{b}-(-1)\right]=0+1=1$$

它就是积分上限函数的极限.

一般地,定义无穷积分

$$\int_a^{+\infty}f(x)\mathrm{d}x=\lim_{b\to+\infty}\int_a^b f(x)\mathrm{d}x$$

如果右端的极限存在,就称无穷积分 $\displaystyle\int_a^{+\infty}f(x)\mathrm{d}x$ 收敛;如果右端的极限不存在,就称无穷积分 $\displaystyle\int_a^{+\infty}f(x)\mathrm{d}x$ 发散.

例如,$\displaystyle\int_1^{+\infty}\frac{1}{x^2}\mathrm{d}x$ 收敛,而 $\displaystyle\int_1^{+\infty}\frac{1}{x}\mathrm{d}x$ 是发散的.

从上面的定义,你可以得出:

* *

 **重要的**

对于无穷积分 $\int_1^{+\infty} \dfrac{1}{x^p} \mathrm{d}x$，当 $p > 1$ 时收敛；当 $p \leqslant 1$ 时发散.

* *

对于其他样式的无穷积分，类似有

$$\int_{-\infty}^b f(x)\mathrm{d}x = \lim_{a \to -\infty} \int_a^b f(x)\mathrm{d}x$$

和 $\qquad \int_{-\infty}^{+\infty} f(x)\mathrm{d}x = \lim_{a \to +\infty} \int_a^c f(x)\mathrm{d}x + \lim_{b \to +\infty} \int_c^b f(x)\mathrm{d}x \quad$（其中 c 为任何实数）.

如果 $F(x)$ 是 $f(x)$ 在区间 $[a, +\infty)$ 上的一个原函数，并且 $\int_a^{+\infty} f(x)\mathrm{d}x$ 收敛，那么

$$\int_a^{+\infty} f(x)\mathrm{d}x = F(x)\Big|_a^{+\infty} = \lim_{x \to +\infty} F(x) - F(a)$$

习惯上记 $\lim\limits_{x \to +\infty} F(x) = F(+\infty)$ 或 $\lim\limits_{x \to -\infty} F(x) = F(-\infty)$. 于是

$$\int_a^{+\infty} f(x)\mathrm{d}x = \lim_{x \to +\infty} F(x) - F(a) = F(+\infty) - F(a)$$

或

$$\int_{-\infty}^b f(x)\mathrm{d}x = F(b) - \lim_{x \to -\infty} F(x) = F(b) - F(-\infty)$$

因此，收敛的反常积分也有类似的牛顿公式. 当反常积分收敛时，可以像定积分一样使用变量替换和分部积分的方法.

例 6.6.2 计算积分 $\int_0^{+\infty} x\mathrm{e}^{-px}\mathrm{d}x$，其中 p 为正的常数.

解 $\qquad \int_0^{+\infty} x\mathrm{e}^{-px}\mathrm{d}x = -\dfrac{1}{p}\int_0^{+\infty} x\mathrm{d}(\mathrm{e}^{-px}) = -\dfrac{1}{p}\left[x\mathrm{e}^{-px}\Big|_0^{+\infty} - \int_0^{+\infty} \mathrm{e}^{-px}\mathrm{d}x \right]$

$$= -\dfrac{1}{p}\left[x\mathrm{e}^{-px}\Big|_0^{+\infty} + \dfrac{1}{p}\mathrm{e}^{-px}\Big|_0^{+\infty} \right]$$

$$= -\dfrac{1}{p}\left[\lim_{x \to +\infty} x\mathrm{e}^{-px} + \lim_{x \to +\infty} \mathrm{e}^{-px} - \dfrac{1}{p} \right] = \dfrac{1}{p^2}$$

其中的极限 $\lim\limits_{x \to +\infty} x\mathrm{e}^{-px} = 0$ 是用洛比达法则求出来的哦.

6.6.2 无界函数的反常积分——瑕积分

在某个有限区间上无界的函数，它的图形很有个性，会在某些个点的附近急剧上升或下降，函数在这样的点的任何邻域内都无界，函数在这些点的极限就是 ∞. 无界函数"上天入地"的感觉很爽，我们想要知道，函数在"蹦极"以后留下的阴影面积，如图 6-14 所示.

例 6.6.3 试求曲线 $y = \dfrac{1}{\sqrt{x}}$ 之下，x 轴上方，直线 $x = 0$ 右侧，直线 $x = 2$ 左侧图形的面积，如图 6-14 所示.

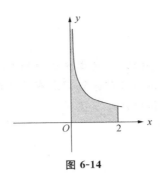

图 6-14

被积函数在 $x=0$ 点没有定义,因为 $\lim\limits_{x\to 0^+}\dfrac{1}{\sqrt{x}}=+\infty$,表明 x 越靠近 0 点,它的图形在 $x=0$ 点的右侧急剧上升,直线 $x=0$ 是曲线的一条竖直渐近线.不过,从图上看来,阴影部分的面积并非无穷大——高真是高,但宽度越来越小.

对付这样的问题,只需要重复前面的办法,那就是用极限来处理,图中阴影部分的面积 $\displaystyle\int_0^2\dfrac{1}{\sqrt{x}}\mathrm{d}x$ 就应该正式解释为

$$\int_0^2\frac{1}{\sqrt{x}}\mathrm{d}x=\lim_{b\to 0^+}\int_b^2\frac{1}{\sqrt{x}}\mathrm{d}x=\lim_{b\to +0^+}\left(2\sqrt{x}\,\Big|_b^2\right)=\lim_{b\to 0^+}\left[2\sqrt{2}-2\sqrt{b}\right]=2\sqrt{2}$$

它也是积分下限函数的极限.

若函数 $f(x)$ 在点 $x=x_0$ 的极限为无穷大 $\lim\limits_{x\to x_0}f(x)=\pm\infty$,这样的点 x_0 为函数 $f(x)$ 的无穷间断点.人们把考虑这种类型函数的积分就叫做无界函数的反常积分(瑕积分),相应地,称点 x_0 为函数 $f(x)$ 的**瑕点**.

一般地,设函数 $f(x)$ 在 $(a,b]$ 上连续,且点 $x=a$ 为函数 $f(x)$ 的瑕点,定义瑕积分

$$\int_a^b f(x)\mathrm{d}x=\lim_{t\to a^+}\int_t^b f(x)\mathrm{d}x\qquad(a\ \text{点的右极限})$$

如果右端的极限存在,就称瑕积分 $\displaystyle\int_a^b f(x)\mathrm{d}x$ 收敛;如果右端的极限不存在,就称瑕积分 $\displaystyle\int_a^b f(x)\mathrm{d}x$ 发散.

类似地,若瑕点出现在区间 $[a,b]$ 的右端点,定义瑕积分

$$\int_a^b f(x)\mathrm{d}x=\lim_{t\to b^-}\int_a^t f(x)\mathrm{d}x\qquad(b\ \text{点的左极限})$$

若瑕点出现在区间 $[a,b]$ 内部的点 $c(a<c<b)$,那么,当右端的两个瑕积分都收敛时,定义瑕积分

$$\int_a^b f(x)\mathrm{d}x=\int_a^c f(x)\mathrm{d}x+\int_c^b f(x)\mathrm{d}x=\lim_{t\to c^-}\int_a^t f(x)\mathrm{d}x+\lim_{t\to c^+}\int_t^b f(x)\mathrm{d}x$$

从上面的定义,你可以得出:

* *

重要的

瑕积分 $\displaystyle\int_a^b\dfrac{1}{(x-a)^p}\mathrm{d}x$,当 $p<1$ 时收敛;当 $p\geqslant 1$ 时发散.

* *

警 告

瑕积分和定积分的记法是一样的,这是因为收敛的瑕积分和定积分的计算方式相同. 不过应当注意,要通过考察被积函数在积分区间上有没有**瑕点**来区分瑕积分和定积分,千万不可忘记这一步,免得步入考试陷阱.

最常见的错误如

$$\int_{-1}^{1} \frac{1}{x^2} \mathrm{d}x = -\frac{1}{x}\Big|_{-1}^{1} = -[1-(-1)] = -2$$

其实,从定义就可得知,这个瑕积分是发散的.

终于讲完了一元函数的微积分. 按一般的教学进度,该是进行期中考试的时候了. 你有没有足够的信心拿到 90 分以上?

第7章 无穷级数

7.1 数列的极限——有关级数问题的热身运动

有没有想过,如果你随着一个无穷数列 $u_1, u_2, \cdots, u_n, \cdots$ 一路蹦蹦跳跳走下去,会发生什么事?要是数列的极限存在的话,可能到达或接近那个极限。想要知道"极限地"的风景如何?可以求极限嘛!办法还真不少。你也这么认为吗?是的,把 u_n 看成 $f(n)$,那么

$$\lim_{n \to +\infty} u_n = \lim_{n \to +\infty} f(n) = \lim_{x \to +\infty} f(x)$$

数列是一种特别的函数.所有求函数极限的方法,通过上式转化以后,都可以用来求数列的极限.

例 7.1.1(非常重要的) $\begin{cases} \text{当 } |q| < 1 \text{ 时,极限 } \lim\limits_{n \to +\infty} q^n = 0 \\ \text{当 } |q| > 1 \text{ 时,极限 } \lim\limits_{n \to +\infty} q^n = \infty \end{cases}$

例 7.1.2 求极限 $\lim\limits_{n \to +\infty} \dfrac{4^n}{5^n - 3^n}$.

解 $\lim\limits_{n \to +\infty} \dfrac{4^n}{5^n - 3^n} = \lim\limits_{n \to +\infty} \dfrac{\left(\dfrac{4}{5}\right)^n}{1 - \left(\dfrac{3}{5}\right)^n} = \dfrac{\lim\limits_{n \to +\infty} \left(\dfrac{4}{5}\right)^n}{1 - \lim\limits_{n \to +\infty} \left(\dfrac{3}{5}\right)^n} = \dfrac{0}{1-0} = 0$

例 7.1.3 求极限 $\lim\limits_{n \to +\infty} \dfrac{\dfrac{\sqrt{1}}{\sqrt{n(n+1)}}}{\dfrac{1}{n}}$.

解 $\lim\limits_{n \to +\infty} \dfrac{\dfrac{\sqrt{1}}{\sqrt{n(n+1)}}}{\dfrac{1}{n}} = \lim\limits_{n \to +\infty} \dfrac{n}{\sqrt{n(n+1)}} = \lim\limits_{n \to +\infty} \dfrac{1}{\sqrt{1 + \dfrac{1}{n}}} = 1$

例 7.1.4 求极限 $\lim\limits_{n \to +\infty} \dfrac{\ln n}{n}$.

解 因为 $\lim\limits_{x \to +\infty} \dfrac{\ln x}{x} = \lim\limits_{x \to +\infty} \dfrac{1}{x} = 0$(使用了洛比达法则),所以 $\lim\limits_{n \to +\infty} \dfrac{\ln n}{n} = 0$

例 7.1.5(常用的) 极限(1) $\lim\limits_{n \to +\infty} \sqrt[n]{n} = 1$, (2) $\lim\limits_{n \to +\infty} \sqrt[n]{n!} = +\infty$.

解 (1) $\lim\limits_{n \to +\infty} \sqrt[n]{n} = \lim\limits_{x \to +\infty} x^{1/x} = \lim\limits_{x \to +\infty} e^{\frac{\ln x}{x}} = e^{\lim\limits_{x \to +\infty} \frac{\ln x}{x}} = e^{\lim\limits_{x \to +\infty} \frac{1}{x}} = e^0 = 1$

（2）因为 $\dfrac{1}{n} \leqslant \dfrac{1}{\sqrt[n]{n!}} \leqslant \dfrac{1}{\sqrt{n}}$，由夹逼准则得 $\lim\limits_{n\to+\infty} \dfrac{1}{\sqrt[n]{n!}} = 0$，故 $\lim\limits_{n\to+\infty} \sqrt[n]{n!} = +\infty$.

 警　告

数列作为函数，那可是没有一个点连续的，更不可求导数了. 所以，千万不可直接对数列使用洛比达法则.

例 7.1.6　求极限 $\lim\limits_{n\to+\infty} n^2 \left(1 - \cos\dfrac{1}{n}\right)$.

解　$\lim\limits_{n\to+\infty} n^2\left(1 - \cos\dfrac{1}{n}\right) = \lim\limits_{n\to+\infty} n^2 \cdot \dfrac{\left(\dfrac{1}{n}\right)^2}{2} = \dfrac{1}{2}$

这里使用了等价无穷小替换 $\left(1 - \cos\dfrac{1}{n}\right) = \dfrac{\left(\dfrac{1}{n}\right)^2}{2}$ $(n\to+\infty)$.

例 7.1.7　求极限 $\lim\limits_{n\to+\infty} \left(\dfrac{n}{n+1}\right)^n$.

解　$\lim\limits_{n\to+\infty} \left(\dfrac{n}{n+1}\right)^n = \lim\limits_{n\to+\infty} \left[\dfrac{1}{1+\dfrac{1}{n}}\right]^n = \dfrac{1}{\lim\limits_{n\to+\infty}\left(1+\dfrac{1}{n}\right)^n} = \dfrac{1}{e}$

例 7.1.8　求极限 $\lim\limits_{n\to+\infty} \sin\dfrac{\pi}{2^n}$.

解　因为 $\sin\dfrac{\pi}{2^n} \sim \dfrac{\pi}{2^n}(n\to+\infty)$，所以 $\lim\limits_{n\to+\infty} \sin\dfrac{\pi}{2^n} = \lim\limits_{n\to+\infty} \dfrac{\pi}{2^n} = 0$

例 7.1.9　设 $a_n = \dfrac{(n!)^2}{(2n)!}$，求极限 $\lim\limits_{n\to+\infty} \dfrac{a_{n+1}}{a_n}$.

解　因为 $a_{n+1} = \dfrac{[(n+1)!]^2}{[2(n+1)]!} = \dfrac{[n! \cdot (n+1)]^2}{[(2n)! \cdot (2n+1) \cdot 2(n+1)]}$，所以

$$\lim\limits_{n\to+\infty} \dfrac{a_{n+1}}{a_n} = \lim\limits_{n\to+\infty} \dfrac{\dfrac{[n! \cdot (n+1)]^2}{[(2n)! \cdot (2n+1) \cdot 2(n+1)]}}{\dfrac{(n!)^2}{(2n)!}} = \lim\limits_{n\to+\infty} \dfrac{(n+1)^2}{(2n+1) \cdot 2(n+1)} = \dfrac{1}{4}$$

例 7.1.10　设 $a_n = \dfrac{2+(-1)^n}{2^n}$，求极限 $\lim\limits_{n\to+\infty} \sqrt[n]{a_n}$.

解　$\lim\limits_{n\to+\infty} \sqrt[n]{a_n} = \dfrac{1}{2} \lim\limits_{n\to+\infty} \sqrt[n]{2+(-1)^n} = \dfrac{1}{2} e^{\lim\limits_{n\to+\infty} \frac{\ln[2+(-1)^n]}{n}}$，因为 $|\ln[2+(-1)^n]| \leqslant \ln 3$，所以 $\lim\limits_{n\to+\infty} \dfrac{\ln[2+(-1)^n]}{n} = 0$，故 $\lim\limits_{n\to+\infty} \sqrt[n]{a_n} = \dfrac{1}{2}$.

现在应该有很多的招式来求数列的极限了,它们在无穷级数中大有用途,不可轻视.言归正传,把话题转到无穷级数.

7.2　无　穷　级　数

所谓无穷级数,就是把无穷多个数加在一起的形式表达式

$$u_1 + u_2 + \cdots + u_n + \cdots$$

简称**级数**.若是嫌上面的写法太长,有个简明的收拢记法

$$\sum_{n=1}^{\infty} u_n = u_1 + u_2 + \cdots + u_n + \cdots$$

其中,第 n 项 u_n 称为级数的**一般项(通项)**.级数的两种记法各有千秋,打开或收拢全凭个人喜好.

在级数 $\sum_{n=1}^{\infty} u_n$ 中的 n 称为**求和指标**,它的起始序号一般选择 0 或 1,如果你喜好其他的自然数也可以,只要级数的打开或收拢记法所对应的项是一样的就行.通项表达式 u_n 中与求和指标 n 无关的量都看作常数.另外,求和指标用什么字母随你便,形式表达式不变就好.所以

$$\sum_{n=1}^{\infty} u_n = \sum_{k=1}^{\infty} u_k = \sum_{k=3}^{\infty} u_{k-2} = \cdots = u_1 + u_2 + \cdots + u_n + \cdots$$

必须小心,像这样无穷多个数相加的"无穷和"究竟是什么,虽然看上去它不过是有限项的和变成了无限项的和.如何理解"无穷和"这个玄玄乎乎的概念呢?可以把无穷级数的各项相加的过程,想象成在吹气球,每加一项,就是多吹一点空气进去,也可能是放出一点空气,而且这样的过程没完没了,最终的结局是:要么气球爆破,要么气球没有爆破.无穷级数的中心内容就是研究"无穷多个数量相加会怎样"这个问题的,而且还特别关心没有爆破的气球里究竟装了多少空气.数学的意义为,利用极限工具,把有限个数量相加推广到无穷多个数量相加.

现在,从大家都熟悉的有限项的和开始我们的工作.

级数的前 n 项部分和:

$$S_1 = u_1, \quad S_2 = u_1 + u_2, \quad S_3 = u_1 + u_2 + u_3, \cdots, \quad S_n = u_1 + u_2 + \cdots + u_n, \cdots$$

形成数列 $S_1, S_2, S_3, \cdots, S_n, \cdots$ 叫做级数的**部分和数列** $\{S_n\}$.

定义 7.2.1　如果级数 $\sum_{n=1}^{\infty} u_n$ 的部分和数列 $\{S_n\}$ 存在极限 S,即 $\lim_{n\to\infty} S_n = S$,则称级数 $\sum_{n=1}^{\infty} u_n$ **收敛**,称 S 为级数的**和**,记作 $\sum_{n=1}^{\infty} u_n = S$.若部分和数列 $\{S_n\}$ 的极限 $\lim_{n\to\infty} S_n$ 不存在,则称级数 $\sum_{n=1}^{\infty} u_n$ **发散**.

例 7.2.1　级数 $\sum_{n=1}^{\infty} \dfrac{1}{n(n+1)} = \dfrac{1}{1 \cdot 2} + \dfrac{1}{2 \cdot 3} + \dfrac{1}{3 \cdot 4} + \cdots + \dfrac{1}{n(n+1)} + \cdots$ 收敛.

解　级数的通项 $a_n = \dfrac{1}{n(n+1)} = \dfrac{1}{n} - \dfrac{1}{n+1}$,级数的部分和

$$S_n = \left(\frac{1}{1} - \frac{1}{2}\right) + \left(\frac{1}{2} - \frac{1}{3}\right) + \left(\frac{1}{3} - \frac{1}{4}\right) + \cdots + \left(\frac{1}{n} - \frac{1}{n+1}\right) = 1 - \frac{1}{n+1}.$$

因此 $\lim\limits_{n \to \infty} S_n = \lim\limits_{n \to \infty} \left(1 - \frac{1}{n+1}\right) = 1$. 所以，级数 $\sum\limits_{n=1}^{\infty} \frac{1}{n(n+1)}$ 收敛，且 $\sum\limits_{n=1}^{\infty} \frac{1}{n(n+1)} = 1$.

例 7.2.2 讨论级数 $\sum\limits_{n=1}^{\infty} \ln\left(1 + \frac{1}{n}\right)$ 的敛散性.

解 级数的通项 $a_n = \ln\left(1 + \frac{1}{n}\right) = \ln(n+1) - \ln n$，级数的部分和

$$S_n = [\ln 2 - \ln 1] + [\ln 3 - \ln 2] + \cdots + [\ln(n+1) - \ln n] = \ln(n+1).$$

因此 $\lim\limits_{n \to \infty} S_n = \lim \ln(n+1) = +\infty$，所以，级数 $\sum\limits_{n=1}^{\infty} \ln\left(1 + \frac{1}{n}\right)$ 发散.

以上两个范例分别说明了级数的两种基本行为：收敛与发散. 无穷级数的中心内容就是收敛性问题，人们所关注的也是收敛的级数. 因为，一旦发现一个级数发散，那它就玩完了，关于它没什么可说的.

级数的几个典型性质

性质 1 设 $k \neq 0$ 为常数，则级数 $\sum\limits_{n=1}^{\infty} a_n$ 和 $\sum\limits_{n=1}^{\infty} ka_n$ 的敛散性相同.

性质 2 若级数 $\sum\limits_{n=1}^{\infty} a_n$ 与 $\sum\limits_{n=1}^{\infty} b_n$ 都收敛，则级数 $\sum\limits_{n=1}^{\infty} (a_n \pm b_n)$ 也收敛，且

$$\sum_{n=1}^{\infty} (a_n \pm b_n) = \sum_{n=1}^{\infty} a_n \pm \sum_{n=1}^{\infty} b_n.$$

性质 3 若级数 $\sum\limits_{n=1}^{\infty} a_n$ 与 $\sum\limits_{n=1}^{\infty} b_n$ 中有一个收敛且另一个发散，则级数 $\sum\limits_{n=1}^{\infty} (a_n \pm b_n)$ 也发散.

警 告

在级数 $\sum\limits_{n=1}^{\infty} a_n$ 与 $\sum\limits_{n=1}^{\infty} b_n$ 都发散的情况下，级数 $\sum\limits_{n=1}^{\infty} (a_n \pm b_n)$ 是否收敛，没有肯定的结论，不可想当然地认为 $\sum\limits_{n=1}^{\infty} (a_n \pm b_n)$ 发散.

定理 7.2.1（级数收敛的必要条件） 如果级数 $\sum\limits_{n=1}^{\infty} a_n$ 收敛，则 $\lim\limits_{n \to \infty} a_n = 0$.

证 因为 $a_n = S_n - S_{n-1}$，已知 $\sum\limits_{n=1}^{\infty} a_n$ 收敛，即 $\lim S_n = S$ 存在，所以

$$\lim_{n \to \infty} a_n = \lim_{n \to \infty} S_n - \lim_{n \to \infty} S_{n-1} = S - S = 0$$

常犯的错误 从 $\lim\limits_{n \to \infty} a_n = 0$ 贸然下结论说 $\sum\limits_{n=1}^{\infty} a_n$ 收敛.

定理 7.2.2(级数发散的通项检验法)　如果 $\lim\limits_{n\to\infty}a_n\neq 0$,则级数 $\sum\limits_{n=1}^{\infty}a_n$ 发散.

例如, $\lim\limits_{n\to+\infty}(-1)^n\neq 0$, 所以级数 $\sum\limits_{n=1}^{\infty}(-1)^n$ 发散. 又如, $\lim\limits_{n\to\infty}a=a\neq 0$ 时, 级数

$\sum\limits_{n=1}^{\infty}a=a+a+a+\cdots$ 发散.

性质 4　增加或去掉或改变级数的有限项不改变级数的敛散性.

这个性质说的是, 一个级数是收敛或发散, 跟级数的排在前面的项完全没有关系, 真正决定级数是收敛或发散的, 不是前面几项(甚至几百项、几万项), 而是后面的项. 所以, 级数

$$1+1+1+1+1+\frac{1}{1\cdot 2}+\frac{1}{2\cdot 3}+\frac{1}{3\cdot 4}+\cdots+\frac{1}{n(n+1)}+\cdots$$ 也是收敛的, 原因是后面的级数

$$\frac{1}{1\cdot 2}+\frac{1}{2\cdot 3}+\frac{1}{3\cdot 4}+\cdots+\frac{1}{n(n+1)}+\cdots$$ 收敛.

你想通了没有? 其实理由很简单, 还记得极限(未来的趋势)是怎么回事吧.

💡 **提　醒**

增加或去掉或改变级数的有限项, 不改变级数的敛散性, 但会改变收敛级数的和.

7.3　级数敛散性的检验——榜样的力量

每当遇到一个级数, 第一个任务就是要判定它是否收敛. 如果它收敛, 接着得想法找出它收敛到什么数. 但是, 级数并不都像前面的例子一样, 乐意地把这些信息写在脸上, 让你三两下就求出部分和, 然后知道它是收敛还是发散. 许多的时候, 它还很不愿意让人分享, 甚至隐藏的很深很深呢. 幸好有这么几个"榜样", 只要有机会, 它们会在你的眼前极力表现, 它们的名字不绝于耳, 似乎时时刻刻都在说**看看我, 使用我, 我能帮你**. 它们是所有在级数圈中混的人最友好的朋友.

例 7.3.1(非常重要的)　判定几何级数(等比级数)

$$\sum_{n=1}^{\infty}q^{n-1}=1+q+q^2+\cdots+q^{n-1}+\cdots$$

的敛散性, 其中 q 为公比.

　当 $q\neq 1$ 时, 级数的部分和

$$S_n=1+q+q^2+\cdots+q^{n-1}=\frac{1-q^n}{1-q}$$

若 $|q|<1$, 由 $\lim\limits_{n\to\infty}q^n=0$, 得 $\lim\limits_{n\to\infty}S_n=\frac{1}{1-q}$, 此时等比级数 $\sum\limits_{i=1}^{n}q^{n-1}$ 收敛, 其和为 $\frac{1}{1-q}$.

若 $|q|>1$, 由 $\lim\limits_{n\to\infty}|q|^n=+\infty$, 知 $\lim\limits_{n\to\infty}S_n$ 不存在, 此时等比级数发散.

若 $|q|=1$, 则如果 $q=1$, 有 $S_n=n$, $\lim\limits_{n\to\infty}S_n=\lim\limits_{n\to\infty}n=+\infty$ 不存在; 如果 $q=-1$, 有

$$S_n = \sum_{i=1}^{n} (-1)^k = \begin{cases} 1, & n \text{ 为奇数} \\ 0, & n \text{ 为偶数} \end{cases}$$

易知 $\lim\limits_{n \to \infty} S_n$ 也不存在. 所以当 $|q| = 1$ 时, 等比级数发散. 根据以上讨论, 得

$$\sum_{n=1}^{\infty} q^{n-1} \begin{cases} \text{收敛, 和为} \dfrac{1}{1-q}, & |q| < 1 \\ \text{发散}, & |q| \geqslant 1 \end{cases}$$

应用这个结论, 知道级数

$$\sum_{n=1}^{\infty} 1 = 1 + 1 + 1 + 1 + 1 + \cdots$$

与

$$\sum_{n=1}^{\infty} (-1)^{n-1} = 1 - 1 + 1 - 1 + 1 - 1 + \cdots$$

都是发散级数. 而级数

$$\sum_{n=1}^{\infty} \left(\frac{1}{2}\right)^n = 1 + \frac{1}{2} + \left(\frac{1}{2}\right)^2 + \cdots + \left(\frac{1}{2}\right)^n + \cdots = \frac{1}{1 - \frac{1}{2}} = 2$$

嘿, 你注意到级数的记法中一点点小的变化了吗? $\sum\limits_{n=1}^{\infty} \left(\dfrac{1}{2}\right)^n = \sum\limits_{n=1}^{\infty} \left(\dfrac{1}{2}\right)^{n-1}$, 前一个记法中, 求和指标的开始值是 0, 它对应级数的第 1 项; 后一个记法中, 求和指标的开始值是 1, 它也对应级数的第 1 项, 如此等等.

例 7.3.2 判定 $\sum\limits_{n=0}^{\infty} \dfrac{1}{3^n}$ 的敛散性.

解 因为 $\dfrac{1}{3} < 1$, 所以 $\sum\limits_{n=0}^{\infty} \dfrac{1}{3^n}$ 收敛, 且 $\sum\limits_{n=0}^{\infty} \dfrac{1}{3^n} = \dfrac{1}{1 - \dfrac{1}{3}} = \dfrac{3}{2}$.

例 7.3.3 判定 $\sum\limits_{n=0}^{\infty} \dfrac{(-1)^n}{2^n}$ 的敛散性.

解 因为 $\left| -\dfrac{1}{2} \right| < 1$, 所以 $\sum\limits_{n=0}^{\infty} \dfrac{(-1)^n}{2^n}$ 收敛, 且 $\sum\limits_{n=0}^{\infty} \dfrac{(-1)^n}{2^n} = \dfrac{1}{1 - \left(-\dfrac{1}{2}\right)} = \dfrac{2}{3}$.

例 7.3.4 讨论级数 $\sum\limits_{n=0}^{\infty} \left(\dfrac{3}{2^n} + \dfrac{2}{5^n}\right)$ 的敛散性.

解 因为 $\sum\limits_{n=0}^{\infty} \left(\dfrac{1}{2}\right)^n$ 和 $\sum\limits_{n=0}^{\infty} \left(\dfrac{1}{5}\right)^n$ 都收敛, 所以

$$\sum_{n=0}^{\infty} \left(\frac{3}{2^n} + \frac{2}{5^n}\right) = 3 \sum_{n=0}^{\infty} \left(\frac{1}{2}\right)^n + 2 \sum_{n=0}^{\infty} \left(\frac{1}{5}\right)^n = 3 \cdot 2 + 2 \cdot \frac{1}{1 - \frac{1}{5}} = \frac{17}{2}.$$

瞧, 多么简单! 不过嘛, 这是级数收敛问题的最简单情形. 还需要更深入一步, 看看其他的级数.

例 7.3.5（大名鼎鼎的 p 级数）

$$\sum_{n=1}^{\infty} \frac{1}{n^p} \begin{cases} 当 \ p > 1 \ 时收敛 \\ 当 \ p \leqslant 1 \ 时发散 \end{cases}$$

请注意，如果 $p \leqslant 0$，那么，由通项检验法就知道该级数发散.

我们真的很喜欢 p 级数. 它们一点都不故弄玄虚，非常醒目地把自己是否收敛写在了头上——看 p 的值就行了.

例 7.3.6　级数 $\sum\limits_{n=1}^{\infty} \dfrac{1}{n^2}$ 收敛，因为 $p = 2 > 1$.

例 7.3.7　级数 $\sum\limits_{n=1}^{\infty} \dfrac{1}{\sqrt{n}}$ 发散，因为 $p = \dfrac{1}{2} < 1$.

还有比这更简单的吗？

7.3.1　正项级数敛散性的检验法

所谓**正项级数**，就是所有项都为正的级数. 对于所有项都为负的级数，只要把它的每一项都乘以 -1 就变成了正项级数. 所以，了解正项级数敛散性的检验法非常有用. 我们收集了一些方法，适用于正项级数敛散性的检验.

定理 7.3.1（比较检验法）　设 $\sum\limits_{n=1}^{\infty} u_n$ 是正项级数，则

（1）若能找到收敛的正项级数 $\sum\limits_{n=1}^{\infty} b_n$，使通项满足 $0 \leqslant u_n \leqslant b_n$，那么 $\sum\limits_{n=1}^{\infty} u_n$ 收敛；

（2）若能找到发散的正项级数 $\sum\limits_{n=1}^{\infty} a_n$，使通项满足 $0 \leqslant a_n \leqslant u_n$，那么 $\sum\limits_{n=1}^{\infty} u_n$ 发散.

这个检验法说的是：在两个正项级数中，比较它们的通项的大小（**注意不是比较级数的大小**），可以得出：

（1）如果通项大的级数收敛，那么通项小的级数也收敛；

（2）如果通项小的级数发散，那么通项大的级数也发散.

你可以把这个结论想象成往两个套在一起的气球中不停地吹气，若外面的气球不爆炸（收敛），那么里面的气球也不爆炸（收敛）；若里面的气球爆炸了（发散），那么外面的气球也会爆炸（发散）. 看起来，好像没什么问题了？慢，事情远非这么轻松，要找到用作比较的、合适的级数，很考验你的级数储备呢.

你有没有注意到，另外还有两种可能：如果里面的气球没爆炸，并不表明外面的气球会还是不会爆炸；同样的，如果外面的气球爆炸了，并不保证里面的气球会还是不会爆炸. 在这样的情形，比较检验法就派不上用场，需要另外的办法.

关于级数的问题，通常的情况是，题目丢给你一个级数，要你判断它是收敛或发散. 第一步，你要预先估计这个级数，可能属于收敛与发散中的哪一种；如果预判错误，接下来的各种工作很可能是白忙一场. 第二步，也是最困难的一步，找到合适的级数，用作比较检验. 第三步，表述你的结果.

让我们通过以下的例题练习练习.

例 7.3.8(调和级数) 讨论 $\sum\limits_{n=1}^{\infty} \dfrac{1}{n} = 1 + \dfrac{1}{2} + \dfrac{1}{3} + \cdots + \dfrac{1}{n} + \cdots$ 的敛散性.

解 在不等式 $\ln(1+x) < x,\ (x > 0)$ 中,令 $x = \dfrac{1}{n}$,得

$$\ln\left(1 + \dfrac{1}{n}\right) < \dfrac{1}{n}$$

由于级数 $\sum\limits_{n=1}^{\infty} \ln\left(1 + \dfrac{1}{n}\right)$ 发散(参考例 7.2.2),由比较检验法知,调和级数 $\sum\limits_{n=1}^{\infty} \dfrac{1}{n}$ 发散.

例 7.3.9 讨论 p 级数 $\sum\limits_{n=1}^{\infty} \dfrac{1}{n^p}$ 的敛散性.

解 p 级数是正项级数,它的部分和数列 $\{S_n\}$ 单调增加.
当 $p \leqslant 1$ 时,有

$$\dfrac{1}{n^p} \geqslant \dfrac{1}{n}$$

由 $\sum\limits_{n=1}^{\infty} \dfrac{1}{n}$ 发散及比较检验法知,p 级数 $\sum\limits_{n=1}^{\infty} \dfrac{1}{n^p}$ 发散.
当 $p > 1$ 时,对任意 $x > 0$,存在正整数 n,使 $n \leqslant x < n+1$,从而有
$$n^p \leqslant x^p < (n+1)^p$$
即

$$\dfrac{1}{(n+1)^p} < \dfrac{1}{x^p} \leqslant \dfrac{1}{n^p}$$

所以

$$S_n = 1 + \dfrac{1}{2^p} + \dfrac{1}{3^p} + \cdots + \dfrac{1}{n^p} = 1 + \int_1^2 \dfrac{1}{2^p}\,\mathrm{d}x + \int_2^3 \dfrac{1}{3^p}\,\mathrm{d}x + \cdots + \int_{n-1}^n \dfrac{1}{n^p}\,\mathrm{d}x$$

$$< 1 + \int_1^2 \dfrac{1}{x^p}\,\mathrm{d}x + \int_2^3 \dfrac{1}{x^p}\,\mathrm{d}x + \cdots + \int_{n-1}^n \dfrac{1}{x^p}\,\mathrm{d}x = 1 + \int_1^n \dfrac{1}{x^p}\,\mathrm{d}x$$

$$= 1 + \dfrac{1}{p-1}\left(1 - \dfrac{1}{n^{p-1}}\right) < 1 + \dfrac{1}{p-1}$$

部分和数列 $\{S_n\}$ 单调增加有上界,极限 $\lim\limits_{n \to \infty} S_n$ 存在.因此 p 级数 $\sum\limits_{n=1}^{\infty} \dfrac{1}{n^p}$ 收敛.综上得 p 级数 $\sum\limits_{n=1}^{\infty} \dfrac{1}{n^p}$ 在 $p > 1$ 时收敛,在 $p \leqslant 1$ 时发散.

例 7.3.10 试判断下列各个级数的敛散性

(1) $\sum\limits_{n=1}^{\infty} \dfrac{1}{2 + 3^n}$,   (2) $\sum\limits_{n=1}^{\infty} \dfrac{1}{\sqrt{n-1}}$,   (3) $\sum\limits_{n=1}^{\infty} \dfrac{1}{\sqrt{n+1}}$,   (4) $\sum\limits_{n=1}^{\infty} \dfrac{1}{n+1}$.

解 (1) 因为 $\dfrac{1}{2 + 3^n} < \dfrac{1}{3^n}$,并且 $\sum\limits_{n=1}^{\infty} \dfrac{1}{3^n}$ 收敛,所以 $\sum\limits_{n=1}^{\infty} \dfrac{1}{2 + 3^n}$ 收敛.

(2) 因为 $\dfrac{1}{\sqrt{n-1}}>\dfrac{1}{\sqrt{n}}$，并且 $\sum\limits_{n=1}^{\infty}\dfrac{1}{\sqrt{n}}$ 发散，所以 $\sum\limits_{n=1}^{\infty}\dfrac{1}{\sqrt{n-1}}$ 发散.

对于这第(3)题，如果你不假思索，刚才的例子会使得你直觉上写出

$$\frac{1}{\sqrt{n+1}}<\frac{1}{\sqrt{n}}$$

不幸的是，级数 $\sum\limits_{n=1}^{\infty}\dfrac{1}{\sqrt{n}}$ 发散，比较检验法无法告诉我们结果是什么，此路不通，但是估计

该级数发散的想法不变. 你肯定注意到 $p=\dfrac{1}{2}<1$ 时，级数 $\sum\limits_{n=1}^{\infty}\dfrac{1}{\sqrt{n}}$ 发散了吧. 那么，缩小通项

$\dfrac{1}{\sqrt{n+1}}$，使它接近 $\dfrac{1}{\sqrt{n}}$.

(3) 因为 $\dfrac{1}{\sqrt{n+1}}\geqslant\dfrac{1}{\sqrt{n}+\sqrt{n}}=\dfrac{1}{2\sqrt{n}}$，而级数 $\sum\limits_{n=1}^{\infty}\dfrac{1}{\sqrt{n}}$ 发散，从级数的性质得出 $\sum\limits_{n=1}^{\infty}\dfrac{1}{2\sqrt{n}}$ 也

发散，所以 $\sum\limits_{n=1}^{\infty}\dfrac{1}{\sqrt{n+1}}$ 发散.

(4) 因为 $\dfrac{1}{n+1}\geqslant\dfrac{1}{n+n}=\dfrac{1}{2n}$，而级数 $\sum\limits_{n=1}^{\infty}\dfrac{1}{n}$ 发散，从级数的性质得出 $\sum\limits_{n=1}^{\infty}\dfrac{1}{2n}$ 也发散. 所

以 $\sum\limits_{n=1}^{\infty}\dfrac{1}{n+1}$ 发散.

其实有一个更简单的办法，那就是把级数展开

$$\sum_{n=1}^{\infty}\frac{1}{n+1}=\frac{1}{2}+\frac{1}{3}+\cdots+\frac{1}{n}+\cdots$$

它不就是少了第一项的调和级数嘛，因此当然是发散了.

怎样找到合适的用作比较的级数，有时候还真不容易. 幸好下面另一个方法，对使用比较检验法判断级数收敛或发散的第二步骤，那可是大有作用了.

定理 7.3.2（比较检验法的极限形式）　设 $\sum\limits_{n=1}^{\infty}a_n$ 与 $\sum\limits_{n=1}^{\infty}b_n$ 均为正项级数. 若

$$\lim_{n\to\infty}\frac{a_n}{b_n}=\rho,$$

则　(1) 当 $0<\rho<+\infty$ 时，$\sum\limits_{n=1}^{\infty}a_n$ 与 $\sum\limits_{n=1}^{\infty}b_n$ 同时收敛或同时发散；

(2) 当 $\rho=0$ 时，若 $\sum\limits_{n=1}^{\infty}a_n$ 收敛，则 $\sum\limits_{n=1}^{\infty}b_n$ 收敛；

(3) 当 $\rho=+\infty$ 时，若 $\sum\limits_{n=1}^{\infty}b_n$ 发散，则 $\sum\limits_{n=1}^{\infty}a_n$ 发散.

你是否还记得有关无穷小阶的比较：

$$\lim_{n\to\infty}\frac{a_n}{b_n}=\rho\quad(\rho\text{ 为某个正数})$$

说的是 a_n 和 b_n 为同阶的无穷小（如果 a_n 不是 $n\to\infty$ 时的无穷小，那么可喜可贺，级数 $\sum\limits_{n=1}^{\infty}a_n$

肯定发散). 所以, 当面对一个正项级数 $\sum\limits_{n=1}^{\infty} a_n$ 的敛散性的时候, 立即找出与通项 a_n 同阶的无穷小 b_n (表达式越简单越好), 然后看 $\sum\limits_{n=1}^{\infty} b_n$ 的敛散性, 问题就可以解决了.

* *

技　巧

在判断一个正项级数的敛散性的时候, 考查通项中关于 n 的最高幂项 (俗称**抓大头**) 的倒数, 发现与之同阶的无穷小, 构成另一个级数 (最好是 p 级数), 然后, 使用比较检验法的极限形式做出判断.

* *

例 7.3.11　判别级数 $\sum\limits_{n=1}^{\infty} \dfrac{1}{(2n-1)(3n-2)}$ 的敛散性.

级数通项中关于 n 的最高幂项的倒数是 $\dfrac{1}{6n^2}$, 故考虑 p 级数 $\sum\limits_{n=1}^{\infty} \dfrac{1}{n^2}$.

解　因为 $\lim\limits_{n \to +\infty} \dfrac{\frac{1}{(2n-1)(3n-2)}}{\frac{1}{n^2}} = \lim\limits_{n \to +\infty} \dfrac{n^2}{(2n-1)(3n-2)} = \lim\limits_{n \to +\infty} \dfrac{1}{\left(2-\frac{1}{n}\right)\left(3-\frac{2}{n}\right)} = \dfrac{1}{6}$, 且级数 $\sum\limits_{n=1}^{\infty} \dfrac{1}{n^2}$ $(p=2>1)$ 收敛, 所以级数 $\sum\limits_{n=1}^{\infty} \dfrac{1}{(2n-1)(3n-2)}$ 收敛.

例 7.3.12　级数 $\sum\limits_{n=1}^{\infty} \sqrt{\dfrac{n+2}{n^2+3n+1}}$ 发散.

级数通项中关于 n 的最高幂项的倒数是 $\dfrac{1}{\sqrt{n}}$, 故考虑 p 级数 $\sum\limits_{n=1}^{\infty} \dfrac{1}{\sqrt{n}}$.

解　因为 $\lim\limits_{n \to +\infty} \dfrac{\sqrt{\frac{n+1}{n^2+3n+1}}}{\frac{1}{\sqrt{n}}} = \lim\limits_{n \to +\infty} \sqrt{\dfrac{n(n+1)}{n^2+3n+1}} = 1$, 由于级数 $\sum\limits_{n=1}^{\infty} \dfrac{1}{\sqrt{n}}$ 发散, 所以级数 $\sum\limits_{n=1}^{\infty} \sqrt{\dfrac{n+2}{n^2+3n+1}}$ 发散.

例 7.3.13　判别级数 $\sum\limits_{n=1}^{\infty} \sin\dfrac{a}{n}$ 的敛散性, 其中 $a>0$ 是常数.

解　对正数 a, 当 n 足够大时, 有 $0 < \dfrac{a}{n} < \pi$, 使得 $\sin\dfrac{a}{n} > 0$. 于是, 除了前面的有限项之外, 级数 $\sum\limits_{n=1}^{\infty} \sin\dfrac{a}{n}$ 为正项级数. 由于 $\lim\limits_{n \to \infty} \dfrac{\sin\frac{a}{n}}{\frac{1}{n}} = a$, 并且级数 $\sum\limits_{n=1}^{\infty} \dfrac{1}{n}$ 发散, 故级数 $\sum\limits_{n=1}^{\infty} \sin\dfrac{a}{n}$

发散.

定理 7.3.3(比值检验法) 设 $\sum\limits_{n=1}^{\infty} a_n$ 是正项级数,且 $\lim\limits_{n\to\infty} \dfrac{a_{n+1}}{a_n} = \rho$,那么

(1) 当 $\rho < 1$ 时,级数 $\sum\limits_{n=1}^{\infty} a_n$ 收敛;

(2) 当 $\rho > 1$ 时,级数 $\sum\limits_{n=1}^{\infty} a_n$ 发散;

(3) 当 $\rho = 1$ 时,级数的敛散性不确定.

看到这个检验法,每个人都会惊叫一声:哇噻,太好了! 实际上,这是在判断正项级数敛散性时使用频率最高的一个技法.尽管第三种情形下什么都得不到,也许你期望不出现这种状况,好在除了 p 级数之外,大部分的正项级数都能够用它搞定.

例 7.3.14 判别下列级数的敛散性

(1) $\sum\limits_{n=1}^{\infty} \dfrac{2^n n!}{n^n}$ (2) $\sum\limits_{n=1}^{\infty} \dfrac{3^n n!}{n^n}$

解 (1) 因为 $\lim\limits_{n\to\infty} \dfrac{a_{n+1}}{a_n} = \lim\limits_{n\to\infty} \dfrac{2^{n+1}(n+1)!}{(n+1)^{n+1}} \times \dfrac{n^n}{2^n n!} = \lim\limits_{n\to\infty} \dfrac{2}{\left(\dfrac{1}{n}\right)^n} = \dfrac{2}{e} < 1$,所以级数

$\sum\limits_{n=1}^{\infty} \dfrac{2^n n!}{n^n}$ 收敛.

* *

根据级数收敛的必要条件,顺便可得 $\lim\limits_{n\to\infty} \dfrac{2^n n!}{n^n} = 0$.

* *

(2) 因为 $\lim\limits_{n\to\infty} \dfrac{a_{n+1}}{a_n} = \lim\limits_{n\to\infty} \dfrac{3^{n+1}(n+1)!}{(n+1)^{n+1}} \times \dfrac{n^n}{3^n n!} = \lim\limits_{n\to\infty} \dfrac{3}{\left(1+\dfrac{1}{n}\right)^n} = \dfrac{3}{e} > 1$,所以级数

$\sum\limits_{n=1}^{\infty} \dfrac{3^n n!}{n^n}$ 发散.

这里有一个多种检验法混合使用的例子.

例 7.3.15 判别级数 $\sum\limits_{n=1}^{\infty} \dfrac{n\cos^2\dfrac{n\pi}{3}}{3^n}$ 的敛散性.

解 因为 $\dfrac{n\cos^2\dfrac{n\pi}{3}}{3^n} \leqslant \dfrac{n}{3^n}$,且 $\lim\limits_{n\to\infty} \dfrac{a_{n+1}}{a_n} = \lim\limits_{n\to\infty} \dfrac{n+1}{3^{n+1}} \times \dfrac{3^n}{n} = \dfrac{1}{3} < 1$,

由比值检验法知,级数 $\sum\limits_{n=1}^{\infty} \dfrac{n}{3^n}$ 收敛.再由比较检验法知,级数 $\sum\limits_{n=1}^{\infty} \dfrac{n\cos^2 \frac{n}{3}\pi}{3^n}$ 收敛.

下面也是一个经常使用的便利检验法.

定理 7.3.4(根值检验法)　设 $\sum\limits_{n=1}^{\infty} a_n$ 是正项级数,且 $\lim\limits_{n\to\infty} \sqrt[n]{a_n} = \rho$,那么

(1) 当 $\rho < 1$ 时,级数 $\sum\limits_{n=1}^{\infty} a_n$ 收敛;

(2) 当 $\rho > 1$ 时,级数 $\sum\limits_{n=1}^{\infty} a_n$ 发散;

(3) 当 $\rho = 1$ 时,级数的敛散性不确定.

例 7.3.16　判别级数(1) $\sum\limits_{n=1}^{\infty} \left(\dfrac{n}{3n+1}\right)^n$,　(2) $\sum\limits_{n=1}^{\infty} \dfrac{n}{\left(\frac{n+1}{n}\right)^{n^2}}$ 的敛散性.

解　(1) 因为 $\lim\limits_{n\to\infty} \sqrt[n]{a_n} = \lim\limits_{n\to\infty} \sqrt[n]{\left(\dfrac{n}{3n+1}\right)^n} = \lim\limits_{n\to\infty} \left(\dfrac{n}{3n+1}\right) = \dfrac{1}{3} < 1$,所以 $\sum\limits_{n=1}^{\infty} \left(\dfrac{n}{3n+1}\right)^n$ 收敛.

(2) 因为 $\lim\limits_{n\to\infty} \sqrt[n]{a_n} = \lim\limits_{n\to\infty} \dfrac{\sqrt[n]{n}}{\left(\frac{n+1}{n}\right)^n} = \dfrac{1}{\mathrm{e}} < 1$,所以 $\sum\limits_{n=1}^{\infty} \dfrac{n}{\left(\frac{n+1}{n}\right)^{n^2}}$ 收敛.

7.3.2　非正项级数敛散性的检验法

一个级数的项若是任意的数,要判断级数的敛散性,麻烦还真不少.其中有一个特例是交错级数.其他的情形,通过把级数的每一项都取绝对值,使之变成正项级数,然后利用正项级数敛散性的判别法来解决.

1. 交错级数

一个级数,若具有形式

$$u_1 - u_2 + u_3 - u_4 + \cdots + (-1)^{n-1} u_n + \cdots$$

或者形式

$$-u_1 + u_2 - u_3 + u_4 - \cdots + (-1)^{n-1} u_n + \cdots$$

称这类级数为**交错级数**,简记为 $\sum\limits_{n=1}^{\infty} (-1)^{n-1} u_n$　$(u_n \geqslant 0)$ 或 $\sum\limits_{n=1}^{\infty} (-1)^n u_n$　$(u_n \geqslant 0)$.

定理 7.3.5(莱布尼茨判别法)　若交错级数 $\sum\limits_{n=1}^{\infty} (-1)^{n-1} u_n$ 满足:

(1) $u_n \geqslant u_{n+1}$　$(n=1,2,\cdots)$,即数列 $\{u_n\}$ 单调减少;

(2) $\lim\limits_{n\to\infty} u_n = 0$.

则级数 $\sum\limits_{n=1}^{\infty} (-1)^{n-1} u_n$ 收敛.

⚠️ **警　告**

　　这仅仅是一个充分条件,不可倒推,也不能在条件不满足时贸然说级数发散,除非情况恰好是 $\lim\limits_{n\to\infty} u_n \neq 0$.

例 7.3.17　判别下列级数的敛散性

$$(1) \sum_{n=1}^{\infty} \frac{(-1)^{n-1}}{n^p}, \qquad (2) \sum_{n=1}^{\infty}(-1)^{n-1}\left(\sqrt{n+1}-\sqrt{n}\right), \qquad (3) \sum_{n=1}^{\infty}(-1)^{n-1}\frac{n}{n+1}.$$

解　(1)因为对任意 $p>0$,都有 $\frac{1}{n^p}>0$,$\frac{1}{n^p}>\frac{1}{(n+1)^p}$ 及 $\lim\limits_{n\to\infty}\frac{1}{n^p}=0$,所以级数 $\sum\limits_{n=1}^{\infty}\frac{(-1)^{n-1}}{n^p}$ 在 $p>0$ 时收敛.

　　(2)因为 $u_n=\dfrac{1}{\sqrt{n+1}+\sqrt{n}}>\dfrac{1}{\sqrt{n+2}+\sqrt{n+1}}=u_{n+1}$,且 $\lim\limits_{n\to\infty}\dfrac{1}{\sqrt{n+1}+\sqrt{n}}=0$. 所以由莱布尼茨判别法,知级数 $\sum\limits_{n=1}^{\infty}(-1)^{n-1}\left(\sqrt{n+1}-\sqrt{n}\right)$ 收敛.

　　(3)由于 $\lim\limits_{n\to\infty}(-1)^{n-1}\dfrac{n}{n+1}\neq 0$,故级数 $\sum\limits_{n=1}^{\infty}(-1)^{n-1}\dfrac{n}{n+1}$ 发散.

2. 绝对收敛与条件收敛

定义 7.3.1　设 $\sum\limits_{n=1}^{\infty} u_n$ 为任意项级数,

(1)如果 $\sum\limits_{n=1}^{\infty}|u_n|$ 收敛,则称级数 $\sum\limits_{n=1}^{\infty} u_n$ **绝对收敛**;

(2)如果 $\sum\limits_{n=1}^{\infty}|u_n|$ 发散,而级数 $\sum\limits_{n=1}^{\infty} u_n$ 收敛,则称级数 $\sum\limits_{n=1}^{\infty} u_n$ **条件收敛**.

定理 7.3.6　若级数 $\sum\limits_{n=1}^{\infty}|u_n|$ 收敛,则级数 $\sum\limits_{n=1}^{\infty} u_n$ 必收敛.

证　因为 $0\leqslant |u_n|+u_n\leqslant 2|u_n|$,已知级数 $\sum\limits_{n=1}^{\infty}|u_n|$ 收敛,由比较检验法,知级数 $\sum\limits_{n=1}^{\infty}(u_n+|u_n|)$ 收敛.

　　因为 $u_n=[(u_n+|u_n|)-|u_n|]$,根据收敛级数的性质 2,知级数

$$\sum_{n=1}^{\infty} u_n = \sum_{n=1}^{\infty}[(u_n+|u_n|)-|u_n|]$$ 收敛.

　　绝对收敛是性质更强的一种收敛性.对于正项级数,这个定理说了等于没说.但对于任意项级数(包括交错级数),它还相当管用.若是幸运地知道(办法有不少的,除非你一直在睡觉!)该任意项级数为绝对收敛,那么,你已经成功了.而如果不幸地得到该任意项级数不是绝对收敛(不幸之中的万幸),你应该马上考虑适合交错级数的莱布尼茨判别法.除此之外,去请教你的老师吧.

例 7.3.18   级数 $\displaystyle\sum_{n=1}^{\infty}\frac{(-1)^{n-1}}{n^2}$ 绝对收敛.

原因是级数的各项取绝对值后变成了 $\displaystyle\sum_{n=1}^{\infty}\frac{1}{n^2}$,一看就知道是 $p=2>1$ 的 p 级数,它是收敛的.所以,级数 $\displaystyle\sum_{n=1}^{\infty}\frac{(-1)^{n-1}}{n^2}$ 绝对收敛.

例 7.3.19   级数 $\displaystyle\sum_{n=1}^{\infty}\frac{(-1)^{n-1}}{n}$ 条件收敛.

原因是级数的各项取绝对值后变成了 $\displaystyle\sum_{n=1}^{\infty}\frac{1}{n}$,一看就知道是 $p=1$ 的 p 级数(调和级数),为发散,再使用交错级数检验法知 $\displaystyle\sum_{n=1}^{\infty}\frac{(-1)^{n-1}}{n}$ 收敛.所以,级数 $\displaystyle\sum_{n=1}^{\infty}\frac{(-1)^{n-1}}{n}$ 条件收敛.

更一般地,级数 $\displaystyle\sum_{n=1}^{\infty}\frac{(-1)^{n-1}}{n^p}$ 在 $0<p\leqslant 1$ 时条件收敛,在 $p>1$ 时绝对收敛.

例 7.3.20   判别下列级数的敛散性,如果收敛,指出是绝对收敛还是条件收敛.

(1) $\displaystyle\sum_{n=1}^{\infty}\frac{\sin\frac{n\pi}{2}}{n\sqrt{n}}$,　(2) $\displaystyle\sum_{n=1}^{\infty}(-1)^{n-1}\sin\frac{1}{n}$,　(3) $\displaystyle\sum_{n=1}^{\infty}\frac{a^n}{n}$　(a 为实数).

解   (1) 因为

$$\left|\frac{\sin\frac{n\pi}{2}}{n\sqrt{n}}\right|\leqslant\frac{1}{n^{\frac{3}{2}}}$$

已知级数 $\displaystyle\sum_{n=1}^{\infty}\frac{1}{n^{\frac{3}{2}}}$ 收敛($p=\frac{3}{2}>1$),所以级数 $\displaystyle\sum_{n=1}^{\infty}\frac{\sin\frac{n\pi}{2}}{n\sqrt{n}}$ 绝对收敛.

(2) $\left|(-1)^{n-1}\sin\dfrac{1}{n}\right|=\sin\dfrac{1}{n}$,级数 $\displaystyle\sum_{n=1}^{\infty}\left|(-1)^{n-1}\sin\frac{1}{n}\right|=\sum_{n=1}^{\infty}\sin\frac{1}{n}$ 发散,但

$$\sin\frac{1}{n}\geqslant\sin\frac{1}{n+1}\ \text{及}\ \lim_{n\to\infty}\sin\frac{1}{n}=0$$

由莱布尼茨判别法,知级数 $\displaystyle\sum_{n=1}^{\infty}(-1)^{n-1}\sin\frac{1}{n}$ 收敛.

因此,级数 $\displaystyle\sum_{n=1}^{\infty}(-1)^{n-1}\sin\frac{1}{n}$ 条件收敛.

(3) 如果 $a=0$,级数收敛;

当 $a\neq 0$ 时,

$$\lim_{n\to\infty}\frac{|u_{n+1}|}{|u_n|}=\lim_{n\to\infty}\left|\frac{a^{n+1}}{n+1}\times\frac{n}{a^n}\right|=|a|$$

由比值检验法,当 $|a|<1$ 时,级数 $\displaystyle\sum_{n=1}^{\infty}\left|\frac{a^n}{n}\right|$ 收敛,即级数 $\displaystyle\sum_{n=1}^{\infty}\frac{a^n}{n}$ 绝对收敛;当 $|a|>1$ 时,级数 $\displaystyle\sum_{n=1}^{\infty}\frac{a^n}{n}$ 发散;

当 $a=1$ 时,原级数变为调和级数 $\sum\limits_{n=1}^{\infty}\dfrac{1}{n}$ 发散;当 $a=-1$ 时,原级数变为交错级数

$\sum\limits_{n=1}^{\infty}\dfrac{(-1)^{n}}{n}$ 收敛.

综上得,在 $-1\leqslant a<1$,级数 $\sum\limits_{n=1}^{\infty}\dfrac{a^{n}}{n}$ 收敛;在 $a<-1$ 或 $a\geqslant1$,级数 $\sum\limits_{n=1}^{\infty}\dfrac{a^{n}}{n}$ 都发散.

* *

重要提醒

如果由比值检验法或根值检验法判定了级数 $\sum\limits_{n=1}^{\infty}|u_{n}|$ 发散(该级数

通项的极限为 $\pm\infty$),那么,任意项的级数 $\sum\limits_{n=1}^{\infty}u_{n}$ 也发散.

* *

7.4　检验法的使用秘诀——什么时候用什么

关于级数收敛与否的检验法还有很多很多,我们没有把它们都写出来,是因为用起来不如现有的方法顺手.一旦手上有了多套检验法,还需要在这些检验法中做出选择(可用的也不止一种).若是不知道何时该用哪一个,那就跟完全没有这些方法一样.所以,不但要知道各种检验法,更重要的是能把它们运用得恰如其分.

在要你检验一个级数 $\sum\limits_{n=1}^{\infty}a_{n}$ 的敛散性时,以下是你该做的步骤.

第 1 步　应用通项检验法.如果 $\lim\limits_{n\to\infty}a_{n}\neq0$,则该级数发散,这题就做完啦!如果 $\lim\limits_{n\to\infty}a_{n}=0$,此时需要转入下一步.

第 2 步　先看它是不是几何级数 $\sum\limits_{n=1}^{\infty}aq^{n}$,若是,则当 $|q|<1$ 时收敛,当 $|q|\geqslant1$ 时发散;再看它是不是 p 级数 $\sum\limits_{n=1}^{\infty}\dfrac{1}{n^{p}}$,若是,则当 $p>1$ 时收敛,当 $p\leqslant1$ 时发散.

第 3 步　如果它是正项级数,可以在下列检验法中任选一种来用.

(1)比值检验法(或根值检验法):如果级数的通项中为多个因式的乘积或 n 次幂,首选比值检验法,次选根值检验法;

(2)比较检验法及其极限形式:如果你熟悉数列的极限和不等式的话,通常应选择几何级数或 p 级数,作为用来比较的级数.较为罕见的情形(难题),需要技巧.

第 4 步　如果它是任意项级数(通常还会问你是绝对收敛还是条件收敛),那么:

(1)把第 3 步的做法运用到级数 $\sum\limits_{n=1}^{\infty}|a_{n}|$.若 $\sum\limits_{n=1}^{\infty}|a_{n}|$ 收敛,则 $\sum\limits_{n=1}^{\infty}a_{n}$ 绝对收敛;若由比值检验法或根值检验法判定了级数 $\sum\limits_{n=1}^{\infty}|u_{n}|$ 发散,则任意项的级数 $\sum\limits_{n=1}^{\infty}u_{n}$ 也发散.

（2）交错级数检验法. 若 $\sum\limits_{n=1}^{\infty} a_n$ 收敛，那么结论是条件收敛.

（3）使用性质 2 或性质 3.

下面举例说明，仅指出合适的检验法，详细的过程留给读者了.

（1）$\sum\limits_{n=1}^{\infty} \dfrac{\mathrm{e}^n}{\pi^n} = \sum\limits_{n=1}^{\infty}\left(\dfrac{\mathrm{e}}{\pi}\right)^n$. 它是正项级数，可用的检验法有：根值检验法，比值检验法，几何级数（公比为 $\dfrac{\mathrm{e}}{\pi} < 1$），该级数收敛.

（2）$\sum\limits_{n=1}^{\infty} \dfrac{(-1)^n}{\pi^n}$. 它是任意项级数，而且是交错级数，通项取绝对值后变成了收敛的几何级数（公比为 $\dfrac{1}{\pi} < 1$），该级数为绝对收敛，本身也收敛. 如果你不嫌麻烦的话，也可以用交错级数检验法.

（3）$\sum\limits_{n=1}^{\infty} \dfrac{n!}{(2n)!}$. 它是正项级数，因为通项中阶乘的缘故，无疑要用比值检验法，该级数为收敛.

（4）$\sum\limits_{n=1}^{\infty} \dfrac{\sin n\alpha}{(2n+1)^2}$. 它是任意项级数，通项取绝对值后再用比较检验法. 本题的启发点是 $|\sin n\alpha| \leqslant 1$，于是 $\left|\dfrac{\sin n\alpha}{(2n+1)^2}\right| \leqslant \dfrac{1}{(2n+1)^2}$ 并且 $\sum\limits_{n=1}^{\infty} \dfrac{1}{(2n+1)^2}$ 收敛，故该级数为绝对收敛，本身也收敛.

💡 提 醒

级数敛散性的检验问题，重要的是结果，不在乎你使用了哪种检验法，除非有指定要求. 所以，挑你最拿手的方法搞定它吧！

7.5 幂级数——求收敛级数的和的基本工具

形式为

$$\sum_{n=0}^{\infty} a_n x^n = a_0 + a_1 x + a_2 x^2 + \cdots + a_n x^n + \cdots$$

的级数称为 x 的**幂级数**，其中常数 $a_0, a_1, a_2, \cdots$ 称为幂级数的**系数**.

幂级数的一般形式为

$$a_0 + a_1(x - x_0) + a_2(x - x_0)^2 + \cdots + a_n(x - x_0)^n + \cdots$$

它看上去跟前面的通式不一样，其实只不过是换了一套衣服而已，通过变量代换 $y = x - x_0$ 就可以互相转化. 研究幂级数的目的之一是为了方便地求出收敛级数的和，也为使用计算机"近似"计算提供方法.

幂级数中的 x 值是啥，决定了级数是否仍在控制中，有些 x 会使级数收敛，另一些 x 会使级数发散. 那些使得幂级数收敛的点 x 称为幂级数的收敛点. 显然 $x = 0$ 是 $\sum\limits_{n=0}^{\infty} a_n x^n$ 的收敛点. 幂级数的所有收敛点的集合称为幂级数的**收敛域**.

对于收敛域内的每一点 x, 都有唯一的实数 $\sum\limits_{n=0}^{\infty} a_n x^n$ 与之对应, 这样就得到了收敛域上的一个函数 $S(x)$, 称为幂级数的**和函数**, 记作 $S(x) = \sum\limits_{n=0}^{\infty} a_n x^n$.

* *

非常重要

等比级数
$$\sum_{n=0}^{\infty} a x^n = a + a x + a x^2 + \cdots + a x^n + \cdots$$

是特别的幂级数, 它的和函数为
$$\frac{a}{1-x} = \sum_{n=0}^{\infty} a x^n = a + a x + a x^2 + \cdots + a x^n + \cdots \quad (-1 < x < 1)$$

* *

用比值检验法来考察级数 $\sum\limits_{n=0}^{\infty} a_n x^n$ 的收敛性. 因为
$$\lim_{n \to \infty} \left| \frac{a_{n+1} x^{n+1}}{a_n x^n} \right| = \lim_{n \to \infty} \left| \frac{a_{n+1}}{a_n} \right| |x|$$

记
$$\lim_{n \to \infty} \left| \frac{a_{n+1}}{a_n} \right| = \rho, \qquad (0 \leqslant \rho \leqslant +\infty)$$

那么, 当 $0 < \rho < +\infty$ 时,

若 $|x| < \dfrac{1}{\rho} = R$, 则 $\sum\limits_{n=0}^{\infty} a_n x^n$ 绝对收敛, 从而 $\sum\limits_{n=0}^{\infty} a_n x^n$ 在区间 $(-R, R)$ 内收敛;

若 $|x| > \dfrac{1}{\rho} = R$, 则 $\sum\limits_{n=0}^{\infty} a_n x^n$ 在 $(-\infty, -R) \bigcup (R, +\infty)$ 内发散.

幂级数的收敛域通常是一个区间, 我们把上述的区间 $(-R, R)$ 称为幂级数的**收敛区间**, R 称为**收敛半径**.

当 $\rho = 0$ 时, 幂级数的收敛区间为 $(-\infty, +\infty)$, 此时规定收敛半径 $R = +\infty$;

当 $\rho = +\infty$ 时, 幂级数仅仅在 $x = 0$ 点收敛, 此时规定收敛半径 $R = 0$.

至于在 $x = R$ 和 $x = -R$ 处, 幂级数对应于两个常数项级数 $\sum\limits_{n=0}^{\infty} a_n R^n$ 和 $\sum\limits_{n=0}^{\infty} a_n (-R)^n = \sum\limits_{n=0}^{\infty} (-1)^n a_n R^n$, 需要分别讨论其收敛情况, 最后才可以确定幂级数的收敛域.

例 7.5.1 求下列幂级数的收敛半径、收敛区间及收敛域.

$(1) \sum\limits_{n=1}^{\infty} \dfrac{x^n}{2^n n}$; $\qquad\qquad (2) \sum\limits_{n=0}^{\infty} \dfrac{x^n}{n!}$; $\qquad\qquad (3) \sum\limits_{n=0}^{\infty} n! x^n$.

解 （1）因为 $\lim\limits_{n\to\infty}\left|\dfrac{x^{n+1}}{2^{n+1}(n+1)}\times\dfrac{2^n n}{x^n}\right|=\dfrac{|x|}{2}$，所以，当 $\dfrac{|x|}{2}<1$，即 $|x|<2$ 时，$\sum\limits_{n=1}^{\infty}\dfrac{x^n}{2^n n}$ 收敛；

当 $|x|>2$ 时，$\sum\limits_{n=1}^{\infty}\dfrac{x^n}{2^n n}$ 发散．因此，幂级数 $\sum\limits_{n=1}^{\infty}\dfrac{x^n}{2^n n}$ 的收敛半径 $R=2$，收敛区间为 $(-2,2)$．

又因为当 $x=2$ 时，级数为调和级数 $\sum\limits_{n=1}^{\infty}\dfrac{1}{n}$ 发散；当 $x=-2$ 时，级数 $\sum\limits_{n=1}^{\infty}\dfrac{(-1)^n}{n}$ 收敛，因此，幂级数 $\sum\limits_{n=1}^{\infty}\dfrac{x^n}{2^n n}$ 的收敛域为 $[-2,2)$．

（2）因为

$$\lim\limits_{n\to\infty}\left|\dfrac{x^{n+1}}{(n+1)!}\times\dfrac{n!}{x^n}\right|=\lim\limits_{n\to\infty}\dfrac{|x|}{n+1}=0<1$$

所以，对任意 x，幂级数 $\sum\limits_{n=0}^{\infty}\dfrac{x^n}{n!}$ 都绝对收敛，故幂级数 $\sum\limits_{n=0}^{\infty}\dfrac{x^n}{n!}$ 的收敛域为 $(-\infty,+\infty)$，收敛半径 $R=+\infty$．

（3）因为

$$\lim\limits_{n\to\infty}\left|\dfrac{(n+1)!\,x^{n+1}}{n!\,x^n}\right|=\lim\limits_{n\to\infty}(n+1)|x|=\begin{cases}0, & x=0\\ +\infty, & x\neq 0\end{cases}$$

所以，幂级数 $\sum\limits_{n=0}^{\infty}n!\,x^n$ 的收敛域为一个点的集合 $\{0\}$，收敛半径 $R=0$．

例 7.5.2 求下列幂级数的收敛半径与收敛域．

$$(1)\ \sum_{n=1}^{\infty}\dfrac{(x-2)^n}{3^n n},\qquad (2)\ \sum_{n=1}^{\infty}3^n x^{2n+1},\qquad (3)\ \sum_{n=1}^{\infty}\dfrac{x^{2n}}{4^n n^2}.$$

解 （1）由比值检验法，$\lim\limits_{n\to\infty}\left|\dfrac{(x-2)^{n+1}}{3^{n+1}(n+1)}\times\dfrac{3^n n}{(x-2)^n}\right|=\dfrac{|x-2|}{3}$，

当 $\dfrac{|x-2|}{3}<1$，即 $|x-2|<3$ 时，幂级数 $\sum\limits_{n=1}^{\infty}\dfrac{(x-2)^n}{3^n n}$ 收敛；当 $|x-2|>3$ 时，幂级数 $\sum\limits_{n=1}^{\infty}\dfrac{(x-2)^n}{3^n n}$ 发散．所以，$\sum\limits_{n=1}^{\infty}\dfrac{(x-2)^n}{3^n n}$ 的收敛半径 $R=3$，收敛区间为 $(-1,5)$．

又因为当 $x=-1$ 时，级数 $\sum\limits_{n=1}^{\infty}\dfrac{(-1)^n}{n}$ 收敛；当 $x=5$ 时，级数 $\sum\limits_{n=1}^{\infty}\dfrac{1}{n}$ 发散．因此 $\sum\limits_{n=1}^{\infty}\dfrac{(x-2)^n}{3^n n}$ 的收敛域为 $[-1,5)$．

（2）由比值检验法，$\lim\limits_{n\to\infty}\left|\dfrac{3^{n+1}x^{2n+3}}{3^n x^{2n+1}}\right|=3|x|^2$．

当 $3|x|^2<1$，即 $|x|<\dfrac{1}{\sqrt{3}}$ 时，幂级数 $\sum\limits_{n=1}^{\infty}3^n x^{2n+1}$ 收敛；当 $|x|>\dfrac{1}{\sqrt{3}}$ 时，幂级数 $\sum\limits_{n=1}^{\infty}3^n x^{2n+1}$ 发散．所以，该幂级数 $\sum\limits_{n=1}^{\infty}3^n x^{2n+1}$ 的收敛半径 $R=\dfrac{1}{\sqrt{3}}$，收敛区间为 $\left(-\dfrac{1}{\sqrt{3}},\dfrac{1}{\sqrt{3}}\right)$．

又因为当 $x=\pm\dfrac{1}{\sqrt{3}}$ 时，级数 $\sum\limits_{n=1}^{\infty}\dfrac{1}{\sqrt{3}}$ 与级数 $\sum\limits_{n=1}^{\infty}(-1)\dfrac{1}{\sqrt{3}}$ 均发散，因此，$\sum\limits_{n=1}^{\infty}3^n x^{2n+1}$ 的收敛域为 $\left(-\dfrac{1}{\sqrt{3}},\dfrac{1}{\sqrt{3}}\right)$．

（3）由比值检验法，$\lim\limits_{n\to\infty}\left|\dfrac{x^{2n+2}}{4^{n+1}(n+1)^2}\times\dfrac{4^n n^2}{x^{2n}}\right|=\dfrac{|x|^2}{4}$.

当 $\dfrac{|x|^2}{4}<1$，即 $|x|<2$ 时，幂级数收敛；当 $|x|>2$ 时，幂级数发散. 所以，该幂级数的收敛半径 $R=2$，收敛区间为 $(-2,2)$.

又因为当 $x=\pm2$ 时，级数 $\sum\limits_{n=1}^{\infty}\dfrac{1}{n^2}$ 收敛，因此，幂级数 $\sum\limits_{n=1}^{\infty}\dfrac{x^{2n}}{4^n n^2}$ 的收敛域为 $[-2,2]$.

7.5.1 幂级数的运算

定理 7.5.1（幂级数的加法） 设 $f(x)=\sum\limits_{n=0}^{\infty}a_n x^n$，$g(x)=\sum\limits_{n=0}^{\infty}b_n x^n$ 是两个收敛幂级数，它们的收敛半径分别是 R_1 与 R_2. 那么

$$f(x)\pm g(x)=\sum_{n=0}^{\infty}a_n x^n\pm\sum_{n=0}^{\infty}b_n x^n=\sum_{n=0}^{\infty}(a_n\pm b_n)x^n,$$

收敛半径 $R=\min\{R_1,R_2\}$；特殊情况 $(a_n\pm b_n=0)$ 时，$R=+\infty$.

定理 7.5.2（和函数连续性） 如果幂级数 $\sum\limits_{n=0}^{\infty}a_n x^n$ 的收敛半径 $R>0$，则和函数 $S(x)$ 在收敛区间 $(-R,R)$ 内连续. 即对于任意 $x_0\in(-R,R)$，有

$$\lim_{x\to x_0}S(x)=\lim_{x\to x_0}\sum_{n=0}^{\infty}a_n x^n=\sum_{n=0}^{\infty}a_n x_0^n=S(x_0)$$

定理 7.5.3（逐项微分） 若幂级数 $\sum\limits_{n=0}^{\infty}a_n x^n$ 的收敛半径 $R>0$，则和函数 $S(x)$ 在收敛区间 $(-R,R)$ 内可导，且可逐项求导

$$S'(x)=\left(\sum_{n=0}^{\infty}a_n x^n\right)'=\sum_{n=0}^{\infty}(a_n x^n)'=\sum_{n=1}^{\infty}na_n x^{n-1}\quad x\in(-R,R)$$

定理 7.5.4（逐项积分） 若幂级数 $\sum\limits_{n=0}^{\infty}a_n x^n$ 的收敛半径 $R>0$，则和函数 $S(x)$ 在收敛区间 $(-R,R)$ 内可积，且可逐项积分

$$\int_0^x S(t)\mathrm{d}t=\int_0^x\left[\sum_{n=0}^{\infty}a_n t^n\right]\mathrm{d}t=\sum_{n=0}^{\infty}\int_0^x a_n t^n\mathrm{d}t=\sum_{n=0}^{\infty}\dfrac{a_n x^{n+1}}{n+1}\quad x\in(-R,R)$$

将某些幂级数通过逐项微分或逐项积分变成等比级数，然后利用等比级数的和函数，反过来求幂级数的和函数. 这样一来，先求出合适的幂级数的和函数，再计算函数值，可以得到某些收敛的数项级数的和.

例如，想要求级数 $\sum\limits_{n=1}^{\infty}\dfrac{(-1)^{n-1}}{n}$ 的和，可考虑先求出幂级数 $\sum\limits_{n=1}^{\infty}\dfrac{x^{n-1}}{n}$ 的和函数 $S(x)$，则 $\sum\limits_{n=1}^{\infty}\dfrac{(-1)^{n-1}}{n}=S(-1)$. 试试看，你的计算结果如何？$\sum\limits_{n=1}^{\infty}\dfrac{(-1)^{n-1}}{n}=\ln2$.

例 7.5.3 求幂级数 $\sum\limits_{n=1}^{\infty}nx^{n-1}$ 的收敛域及和函数，并求级数 $\sum\limits_{n=1}^{\infty}\dfrac{n}{2^n}$ 与 $\sum\limits_{n=1}^{\infty}n\left(\dfrac{1}{3}\right)^{n-1}$ 的和.

解 由于 $\lim\limits_{n\to\infty}\left|\dfrac{(n+1)x^n}{nx^{n-1}}\right|=|x|$. 当 $|x|<1$ 时, 幂级数收敛; 当 $|x|>1$ 时, 幂级数发

散; 当 $x=\pm1$ 时, 级数 $\sum\limits_{n=1}^{\infty}n(\pm1)^n$ 发散, 所以收敛域为 $(-1,1)$.

设和函数 $S(x)=\sum\limits_{n=1}^{\infty}nx^{n-1}$, $x\in(-1,1)$, 求出 $S(x)$ 的表达式.

方法 1 对任意 $x\in(-1,1)$, 从 0 到 x 逐项积分

$$\int_0^x S(t)\,\mathrm{d}t=\sum_{n=1}^{\infty}\int_0^x nt^{n-1}\,\mathrm{d}t=\sum_{n=1}^{\infty}x^n=\frac{1}{1-x}-1=\frac{x}{1-x}$$

两边求导得

$$S(x)=\frac{1}{(1-x)^2}, \quad x\in(-1,1)$$

方法 2

$$S(x)=\sum_{n=1}^{\infty}nx^{n-1}=\sum_{n=1}^{\infty}(x^n)'=\left(\sum_{n=1}^{\infty}x^n\right)'=\left(\frac{1}{1-x}-1\right)'=\frac{1}{(1-x)^2}, \quad x\in(-1,1)$$

最后, 令 $x=\dfrac{1}{2}\in(-1,1)$, 得 $S\left(\dfrac{1}{2}\right)=\sum\limits_{n=1}^{\infty}n\left(\dfrac{1}{2}\right)^{n-1}=\dfrac{1}{\left(1-\dfrac{1}{2}\right)^2}=4$. 所以

$$\sum_{n=1}^{\infty}n\left(\frac{1}{2}\right)^n=\frac{1}{2}\sum_{n=1}^{\infty}n\left(\frac{1}{2}\right)^{n-1}=\frac{1}{2}\times4=2$$

令 $x=\dfrac{1}{3}\in(-1,1)$, 得 $S\left(\dfrac{1}{3}\right)=\sum\limits_{n=1}^{\infty}n\left(\dfrac{1}{3}\right)^{n-1}=\dfrac{1}{\left(1-\dfrac{1}{3}\right)^2}=\dfrac{9}{4}$

例 7.5.4 求幂级数 $\sum\limits_{n=0}^{\infty}\dfrac{(-1)^n x^{2n+1}}{2n+1}$ 的收敛域及和函数.

解 因为 $\lim\limits_{n\to\infty}\left|\dfrac{(-1)^{n+1}x^{2n+3}}{2n+3}\times\dfrac{2n+1}{(-1)^n x^{2n+1}}\right|=|x|^2$, 所以收敛半径 $R=1$.

当 $x=1$ 时, 交错级数 $\sum\limits_{n=0}^{\infty}\dfrac{(-1)^n}{2n+1}$ 收敛; 当 $x=-1$ 时, 级数 $\sum\limits_{n=0}^{\infty}\dfrac{(-1)^{n+1}}{2n+1}$ 也收敛. 所以幂

级数 $\sum\limits_{n=0}^{\infty}\dfrac{(-1)^n x^{2n+1}}{2n+1}$ 的收敛域为 $[-1,1]$.

设 $S(x)=\sum\limits_{n=0}^{\infty}\dfrac{(-1)^n x^{2n+1}}{2n+1}$, $x\in[-1,1]$, 逐项求导得

$$S'(x)=\left(\sum_{n=0}^{\infty}\frac{(-1)^n x^{2n+1}}{2n+1}\right)'=\sum_{n=0}^{\infty}\left(\frac{(-1)^n x^{2n+1}}{2n+1}\right)'=\sum_{n=0}^{\infty}(-1)^n x^{2n}$$

利用公比为 $(-x^2)$ 的等比级数, 有

$$S'(x)=\sum_{n=0}^{\infty}(-1)^n x^{2n}=\sum_{n=0}^{\infty}(-x^2)^n=\frac{1}{1+x^2}$$

由于 $S(0)=0$, 从 0 到 x 积分得

$$S(x)=S(x)-S(0)=\int_0^x S'(t)\,\mathrm{d}t=\int_0^x\frac{1}{1+t^2}\,\mathrm{d}t=\arctan x \quad x\in[-1,1]$$

* *

重要提醒

利用公式

$$\frac{1}{1-x} = \sum_{n=0}^{\infty} x^n = 1 + x + x^2 + \cdots + x^n + \cdots \quad (-1 < x < 1)$$

是求幂级数和函数的必经之路. 考虑把幂级数的一般项通过积分或微分转化成 x^n 的样式, 你所做的这些工作, 就是解题的步骤.

* *

例 7.5.5 求和函数 $S(x) = \sum_{n=1}^{\infty} \dfrac{x^n}{n(n+1)}$.

把这个级数的一般项转化成 x^n 的样式, 需要对 $\dfrac{x^{n+1}}{n(n+1)}$ 求两次导数. 所以, 先在

$S(x) = \sum_{n=1}^{\infty} \dfrac{x^n}{n(n+1)}$ 两端同乘以 x $(x \neq 0)$.

解 容易得到 $\sum_{n=1}^{\infty} \dfrac{x^n}{n(n+1)}$ 的收敛域为 $[-1, 1]$.

在原式两端同乘以 x $(x \neq 0)$, 得

$$xS(x) = \sum_{n=1}^{\infty} \frac{x^{n+1}}{n(n+1)}$$

于是有

$$[xS(x)]' = \sum_{n=1}^{\infty} \left(\frac{x^{n+1}}{n(n+1)}\right)' = \sum_{n=1}^{\infty} \frac{x^n}{n}, \qquad [xS(x)]'' = \sum_{n=1}^{\infty} \left(\frac{x^n}{n}\right)' = \sum_{n=1}^{\infty} x^{n-1} = \frac{1}{1-x}$$

故

$$[xS(x)]' = \int_0^x [tS(t)]'' \mathrm{d}t = \int_0^x \frac{1}{1-t} \mathrm{d}t = -\ln(1-x)$$

从而

$$xS(x) = \int_0^x [tS(t)]' \mathrm{d}t = -\int_0^x \ln(1-t) \mathrm{d}t = x + (1-x)\ln(1-x)$$

因此, $x \neq 0$ 时

$$S(x) = 1 + \left(\frac{1}{x} - 1\right)\ln(1-x)$$

上式对 $x = -1$ 也成立.

又, 易见 $x = 0$ 时 $S(0) = 0$, 并且 $x = 1$ 时 $S(1) = \sum_{n=1}^{\infty} \dfrac{1}{n(n+1)} = 1$. 所以

$$S(x) = \begin{cases} 1 + \left(\dfrac{1}{x} - 1\right)\ln(1-x), & x \in [-1, 0) \bigcup (0, 1) \\ 0, & x = 0 \\ 1, & x = 1 \end{cases}$$

注 将原式改写成

$$S(x) = \sum_{n=1}^{\infty} \frac{x^n}{n(n+1)} = \sum_{n=1}^{\infty} \left[\frac{1}{n} - \frac{1}{n+1}\right] x^n = \sum_{n=1}^{\infty} \frac{x^n}{n} - \sum_{n=1}^{\infty} \frac{x^n}{n+1}$$

分别求出右端两个级数的和函数,也可以得到要求的和函数.

例 7.5.6 求和函数 $S(x) = \sum\limits_{n=0}^{\infty} \dfrac{x^n}{n!}$.

解 级数的收敛域为 $(-\infty, +\infty)$.
原式两端求导得

$$S'(x) = \left(\sum_{n=0}^{\infty} \frac{x^n}{n!} \right)' = \sum_{n=1}^{\infty} \frac{x^{n-1}}{(n-1)!}$$

注意到右端恰好为 $S(x)$,即

$$S'(x) = S(x)$$

所以

$$S(x) = \mathrm{e}^x + C, \quad （C \text{ 为任意常数}）$$

又 $S(0) = 1$,从而 $C = 0$. 所以

$$S(x) = \sum_{n=0}^{\infty} \frac{x^n}{n!} = \mathrm{e}^x$$

7.5.2 欧拉公式

在级数展开式 $\mathrm{e}^x = \sum\limits_{n=0}^{\infty} \dfrac{x^n}{n!}$ 中,用复数 $\beta\mathrm{i}$ $(\mathrm{i}^2 = -1)$ 和 $-\beta\mathrm{i}$ $(\mathrm{i}^2 = -1)$ 代替 x 得到

$$\mathrm{e}^{\beta\mathrm{i}} = 1 + (\beta\mathrm{i}) + \frac{(\beta\mathrm{i})^2}{2!} + \frac{(\beta\mathrm{i})^3}{3!} + \cdots = \left(1 - \frac{1}{2!}\beta^2 + \frac{1}{4!}\beta^4 - \cdots \right) + \mathrm{i}\left(\beta - \frac{1}{3!}\beta^3 + \frac{1}{5!}\beta^5 - \cdots \right) \text{和}$$

$$\mathrm{e}^{-\beta\mathrm{i}} = 1 + (-\beta\mathrm{i}) + \frac{(-\beta\mathrm{i})^2}{2!} + \frac{(-\beta\mathrm{i})^3}{3!} + \cdots = \left(1 - \frac{1}{2!}\beta^2 + \frac{1}{4!}\beta^4 - \cdots \right) - \mathrm{i}\left(\beta - \frac{1}{3!}\beta^3 + \frac{1}{5!}\beta^5 - \cdots \right)$$

即

$$\mathrm{e}^{\beta\mathrm{i}} = \cos\beta + \mathrm{i}\sin\beta$$
$$\mathrm{e}^{\beta\mathrm{i}} = \cos\beta - \mathrm{i}\sin\beta$$

一般把它们称为**欧拉公式**,它揭示了复变量指数函数与三角函数之间的联系,在电子、通信等技术领域有广泛的应用.

7.6 泰勒级数——高级的近似技术

终于讲完了级数的收敛性问题. 如果还没有对它们感到厌烦,甚至你喜欢上了级数,真了不起! 你马上就能够领悟到,什么叫做"高级"的近似技术——那些只有计算机才能干的活,究竟是些什么样的东西. 而这时,你将成为计算机的主人.

多项式这种函数,大概是函数中最坦白、最友善的一类了. 想要知道它在某一点的函数值,用一点小学生都会的加法和乘法就可以了. 可是,还有很多不太友善的函数,它们宁愿待在封闭的小屋中,也不太高兴把它的心思告诉人. 你猜对了,这里说的就是 $\sin x$,$\ln x$,e^x,$\arctan x$ 之类的函数,连 $\sin 1$,$\ln 3$,$\mathrm{e}^{\sqrt{2}}$,$\arctan 0.5$ 都不轻易告诉人,更不用说比它们还要复杂的函数的函数值了.

泰勒级数要讨论的,就是把这些不好对付的函数,用友善的多项式替代,从而用容易计算的多项式的值来获得那些难缠的函数的近似值.

想法不错吧!

若函数 $f(x)$ 在 x_0 的某邻域内存在任意阶导数,则可以形式地写出一个幂级数

$$f(x_0) + f'(x_0)(x-x_0) + \frac{f''(x_0)}{2!}(x-x_0)^2 + \cdots + \frac{f^{(n)}(x_0)}{n!}(x-x_0) + \cdots$$

称为 $f(x)$ 在 x_0 的**泰勒级数**,也称为 $(x-x_0)$ 的幂级数.

在 $x_0 = 0$ 的特殊情况下,此时的泰勒级数称为**麦克劳林级数**,即

$$f(0) + f'(0)x + \frac{f''(0)}{2!}x^2 + \cdots + \frac{f^{(n)}(0)}{n!}x^n + \cdots$$

好像在什么地方听说过这两个名字嘛?对了,就是在我们谈论近似值的评估的时候,出现了泰勒多项式,那里是有限项的和.我们已经知道,泰勒多项式能够很好地近似 $f(x)$ 在 x_0 附近的值,但无论多么接近,总归还是近似值.我们迫切想知道精确值,所以最关心的问题是:在什么条件下,

$$f(x) = f(x_0) + f'(x_0)(x-x_0) + \frac{f''(x_0)}{2!}(x-x_0)^2 + \cdots + \frac{f^{(n)}(x_0)}{n!}(x-x_0) + \cdots$$

上式成立时,可说 $f(x)$ 在 x_0 的泰勒级数收敛于 $f(x)$,或者称函数 $f(x)$ 在点 x_0 的某邻域 $U(x_0)$ 内可以展开成泰勒级数.

定理 7.6.1　设函数 $f(x)$ 在点 x_0 的某邻域 $U(x_0)$ 内存在任意阶导数,则 $f(x)$ 在 $U(x_0)$ 内可以展开成泰勒级数的充要条件是 $\lim\limits_{n\to\infty} R_n(x) = 0$,其中余项

$$R_n(x) = \frac{f^{(n+1)}(\xi)}{(n+1)!}(x-x_0)^{n+1}, \quad (\xi \text{ 在 } x \text{ 和 } x_0 \text{ 之间})$$

泰勒级数其实就是一个幂级数

$$\sum_{n=0}^{\infty} a_n (x-x_0)^n = f(x_0) + f'(x_0)(x-x_0) + \frac{f''(x_0)}{2!}(x-x_0)^2 + \cdots + \frac{f^{(n)}(x_0)}{n!}(x-x_0)^n + \cdots$$

它的系数 $a_n = \dfrac{f^{(n)}(x_0)}{n!}$, $\quad (n=0,1,2,\cdots)$.

应当注意,若函数 $f(x)$ 在点 x_0 的某邻域 $U(x_0)$ 内存在任意阶导数,则形式上可以写出泰勒级数

$$f(x_0) + f'(x_0)(x-x_0) + \frac{f''(x_0)}{2!}(x-x_0)^2 + \cdots + \frac{f^{(n)}(x_0)}{n!}(x-x_0)^n + \cdots$$

只有在其收敛域上才有

$$f(x) = f(x_0) + f'(x_0)(x-x_0) + \frac{f''(x_0)}{2!}(x-x_0)^2 + \cdots + \frac{f^{(n)}(x_0)}{n!}(x-x_0)^n + \cdots$$

所以在幂级数展开式中必须表明收敛域.

通过求出函数的各阶导数并研究余项的极限,来写出函数的泰勒展开式,其计算量很大,而且研究余项的极限并不是一件容易的事.所以,记忆下列常用函数的幂级数展开式,并通过代换以及幂级数的逐项积分、逐项微分,获得函数的幂级数展开式是最好的方法.

7.6.1　一些著名的泰勒级数

(1) $\dfrac{1}{1-x} = 1 + x + x^2 + x^3 + \cdots + x^n + \cdots \quad (-1 < x < 1)$,

(2) $e^x = 1 + x + \dfrac{1}{2!}x^2 + \dfrac{1}{3!}x^3 + \cdots + \dfrac{1}{n!}x^n + \cdots \quad (-\infty < x < +\infty),$

(3) $\sin x = x - \dfrac{x^3}{3!} + \dfrac{x^5}{5!} - \cdots + \dfrac{(-1)^{n-1}x^{2n-1}}{(2n-1)!} + \cdots \quad (-\infty < x < +\infty),$

(4) $\ln(1+x) = x - \dfrac{1}{2}x^2 + \dfrac{1}{3}x^3 - \cdots + \dfrac{(-1)^{n-1}}{n}x^n + \cdots \quad (-1 < x \leqslant 1).$

在泰勒级数的收敛域上,可以把它当成函数一样处理,去制造和导出其他函数的幂级数展开式.

7.6.2 函数展开成幂级数举例

例 7.6.1 将 e^{x^2} 和 a^x 展开成 x 的幂级数.

解 将 e^t 展开式中的 t 代换成 x^2,那么

$$e^{x^2} = 1 + x^2 + \frac{x^4}{2!} + \frac{x^6}{3!} + \cdots + \frac{x^{2n}}{n!} + \cdots, \quad x \in (-\infty, +\infty)$$

因为 $a^x = e^{x\ln a}$,所以将 e^t 展开式中的 t 代换成 $x\ln a$,那么

$$a^x = e^{x\ln a} = 1 + x\ln a + \frac{(x\ln a)^2}{2!} + \frac{(x\ln a)^3}{3!} + \cdots + \frac{(x\ln a)^n}{n!} + \cdots$$

收敛域为 $x \in (-\infty, +\infty)$.

例 7.6.2 将 $\cos x$ 展开成麦克劳林级数.

解 在 $\sin x$ 的展开式

$$\sin x = \sum_{n=0}^{\infty} \frac{(-1)^n x^{2n+1}}{(2n+1)!} = 1 - \frac{x^3}{3!} + \frac{x^5}{5!} + \cdots + \frac{(-1)^n x^{2n+1}}{(2n+1)!} + \cdots, \quad -\infty < x < +\infty$$

的两端,关于 x 逐项求导得

$$\cos x = \sum_{n=0}^{\infty} \frac{(-1)^n x^{2n}}{(2n)!} = 1 - \frac{x^2}{2!} + \frac{x^4}{4!} + \cdots + \frac{(-1)^n x^{2n}}{(2n)!} + \cdots, \quad -\infty < x < \infty$$

从 $\sin x$ 与 $\cos x$ 的展开式中可以发现,正弦函数不含 x 的偶次项,余弦函数不含 x 的奇次项.一般来说也有:奇函数的幂级数展开式中不含 x 的偶次项,而偶函数的幂级数展开式中不含 x 的奇次项.

例 7.6.3 将函数 $\arctan x$ 展开成 x 的幂级数.

解 已知等比级数 $\dfrac{1}{1-t} = 1 + t + t^2 + t^3 + \cdots + t^{n-1} + \cdots, \quad t \in (-1, 1)$

令 $t = -x$ 得

$$\frac{1}{1+x} = 1 - x + x^2 - x^3 + \cdots + (-1)^{n-1}x^{n-1} + \cdots, \quad x \in (-1, 1)$$

在上式中,令 $t = -x^2$ 得

$$\frac{1}{1+x^2} = 1 - x^2 + x^4 - x^6 + \cdots + (-1)^{n-1}x^{2n-2} + \cdots, \quad x \in (-1, 1)$$

从 0 到 x 逐项积分得

$$\arctan x = x - \frac{x^3}{3} + \frac{x^5}{5} - \cdots + (-1)^{n-1}\frac{x^{2n-1}}{2n-1} + \cdots, \quad x \in (-1, 1)$$

这是对 $x \in (-1,1)$ 时,用来表示 $\arctan x$ 的麦克劳林级数.应当注意,在 $x = \pm 1$ 时,级数 $\sum\limits_{n=1}^{\infty} \dfrac{(-1)^{n-1} x^{2n-1}}{2n-1}$ 都收敛,所以,仅仅在 $x \in [-1,1]$ 的范围内有

$$\arctan x = x - \frac{x^3}{3} + \frac{x^5}{5} - \cdots + (-1)^{n-1} \frac{x^{2n-1}}{2n-1} + \cdots, \quad x \in [-1,1]$$

成立,虽然 $\arctan x$ 对所有的实数 x 都有定义.

嘿,你有问题吗? 例如,怎样求 $\arctan 3$ 的近似值?

* *

将函数 $\arctan \dfrac{1+x}{1-x}$ 展开成幂级数

$$\arctan \frac{1+x}{1-x} = \frac{\pi}{4} + \sum_{n=0}^{\infty} \frac{(-1)^n x^{2n+1}}{2n+1} \quad (-1 \leqslant x < 1)$$

然后令 $x = \dfrac{1}{2}$,则 $\dfrac{1+x}{1-x} = 3$,于是

$$\arctan 3 = \frac{\pi}{4} + \sum_{n=0}^{\infty} \frac{(-1)^n}{2(2n+1)4^n}$$

* *

例 7.6.4　将函数 e^x 展开成 $(x-a)$ 的幂级数,其中 a 为常数.

解　由于 $e^x = e^{a+x-a} = e^a \cdot e^{x-a}$,已知

$$e^x = 1 + x + \frac{x^2}{2!} + \cdots + \frac{x^n}{n!} + \cdots, \quad -\infty < x < +\infty$$

所以

$$e^{x-a} = 1 + (x-a) + \frac{(x-a)^2}{2!} + \cdots + \frac{(x-a)^n}{n!}, \quad -\infty < x < +\infty$$

于是

$$e^x = e^a \cdot e^{x-a} = e^a \left[1 + (x-a) + \frac{(x-a)^2}{2!} + \cdots + \frac{(x-a)^n}{n!} + \cdots \right]$$

收敛域为 $x \in (-\infty, +\infty)$.

例 7.6.5　将函数 $\dfrac{1}{2-x-x^2}$ 展开成 x 幂级数.

解　$\dfrac{1}{2-x-x^2} = \dfrac{1}{(1-x)(2+x)} = \dfrac{1}{3} \left(\dfrac{1}{1-x} + \dfrac{1}{2+x} \right)$,由于

$$\frac{1}{1-x} = 1 + x + x^2 + x^3 + \cdots + x^{n-1} + \cdots, \quad -1 < x < 1$$

而

$$\frac{1}{2+x} = \frac{1}{2} \times \frac{1}{1+\frac{x}{2}} = \frac{1}{2} \left[1 - \frac{x}{2} + \frac{x^2}{2^2} + \cdots + (-1)^{n-1} \frac{x^{n-1}}{2^{n-1}} + \cdots \right]$$

$$= \frac{1}{2} - \frac{x}{2^2} + \frac{x^2}{2^3} + \cdots + (-1)^{n-1} \frac{x^{n-1}}{2^n} + \cdots, \quad -2 < x < 2$$

所以

$$\frac{1}{2 - x - x^2} = \frac{1}{3} \left(\frac{1}{1-x} + \frac{1}{2+x} \right)$$

$$= \frac{1}{3} \left[\frac{3}{2} + (1 - \frac{1}{2^2})x + (1 + \frac{1}{2^3})x^2 + (1 - \frac{1}{2^4})x^3 + \cdots + \left(1 + \frac{(-1)^{n-1}}{2^n} \right) x^{n-1} + \cdots \right],$$

$$(-1 < x < 1)$$

第8章 微分方程

在许多情况下,直接找出变量之间的函数关系是比较困难的.然而,在一定的假设条件下,利用一些已知的定律,可以列出包含有要找的函数及其导数满足的方程,这就是所谓的**微分方程**.通常把一元函数及其导数满足的微分方程叫做**常微分方程**.利用积分方法从微分方程求出未知函数的过程叫做**解微分方程**.

我们已经知道,解决积分问题有很多的困难.所以,尽管微分方程的问题伴随着微积分的产生就出现了,可是至今能够解出的微分方程类型很少.这里主要介绍一些比较完善的结果.简单地讲,按照指定的模式,套用解题方法就足够了.在什么山上唱什么歌嘛!

8.1 微分方程的概念及示例

微分方程必须包含未知函数 y 的导数,一般的形式如下:
$$F(x, y, y', \cdots, y^{(n)}) = 0$$
其中,未知函数 y 的最高阶导数的阶数称为**微分方程的阶**.

如果一个函数 $y = f(x)$(可能是由一个二元方程所确定的隐函数)使得上式成为恒等式,则称之为**微分方程的一个解**,函数的图形称之为**解曲线或积分曲线**.

通常满足微分方程的函数有无穷多个,这时微分方程的解中含有任意常数.把含有任意常数并且任意常数的个数和微分方程的阶相同的解称为微分方程的**通解**.

 警 告

微分方程的**通解**与全体解不是一回事,通解可理解为通用的解.

为了确定通解中的任意常数,需要一些条件.

对于一阶微分方程 $y' = f(x, y)$,定解条件通常是 $y|_{x_0} = y_0$,其中 x_0, y_0 是已知的.

对于二阶微分方程 $y'' = f(x, y, y')$,定解条件通常是 $y|_{x_0} = y_0, y'|_{x_0} = y'_0$,其中 x_0, y_0, y'_0 是已知的.

上述条件称为**初始条件**,而确定满足初始条件的解(称为**特解**)的问题叫做**初值问题**,经常将微分方程与初始条件合写在一起.例如

$$\text{初值问题} \begin{cases} y'' = f(x, y, y') \\ y|_{x_0} = y_0 \\ y'|_{x_0} = y'_0 \end{cases}$$

例 8.1.1(指数增长模型) 由物理学知识可知,放射性物质铀中的铀原子含量 $M(t)$ 随着时间变化减少的速率和铀原子含量成正比例关系.假设比例系数为 λ,开始时刻 $t = 0$ 的铀

原子含量为 M_0，于是寻找 $M(t)$ 的变化规律就是解决初值问题

$$\begin{cases} \dfrac{\mathrm{d}M}{\mathrm{d}t} = \lambda M \\[2mm] M|_{t=0} = M_0 \end{cases}$$

例 8.1.2（指数增长模型） 将上例中 $M(t)$ 看作某生物种群的数量. 一般情况下，生物种群数量的增长受到食物、居住空间等称为环境压力的限制，修改模型为

$$\begin{cases} \dfrac{\mathrm{d}M}{\mathrm{d}t} = \lambda M - \mu M^2 \\[2mm] M|_{t=0} = M_0 \end{cases} \qquad (\text{其中常数 } \lambda > 0, \mu > 0)$$

这个方程称为 Logistic 方程，它的积分曲线是 S 形的. 大量的经济学模型也以该方程为基础.

例 8.1.3（振动方程） 在一端固定的弹簧下端挂一个质量为 m 的物体，取平衡位置 O 为坐标原点，y 轴铅直向下，如图 8-1 所示.

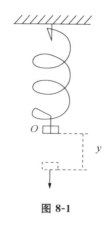

图 8-1

假设给予物体以初始速度 v_0 使之离开平衡位置，然后任其在弹簧恢复力和介质阻力作用下自由振动. 要确定物体的位置 y 随时间的变化规律 $y(t)$.

已知弹性恢复力为 $-ky$，其中 k 为弹簧的弹性系数，负号表示弹性恢复力的方向与物体位移的方向相反；同时，由物理实验知道，物体运动速度不大时，介质的阻力 R 的大小与运动速率成比例，设比例系数为 μ，其方向与运动方向相反，那么 $R = -\mu \dfrac{\mathrm{d}y}{\mathrm{d}t}$. 物体在运动中受力为 $-ky - \mu \dfrac{\mathrm{d}y}{\mathrm{d}t}$. 根据牛顿第二定律得

$$m \frac{\mathrm{d}^2 y}{\mathrm{d}t^2} = -ky - \mu \frac{\mathrm{d}y}{\mathrm{d}t} \qquad \text{初始条件为 } y|_{t=0} = 0, \ y'|_{t=0} = v_0$$

这是一个二阶常微分方程，常称为**自由振动方程**.

8.2　特殊类型微分方程的解法

8.2.1　可分离变量的一阶微分方程

可分离变量的一阶微分方程是形如

$$g(y)\mathrm{d}y = f(x)\mathrm{d}x$$

的微分方程, 它既可以看作以 x 为自变量, y 为因变量的方程, 也可以看作以 y 为自变量, x 为因变量的方程.

这类方程通过两边同时积分的方法可以求出它的通解.

例 8.2.1　解决初值问题

$$\begin{cases} \dfrac{\mathrm{d}M}{\mathrm{d}t} = \lambda M \\ M\mid_{t=0} = M_0 \end{cases}$$

解　分离变量后方程为 $\dfrac{\mathrm{d}M}{M} = \lambda \mathrm{d}t$, 两边积分得 $\ln M = \lambda t + \ln C$ (这里把积分常数写成 $\ln C$, 是为了 $M(t)$ 的表达式简单, 在解微分方程时, 经常作类似的处理), 即

$$M(t) = C\mathrm{e}^{\lambda t}$$

将初始条件代入上式可得 $C = M_0$, 故 $M(t) = M_0 \mathrm{e}^{\lambda t}$, 它是指数函数, 当 $\lambda > 0$ 时, $M(t)$ 单调增; 当 $\lambda < 0$ 时, $M(t)$ 单调减.

指数增长模型被用于描述短时期内大肆爆发或消亡的自然现象.

8.2.2　可转换成分离变量方程的一阶微分方程

形如

$$\frac{\mathrm{d}y}{\mathrm{d}x} = \varphi\left(\frac{y}{x}\right)$$

的方程称为**齐次方程**.

可以通过变量替换 $u = \dfrac{y}{x}$ 转化成关于 u 和 x 的分离变量方程.

事实上, 因为 $y = ux$, 故 $\dfrac{\mathrm{d}y}{\mathrm{d}x} = u + x \cdot \dfrac{\mathrm{d}u}{\mathrm{d}x}$, 代入原方程得

$$x \cdot \frac{\mathrm{d}u}{\mathrm{d}x} = \varphi(u) - u$$

它是关于 u 和 x 的分离变量方程, 解出 u 后, 再利用 $y = ux$ 即可得原方程的解.

例 8.2.2　解方程 $(xy - y^2)\mathrm{d}x - (x^2 - 2xy)\mathrm{d}y = 0$.

解　原方程变形为

$$\frac{\mathrm{d}y}{\mathrm{d}x} = \frac{xy - y^2}{x^2 - 2xy} = \frac{\dfrac{y}{x} - \left(\dfrac{y}{x}\right)^2}{1 - 2\left(\dfrac{y}{x}\right)}$$

令 $u=\dfrac{y}{x}$，则原方程变为 $x\cdot\dfrac{\mathrm{d}u}{\mathrm{d}x}=\dfrac{u-u^2}{1-2u}-u=\dfrac{u^2}{1-2u}$，即

$$\frac{1-2u}{u^2}\mathrm{d}u=\frac{1}{x}\mathrm{d}x$$

两边积分得

$$\frac{1}{u}+2\ln|u|=-\ln|x|+C$$

代换 $u=\dfrac{y}{x}$ 后得原方程的隐式通解

$$\frac{x}{y}+2\ln\left|\frac{y}{x}\right|+\ln|x|=C$$

易见 $y=0$ 也是方程的解，它不包含在通解中.

 注　意

  形如

$$\frac{\mathrm{d}x}{\mathrm{d}y}=\psi\left(\frac{x}{y}\right)$$

的方程是另一种样式的齐次方程，只不过把 x 看成 y 的函数而已，解法类似.

8.2.3　一阶线性微分方程

  形如

$$\frac{\mathrm{d}y}{\mathrm{d}x}+p(x)y=q(x) \tag{8-1}$$

的微分方程叫做**一阶线性微分方程**.

  它的特点是对于未知函数及其导数都是一次的. 可以看出，若 $q(x)=0$，则方程(8-1)是分离变量的，而且方程

$$\frac{\mathrm{d}y}{\mathrm{d}x}+p(x)y=0 \tag{8-2}$$

的通解为

$$y=C\mathrm{e}^{-\int p(x)\mathrm{d}x}$$

这里用 $\displaystyle\int p(x)\mathrm{d}x$ 表示 $p(x)$ 的一个原函数.

  一般把方程(8-2)叫做方程(8-1)对应的齐次方程(应注意与上一节的区别)，把方程(8-1)叫做非齐次方程.

  两个方程的区别只在于 $q(x)$ 是否为零. 所以从方程(8-2)的通解中猜测：把常数 C 换成某个函数 $u(x)$，或许 $y=u(x)\mathrm{e}^{-\int p(x)\mathrm{d}x}$ 会是方程(8-1)的解，试试看有没有合适的函数 $u(x)$ 满足要求.

  把 $y=u(x)\mathrm{e}^{-\int p(x)\mathrm{d}x}$ 代入方程(8-1)化简可得

$$u'(x)=q(x)\mathrm{e}^{\int p(x)\mathrm{d}x}$$

积分得

$$u(x) = \int q(x)\, \mathrm{e}^{\int p(x)\mathrm{d}x}\,\mathrm{d}x + C$$

现在发现满足要求的函数 $u(x)$ 有无穷多个.

从上述过程还可知道

$$y = u(x)\mathrm{e}^{-\int p(x)\mathrm{d}x} = \mathrm{e}^{-\int p(x)\mathrm{d}x}\left[\int q(x)\mathrm{e}^{\int p(x)\mathrm{d}x}\,\mathrm{d}x + C\right]$$

是方程(8-1)的通解. 所以,

一阶线性微分方程

$$\frac{\mathrm{d}y}{\mathrm{d}x} + p(x)y = q(x)$$

的通解公式为

$$\boxed{y = C\mathrm{e}^{-\int p(x)\mathrm{d}x} + \mathrm{e}^{-\int p(x)\mathrm{d}x}\int q(x)\mathrm{e}^{\int p(x)\mathrm{d}x}\,\mathrm{d}x}$$

观察方程(8-1)的通解可以发现：其中一部分是方程(8-1)对应的齐次方程(8-2)的通解,另一部分是非齐次方程(8-1)的一个特解. 这种解的结构是线性方程所特有的.

下面的**贝努利方程**是非线性的,通过变量代换可以转化为线性方程求解.

贝努利方程是

$$\frac{\mathrm{d}y}{\mathrm{d}x} + p(x)y = q(x)y^n \qquad\qquad (n \neq 0,1)$$

事实上,用 y^n 除方程两端,得

$$y^{-n}\frac{\mathrm{d}y}{\mathrm{d}x} + p(x)\,y^{1-n} = q(x)$$

即

$$\frac{1}{1-n}\,\frac{\mathrm{d}(y^{1-n})}{\mathrm{d}x} + p(x)y^{1-n} = q(x)$$

令 $z = y^{1-n}$,那么原方程变成了线性微分方程

$$\frac{1}{1-n}\frac{\mathrm{d}z}{\mathrm{d}x} + p(x)z = q(x)$$

可以利用公式得到其通解.

例 8.2.3 求 Logistic 方程 $\dfrac{\mathrm{d}M}{\mathrm{d}t} = \lambda M - \mu M^2$ 的通解.

解 方程两边同除以 M^2,然后,令 $Z = \dfrac{1}{M}$,那么原方程变为

$$\frac{\mathrm{d}z}{\mathrm{d}t} + \lambda z = \mu$$

这个方程的通解是

$$z = \mathrm{e}^{-\int \lambda \mathrm{d}t}\left[\int \mu \mathrm{e}^{\int \lambda \mathrm{d}t}\,\mathrm{d}t\right] = \mathrm{e}^{-\lambda t}\left[\int \mu \mathrm{e}^{\lambda t}\,\mathrm{d}t\right] = \mathrm{e}^{-\lambda t}\left[\frac{\mu}{\lambda}\,\mathrm{e}^{\lambda t} + C\right]$$

于是

$$M(t) = \frac{\lambda}{\lambda\, C\mathrm{e}^{-\lambda t} + \mu}$$

8.3 可降阶的二阶微分方程

一般情况下,高阶微分方程的求解相当困难.对于一些特殊的高阶微分方程,可以利用适当的变换,将其转化为阶数较低的方程来求解.这些方程的类型是下列几种.

(1) 微分方程 $y^{(n)} = f(x)$ 右端只包含自变量 x 的情形.

显然,只要对方程逐次求积分,便可得到包含有 n 个任意常数的通解.

(2) 微分方程 $y'' = f(x, y')$ 右端不显含因变量 y 的情形.

解此种方程的步骤:令 $y' = p(x)$,那么 $y'' = \dfrac{\mathrm{d}p}{\mathrm{d}x}$,原方程变成一阶方程

$$\frac{\mathrm{d}p}{\mathrm{d}x} = f(x, p)$$

求出其通解.设为 $\varphi(x, p, C_1) = 0$,其中 C_1 为积分常数;再把 $y' = p(x)$ 代入,得一阶微分方程 $\varphi(x, y', C_1) = 0$;最后求出原方程的通解.

(3) 微分方程 $y'' = f(y, y')$ 右端不显含自变量 x 的情形.

解此种方程的步骤:令 $y' = p(y)$,注意右端不显含自变量 x,而 $y'' = \dfrac{\mathrm{d}p}{\mathrm{d}y} \cdot \dfrac{\mathrm{d}y}{\mathrm{d}x} = p \dfrac{\mathrm{d}p}{\mathrm{d}y}$,那么原方程变成 $p(y)$ 与 y 的一阶方程

$$p \frac{\mathrm{d}p}{\mathrm{d}y} = f(y, p)$$

求出其通解.设为 $\varphi(y, p, C_1) = 0$,其中 C_1 为积分常数;再把 $y' = p(y)$ 代入一阶微分方程 $\varphi(y, y', C_1) = 0$;最后求出原方程的通解.

例 8.3.1 求 $y'' = (y')^2$ 的通解.

解 令 $y' = p(y)$,那么 $y'' = p \dfrac{\mathrm{d}p}{\mathrm{d}y}$,原方程变成

$$p \frac{\mathrm{d}p}{\mathrm{d}y} = p^2$$

当 $p \neq 0$ 时,此方程的通解为 $\ln|p| = y + C$,即 $p = C_1 \mathrm{e}^y$,其中 $C_1 = \pm \mathrm{e}^C$.再把 $y' = p(y)$ 代入 $p = C_1 \mathrm{e}^y$,得一阶微分方程

$$y' = C_1 \mathrm{e}^y$$

最后求出原方程的通解为 $\mathrm{e}^{-y} + C_1 x + C_2 = 0$.

注意 $p = 0$ 时,对应的解 $y = c$(c 为常数)也包含在通解中.

8.4 线性微分方程解的结构

二阶线性非齐次微分方程的一般形式是

$$y'' + p(x)y' + q(x)y = f(x)$$

对应的齐次方程是

$$y'' + p(x)y' + q(x)y = 0$$

定理 8.4.1 如果函数 $y_1(x)$ 和 $y_2(x)$ 是齐次方程的两个解,那么它们的线性组合,函数 $y = C_1 y_1(x) + C_2 y_2(x)$ (其中 C_1, C_2 是任意常数)也是齐次方程的解.

虽然 $y = C_1 y_1(x) + C_2 y_2(x)$ 形式上有两个任意常数,但它不一定是齐次方程的通解!要解决这个问题,需要引入多个函数线性无关的概念.

定义 8.4.1 设有 n 个函数 $y_1, y_2, \cdots, y_n$,如果存在不全为零的常数 $k_1, k_2, \cdots, k_n$,使得
$$k_1 y_1 + k_2 y_2 + \cdots + k_n y_n = 0$$
那么称函数 $y_1, y_2, \cdots, y_n$ **线性相关**,否则**线性无关**.

特别地,两个函数 $y_1(x)$ 和 $y_2(x)$ 线性无关,等价于 $\dfrac{y_1(x)}{y_2(x)}$ 不等于常数.

以二阶线性微分方程为例,介绍下面的几个有关线性微分方程解的结构定理,直接验证就可知道定理的正确性.

定理 8.4.2(齐次方程的通解) 如果函数 $y_1(x)$ 和 $y_2(x)$ 是齐次方程的两个线性无关解,那么 $y = C_1 y_1(x) + C_2 y_2(x)$ (其中 C_1, C_2 是任意常数)是齐次方程的通解.

定理 8.4.3(非齐次方程的通解) 如果函数 y^* 是非齐次方程的一个特解,而 $\bar{y} = C_1 y_1(x) + C_2 y_2(x)$ 是齐次方程的通解,那么 $y = C_1 y_1(x) + C_2 y_2(x) + y^*$ 是非齐次方程的通解.

求解线性微分方程的步骤是:
(1) 求出对应的齐次方程的通解;
(2) 设法找到非齐次方程的一个特解;
(3) 按照解的结构定理写出非齐次方程的通解.
有时候,可利用下面的定理寻找非齐次方程的特解.

定理 8.4.4(线性微分方程解的叠加原理) 如果非齐次方程的右端函数 $f(x) = f_1(x) + f_2(x)$,并且函数 y_1^* 和 y_2^* 分别是方程
$$y'' + p(x)y' + q(x)y = f_1(x)$$
$$y'' + p(x)y' + q(x)y = f_2(x)$$
的解,那么 $y_1^* + y_2^*$ 是方程 $y'' + p(x)y' + q(x)y = f(x)$ 的一个特解.

上述定理可以推广到三阶以上的线性微分方程,不再赘述.

8.5　二阶常系数线性微分方程——最容易解的方程

虽然已经知道了线性微分方程解的结构,但是,要具体求出一般的二阶以上微分方程的解,困难是相当大的. 我们仅仅介绍特殊的二阶常系数线性微分方程的解法.

8.5.1　二阶常系数、线性、齐次微分方程的解法

二阶常系数、线性、齐次微分方程形如
$$y'' + py' + qy = 0 \quad (\text{其中 } p, q \text{ 为常数,并且不全为零})$$

可以看出,若函数 y 满足方程,则未知函数 y 及其一阶、二阶导数必须含有公因式.还记得求导数时性格最乖巧的函数吗?

首先联想到,函数 e^x 可能会是方程的解.试试看,若 e^x 满足方程,则 $1+p+q=0$.这就对方程的系数有了限制.那么,用 e^{rx} 尝试,把 e^{rx} 代入方程,化简后得 $(r^2+pr+q)e^{rx}=0$.现在发现,只要 r 是代数方程 $r^2+pr+q=0$ 的根,那么函数 e^{rx} 就是微分方程的解.

根据二阶常系数线性齐次微分方程 $y''+py'+qy=0$ 写出来的代数方程

$$r^2+pr+q=0$$

称为微分方程的**特征方程**,它的根称为**特征根**.

下面的讨论将说明,利用特征方程的根,就可以顺利写出二阶常系数线性齐次微分方程的通解,此时的解方程当然是最简单的了.

1. 当特征方程有两个不相等的实根 r_1, r_2(此时 $\Delta=b^2-4ac=p^2-4q>0$)的情况

由于函数 e^{r_1x} 和 e^{r_2x} 是方程的两个线性无关的解,所以方程的通解为

$$y=C_1e^{r_1x}+C_2e^{r_2x} \quad (\text{其中 } C_1, C_2 \text{ 是任意常数})$$

2. 当特征方程有两个相等的实根(此时 $\Delta=b^2-4ac=p^2-4q=0, r_{1,2}=r=-\dfrac{p}{2}$)的情况

函数 e^{rx} 就是微分方程的一个解,为了写出通解,需要找出另一个与 e^{rx} 线性无关的解.可以设要求的解为 $C(x)e^{rx}$,然后找出合适的 $C(x)\neq$ 常数.

把 $C(x)e^{rx}$ 代入方程化简后得

$$C''(x)+(2r+p)C'(x)+(r^2+pr+q)C(x)=0$$

注意到 r 是特征方程的二重根,则 $2r+p=0$, $r^2+pr+q=0$.所以上式变成了

$$C''(x)=0$$

选取 $C(x)=x$,即 xe^{rx} 就是要找的一个与 e^{rx} 线性无关的解.所以方程的通解为

$$y=C_1e^{rx}+C_2xe^{rx} \quad (\text{其中 } C_1, C_2 \text{ 是任意常数})$$

3. 当特征方程有一对共轭的复数根 $r_1=a+bi$, $r_2=a-bi$ 的情况

因为 $r_1\neq r_2$,故我们可以按照情形 1 写出微分方程的通解

$$y=C_1e^{(a+bi)x}+C_2e^{(a-bi)x} \quad (\text{其中 } C_1, C_2 \text{ 是任意常数})$$

这里出现了复值函数,需要利用**欧拉公式** $e^{i\theta}=\cos\theta+i\sin\theta$, $e^{-i\theta}=\cos\theta-i\sin\theta$ 转换成实值函数.

令

$$y_1=e^{(a+bi)x}=e^{ax}(\cos bx+i\sin bx)$$

$$y_2=e^{(a-bi)x}=e^{ax}(\cos bx-i\sin bx)$$

它们是方程的解,所以

$$y_1^*=\frac{1}{2}(y_1+y_2)=e^{ax}\cos bx$$

$$y_2^*=\frac{1}{2i}(y_1-y_2)=e^{ax}\sin bx$$

都是方程的解,并且线性无关,所以方程的通解为

$$y=C_1e^{ax}\cos bx+C_2e^{ax}\sin bx \quad (\text{其中 } C_1, C_2 \text{ 是任意常数})$$

至此,二阶常系数齐次线性微分方程的通解问题,只要求解特征方程就可以完全解决了.具体给定的方程就是上述三种情况之一.

8.5.2　二阶常系数、线性、非齐次微分方程的解法

根据线性方程解的结构,只要设法找出一个特解即可.

现有的求二阶常系数、线性、非齐次微分方程

$$y'' + py' + qy = f(x) \qquad \text{(其中 } p, q \text{ 是不全为零的常数,} f(x) \neq 0)$$

特解的方法是:按待定形式试验法.也就是针对两种情形的非齐次项 $f(x)$,将特定形式的特解(其中有常数待定)代入原方程,把待定的常数求出来,最后得到特解的方法.

有办法解决的情形下,非齐次项的形式有两个.

1. $f(x) = e^{rx} P_n(x)$,其中 $P_n(x)$ 是一个 n 次多项式,r 为实数

预设二阶常系数线性非齐次微分方程特解的形式如下.

$f(x)$ 的形式	r 与特征根的关系	待定特解 $y*$ 的形式,其中 $Q_n(x) = \sum\limits_{i=0}^{n} A_i x^i$,$A_i$ 为待定系数
$e^{rx} P_n(x)$	r 不是特征根	$y^* = e^{rx} Q_n(x)$
	r 是一重(单)特征根	$y^* = x e^{rx} Q_n(x)$
	r 是二重特征根	$y^* = x^2 e^{rx} Q_n(x)$

2. $f(x) = e^{ax}[P_n(x)\cos bx + Q_m(x)\sin bx]$,其中 $P_n(x)$ 是一个 n 次多项式,$Q_m(x)$ 是一个 m 次多项式,n, m 不必相同

对于形式为 $e^{ax}[P_n(x)\cos bx + Q_m(x)\sin bx]$ 的 $f(x)$,根据 $a \pm bi$ 与特征根的关系,预设特解的形式如下.

$a \pm bi$ 与特征根的关系	待定特解 $y*$ 的形式
$a \pm bi$ 不是特征根	$y^* = e^{ax}[P_k(x)\cos bx + Q_k(x)\sin bx]$
$a \pm bi$ 是特征根	$y^* = x e^{ax}[P_k(x)\cos bx + Q_k(x)\sin bx]$

其中 $k = \max\{n, m\}$,$P_k(x) = \sum\limits_{i=0}^{k} A_i x^i$,$Q_k(x) = \sum\limits_{i=0}^{k} B_i x^i$,而 $A_i, B_i \quad (i = 0, 1, 2, \cdots, k)$ 为待定系数.

归总起来,求解二阶常系数线性非齐次微分方程的步骤就是:

(1) 求出对应齐次方程的特征根,并写出齐次方程的通解;

(2) 从非齐次方程的 $f(x)$ 的形式中,找出 r 或 $a \pm bi$,按上述表格中的对应情形,设定特解;

(3) 将设定好的特解代入原方程,确定所有的待定系数;

(4) 最后,写出非齐次方程的通解.

例 8.5.1　求方程 $y'' + y = x^2 + x\cos x$ 的通解.

解 对应齐次方程 $y'' + y = 0$ 的特征方程 $r^2 + 1 = 0$ 有共轭复根 $0 \pm i$,齐次方程的通解

$$\tilde{y} = C_1 \cos x + C_2 \sin x$$

下面分别求方程

$$y'' + y = x^2 \tag{8-3}$$

和

$$y'' + y = x \cos x \tag{8-4}$$

的特解.

因为 0 不是方程(8-3)对应齐次方程的特征根,故设方程(8-3)的特解为

$$y_1^* = a x^2 + b x + c$$

代入方程(8-3)化简得 $2a + ax^2 + bx + c = x^2$. 所以 $a = 1$, $b = 0$, $c = -2$,即 $y_1^* = x^2 - 2$;

又因为 $0 \pm i$ 是方程(8-4)对应齐次方程的特征根,故设方程(8-4)的特解为

$$y_2^* = x[(b_1 x + c_1) \cos x + (b_2 x + c_2) \sin x]$$

代入方程(8-4)化简得

$$2(2 b_2 x + b_1 + c_2) \cos x - 2(2 b_1 x - b_2 + c_1) \sin x = x \cos x$$

所以 $c_2 = b_1 = 0$, $c_1 = b_2 = \dfrac{1}{4}$,于是 $y_2^* = \dfrac{x}{4}(\cos x + x \sin x)$.

根据叠加原理,$y_1^* + y_2^*$ 是原方程的一个特解,于是,原方程的通解为

$$y = C_1 \cos x + C_2 \sin x + x^2 - 2 + \frac{x}{4}(\cos x + x \sin x)$$

例 8.5.2 求满足方程 $f(x) = \sin x - \displaystyle\int_0^x (x - t) f(t) \mathrm{d}t$ 的函数 $f(x)$.

右端出现了未知函数的积分,其中的积分上限还是变量,这使得方程两边同时求积分的方法派不上用场. 麻烦的地方在哪里就盯上它! 想办法把未知函数的积分中的积分上限变量 x 搞下来,这需要用到积分上限函数的求导方法,特别要注意,积分

$$\int_0^x (x - t) f(t) \mathrm{d}t = x \int_0^x f(t) \mathrm{d}t - \int_0^x t f(t) \mathrm{d}t$$

才可以使用积分上限函数的求导公式.

解 原方程改写为

$$f(x) = \sin x - x \int_0^x f(t) \mathrm{d}t + \int_0^x t f(t) \mathrm{d}t \tag{8-5}$$

在方程(8-5)两端关于 x 求导,得

$$f'(x) = \cos x - \int_0^x f(t) \mathrm{d}t \tag{8-6}$$

继续在方程(8-6)两端关于 x 求导,得

$$f''(x) = -\sin x - f(x) \tag{8-7}$$

这是一个二阶线性常系数非齐次微分方程. 为了确定方程的解,还需要定解条件.

在方程(8-5)和方程(8-6)中令 $x = 0$,得到 $f(0) = 0$, $f'(0) = 1$. 最后,问题变成了解初值问题.

$$\begin{cases} f''(x) + f(x) = -\sin x \\ f(0) = 0 \\ f'(0) = 1 \end{cases}$$

方程(8-7)的特征方程 $r^2+1=0$,其根是 $r_1=\mathrm{i}$,　　$r_2=-\mathrm{i}$. 按照非齐次项 $-\sin x$ 的样子,应设特解

$$f^* = x(a\cos x + b\sin x)$$

将 f^* 代入非齐次方程(8-7),比较系数后得 $a=\dfrac{1}{2}$,　$b=0$,即

$$f^* = \frac{1}{2}x\cos x$$

从而,方程(8-7)的通解为 $f(x)=C_1\cos x+C_2\sin x+\dfrac{1}{2}x\cos x$,利用初始条件 $f(0)=0$,

$f'(0)=1$,解得 $C_1=0$,　$C_2=\dfrac{1}{2}$. 最后要求的函数为

$$f(x) = \frac{1}{2}(x\cos x + \sin x)$$

第三部分　多变元函数的微分、积分学

　　只有一个自变量的函数是一元函数. 在更多的实际问题中, 往往是一个变量依赖于两个或以上的自变量, 这些函数就是多变元函数. 和一元函数的微分、积分学讨论的模式一样, 类似有多变元函数的微分、积分学. 尽管主要内容仍然是极限、连续、导数、积分等, 但是, 从一元函数到二元函数会产生新的问题, 结论会有一些差异, 故应当予以特别的关注. 好在从二元函数到二元以上的函数可以类推, 所以下面的介绍以二元函数为主.

第 9 章　多变元函数的微分学

到目前为止谈过的一元函数的极限、连续、导数、积分等,其中一元函数的图形、单调增减以及极值等问题,已经有了很好的结局.有关一元函数的任何事件都只牵涉两个变量 x 和 y,也就是局限在二维世界.可我们所居住的是实实在在的三维世界,在这里,每一样东西,包括我们自己都显示出长度、宽度和高度.要用数学来描述我们身居其间的"家"——高低起伏的山峦、奇形怪状的物体、所有感动你的一切,当然得提升立场,来到这触手可及的感官世界,称之为三维空间,正式的记法是 $\mathbf{R}^3$.从现在起,一个点不再只有两个坐标值,而是三个.不错! 就用 (x,y,z) 表示.

9.1　三维空间——现实的世界

坐标空间即坐标系,是为了解决一些问题而建立的参照系.一般根据不同的问题对象采用合适的坐标系,因此有多种形式的坐标系.解析几何方法把几何元素(向量或点)与有序实数组对应起来,把图形与方程或不等式组对应起来,从而可以用代数方法研究几何问题.

三条两两垂直的都以 O 为原点的数轴,它们构成一个空间直角坐标系,如图 9-1 所示.

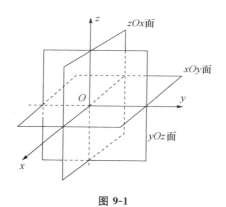

图 9-1

三条坐标轴中的任意两条可以确定一个平面,分别称为 xOy 坐标面、yOz 坐标面、zOx 坐标面.三个坐标面把整个空间分成八个部分,按逆时针方向数起,在 xOy 坐标面以上的分别称为第一、第二、第三、第四卦限,在 xOy 坐标面以下的分别称为第五、第六、第七、第八卦限.在坐标轴、坐标面上,点的坐标各有一定的特征.例如,xOy 坐标面上的点的坐标为 $(x,y,0)$,而 z 轴上点的坐标为 $(0,0,z)$ 等.某个元素在空间中的位置,相对于坐标面和坐标轴的方向,可描述成上方、下方,前方、后方,右方、左方.通常若某点的坐标中 $z>0$ 或 $z<0$,就说该点在 xOy 坐标面的上方或下方;若 $x>0$ 或 $x<0$,就说点在 yOz 坐标面的前方或后方;若 $y>0$ 或 $y<0$,就说点在 zOx 坐标面的右方或左方.

9.1.1　空间中的向量

每当谈到力或速度的时候,就会扯上向量.向量就像一支箭,具有长度和方向.通常把这支箭的尾端放在原点 $O(0,0,0)$,箭尖所在的地方是空间中的某个点 $P(x,y,z)$,连接这两个点的射线就是这支箭在空间中的位置.向量的长度则是从点 O 到点 P 的距离,写出来就是

$$| \overrightarrow{OP} | = \sqrt{x^2 + y^2 + z^2}$$

通常向量表示为 $\overrightarrow{OP} = (x,y,z)$,可看作长方体的斜对角线,其中的 x,y,z 叫做该向量在坐标系下的坐标,如图 9-2 所示.

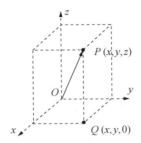

图 9-2

长度为 1 个单位的向量称为**单位向量**,特殊的三个单位向量

$$i = (1,0,0), \quad j = (0,1,0), \quad k = (0,0,1)$$

分别指向正 x 轴,正 y 轴,正 z 轴,而且任何一个向量 $a=(a_1,a_2,a_3)$ 都可以用 i,j,k 来表示成

$$a = a_1 i + a_2 j + a_3 k$$

三维空间中向量的加法与数乘运算,与平面上的向量运算一样,只不过多出一个分量,多写一项而已.

向量的两种运算——**点积**与**叉积**,具有特殊的意义.

设非零向量 $a=(a_1,a_2,a_3)$ 和 $b=(b_1,b_2,b_3)$,它们的**点积**是下面的这个数

$$a \cdot b = a_1 b_1 + a_2 b_2 + a_3 b_3$$

之所以规定这么个东西,是因为若 θ $(0 \leqslant \theta \leqslant \pi)$ 是非零向量 a 和 b 的夹角,则

$$a \cdot b = | a | | b | \cos\theta$$

于是,非零向量 a 和 b 的夹角,可以通过代数运算求出来,即

$$\cos\theta = \frac{a \cdot b}{| a | | b |}$$

从你对这个公式的反应,一般可以看出你对余弦定律了解多少,它是经常与所谓**投影**的概念连接在一起的.需要找出一个向量在另一个向量上的垂直投影,如图 9-3 所示.

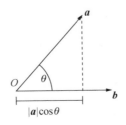

图 9-3

那么

$$|\boldsymbol{a}|\cos\theta = |\boldsymbol{a}|\left(\frac{\boldsymbol{a}\cdot\boldsymbol{b}}{|\boldsymbol{a}||\boldsymbol{b}|}\right) = \frac{\boldsymbol{a}\cdot\boldsymbol{b}}{|\boldsymbol{b}|}$$

重要事实 向量 $\boldsymbol{a}$ 和 $\boldsymbol{b}$ 相互垂直,当且仅当 $\boldsymbol{a}\cdot\boldsymbol{b}=0$.

设非零向量 $\boldsymbol{a}$ 和 $\boldsymbol{b}$,它们的**叉积**是下面的这个向量

$$\boldsymbol{c} = \boldsymbol{a}\times\boldsymbol{b}$$

向量 $\boldsymbol{c}$ 的长度为:$|\boldsymbol{c}|=|\boldsymbol{a}||\boldsymbol{b}|\sin\theta$,其中 θ $(0\leqslant\theta\leqslant\pi)$ 是非零向量 $\boldsymbol{a}$ 和 $\boldsymbol{b}$ 的夹角;向量 $\boldsymbol{c}$ 的方向为:当你的右手四个指头顺着 $\boldsymbol{a}$ 到 $\boldsymbol{b}$ 的次序握拳时,张开的大拇指所指的方向.

当已知非零向量 $\boldsymbol{a}=(a_1,a_2,a_3)$ 和 $\boldsymbol{b}=(b_1,b_2,b_3)$ 时,计算叉积用三阶行列式按照第一行的展开式

$$\boldsymbol{a}\times\boldsymbol{b} = \begin{vmatrix} \boldsymbol{i} & \boldsymbol{j} & \boldsymbol{k} \\ a_1 & a_2 & a_3 \\ b_1 & b_2 & b_3 \end{vmatrix} = (a_2b_3 - a_3b_2)\boldsymbol{i} + (a_3b_1 - a_1b_3)\boldsymbol{j} + (a_1b_2 - a_2b_1)\boldsymbol{k}$$

重要事实 $\boldsymbol{c}=\boldsymbol{a}\times\boldsymbol{b}$ 跟 $\boldsymbol{a}$ 和 $\boldsymbol{b}$ 都垂直.

以非零向量 $\boldsymbol{a}$ 和 $\boldsymbol{b}$ 为相邻两边的三角形面积为

$$A = \frac{1}{2}|\boldsymbol{a}||\boldsymbol{b}|\sin\theta = \frac{1}{2}|\boldsymbol{a}\times\boldsymbol{b}|$$

趁着你还没有厌烦向量这支箭,让它立即带你进入三维世界,聪明的你也许会发现,外面的世界很精彩,但也很无奈.

9.1.2 空间中的平面、直线

到了三维空间谋生,远非在二维平面上那么轻松.就拿一个向量来说,即使固定箭尾在原点,它的箭头也可以指向八个卦限中的任何一处.要是箭头在空中任意挥洒飞舞,描绘出的世界该是多么精彩呀!一个声音在耳边响起:**只要给出一个点和一个方向,就可以得到直线和平面的方程.**

假设直线上的一点是 $P(x_0,y_0,z_0)$,在该直线上任意取另一点 $Q(x,y,z)$.给定的向量 $\boldsymbol{v}=(a,b,c)$ 平行于 $\overrightarrow{PQ}$,则这个向量 $\boldsymbol{v}$ 称为直线的**方向向量**.

运用向量平行的意义得

$$(x-x_0,y-y_0,z-z_0) = t(a,b,c) = (ta,tb,tc) \quad (t\text{ 为参数})$$

把各个分量写出来就得到

$$\begin{cases} x = x_0 + ta \\ y = y_0 + tb \\ z = z_0 + tc \end{cases}$$

称为该直线的**参数式方程**.

当参数 t 的值改变时,点 Q 也会像一只虫子一样沿着直线移动,该直线就是动点 Q 的轨迹.

人生何尝不也是如此?从一个时间点按照既定的方向前进,就决定了他的"生命线".

可以把直线的参数式方程改写成下面的对称式方程

$$\frac{x-x_0}{a}=\frac{y-y_0}{b}=\frac{z-z_0}{c}$$

每个人都应该知道它是怎么来的，问题是这么干想要说明什么吧？是的，我太有才了.

　　直线的对称式方程可以换个写法

$$\begin{cases}\dfrac{x-x_0}{a}=\dfrac{y-y_0}{b}\\[2mm]\dfrac{y-y_0}{b}=\dfrac{z-z_0}{c}\end{cases}$$

这是联立方程组. 其中的每一个都是什么才能说明这个方程组表示的是一条直线呢？对了，就是平面，直线是两个平面的交线.

　　平面的意思指的是平坦，没有起伏，每个地方都一个样. 度量平面的"平坦"，可以取平面上的一点是 $P(x_0,y_0,z_0)$，在该平面上任意另取一点 $Q(x,y,z)$，那么向量 $\overrightarrow{PQ}$ 也躺在平面上. 与前面推导直线方程时的要求不同，这次要求给定的向量 $\boldsymbol{n}=(A,B,C)$ 总是跟向量 $\overrightarrow{PQ}$ 垂直，即 $\overrightarrow{PQ}\perp\boldsymbol{n}$，这个向量 $\boldsymbol{n}$ 称为平面的**法向量**.

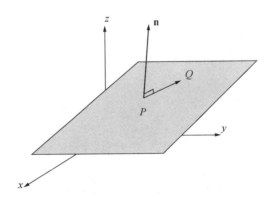

图 9-4

　　运用向量的点积的几何意义 $(x-x_0,y-y_0,z-z_0)\cdot(A,B,C)=0$，把点积写开来就得到

$$A(x-x_0)+B(y-y_0)+C(z-z_0)=0$$

称为该平面的**点法式方程**. 另一个写法

$$Ax+By+Cz+D=0$$

称为该平面的**一般式方程**.

不论你怎样选取点 P,平面的方程都是唯一的.如果给出了一个平面的方程,利用 x, y,z 的系数,正好就可写出平面的法向量.

例 9.1.1　求经过三个点 $P(1,2,3),Q(5,0,1),R(0,4,1)$ 的平面方程.

解　题目中只有要求平面上的三个点,没有法向量 n.当务之急是求出 n 来.由于三个点都在平面上,所以向量 $\overrightarrow{PQ}$ 和向量 $\overrightarrow{PR}$ 也必然都躺在平面上,它们的叉积正好可以当作一个法向量,你应该记得叉积的几何意义吧.于是

$$\overrightarrow{PQ}=(5-1,0-2,1-3)=(4,-2,-2),\quad \overrightarrow{PR}=(0-1,4-2,1-3)=(-1,2,-2),$$

并且

$$n=\overrightarrow{PQ}\times\overrightarrow{PR}=\begin{vmatrix} i & j & k \\ 4 & -2 & -2 \\ -1 & 2 & -2 \end{vmatrix}=8i+10j+6k$$

取点 $P(1,2,3)$ 代入平面的点法式方程,得到

$$8(x-1)+10(y-2)+6(z-3)=0$$

化简后得到所要求的平面方程 $4x+5y+3z=23$.

例 9.1.2　求点 $(-1,2,0)$ 在平面 $x+2y-z+1=0$ 上的投影点的坐标.

解　问题即是找出经过给定的点且垂直于给定平面的直线与给定平面的交点.

取平面的一个法向量 $(1,2,-1)$ 为直线的方向向量,那么,经过点 $(-1,2,0)$ 的直线方程为

$$\frac{x+1}{1}=\frac{y-2}{2}=\frac{z-0}{-1}$$

写成参数式,即 $\begin{cases} x=-1+t \\ y=2+2t \\ z=-t \end{cases}$,代入平面方程,得到 $(t-1)+2(2t+2)-(-t)+1=0$,解出 $t=-\dfrac{2}{3}$.于是投影点的坐标为 $x=-\dfrac{5}{3},\quad y=\dfrac{2}{3},\quad z=\dfrac{2}{3}$.

在求交点的问题中,直线的参数式方程被经常使用.

9.2　三维空间中方程式的图形

对于三维空间中点的几何轨迹,可以用它的坐标满足的方程来表示.动点 (x,y,z) 的坐标满足的三元方程 $F(x,y,z)=0$ 称为曲面的方程,该方程的图形,即满足方程 $F(x,y,z)=0$ 的所有点 (x,y,z) 的集合,叫做**曲面**.

让我们先认识几个常见的曲面.

例 9.2.1（球面）　与定点 $P(x_0, y_0, z_0)$ 保持定长距离 R 的动点 $Q(x, y, z)$ 的轨迹称为球面，定点 $P(x_0, y_0, z_0)$ 叫做球心，定长距离 R 为半径．球面的方程是

$$(x - x_0)^2 + (y - y_0)^2 + (z - z_0)^2 = R^2$$

若是将上式中的括号展开，就可以发现，球面方程有下列特点：它是一个三元二次方程，所有的二次项系数相同，不包含像 xy 或 yz 或 zx 的交叉项．

球面 $x^2 + y^2 + z^2 = R^2$ 在第一卦限的图形如图 9-5 所示．

例 9.2.2（圆锥面）　一条直线 L 绕另一条与之相交的定直线旋转一周所得的曲面叫做圆锥面．xOy 上面的部分如图 9-6 所示．定直线 z 轴为旋转轴，直线 L 称为母线，两直线的夹角 α 称为半顶角，O 为顶点．

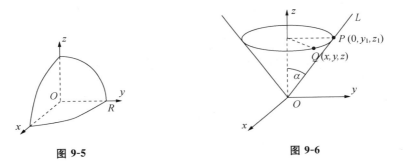

图 9-5　　　　　　　　　图 9-6

解　在 yOz 坐标面上，直线 L 的方程为 $z = y\cot\alpha$．取 L 上任意一点 $P(0, y_1, z_1)$，当 L 绕定直线 z 轴旋转时，点 $P(0, y_1, z_1)$ 转到点 $Q(x, y, z)$，L 上点的 z 坐标保持不变 $z = z_1$，并且 $|y_1| = \sqrt{x^2 + y^2}$．

因为点 $P(0, y_1, z_1)$ 在 L 上，故 $z_1 = y_1\cot\alpha$．于是

$$z = \pm\sqrt{x^2 + y^2}\cot\alpha$$

即

$$z^2 = a^2(x^2 + y^2) \qquad （其中 a = \cot\alpha 为常数）$$

这就是顶点在原点，半顶角为 α 的圆锥面方程．

一般地，求 yOz 坐标面上的曲线 $f(y, z) = 0$ 绕 z 轴旋转得到的曲面（旋转曲面）的方程，可以通过用 $\pm\sqrt{x^2 + y^2}$ 替换 $f(y, z) = 0$ 中的 y 得到，即

$$f(\pm\sqrt{x^2 + y^2}, z) = 0$$

参考图 9-7．

容易发现，以坐标轴为旋转轴产生的旋转曲面，其方程有个特点：三个坐标 x, y, z 中，有两个二次方坐标的系数相同，第三个坐标就是该旋转曲面的旋转轴．

例 9.2.3　在三维空间中，方程 $x^2 + y^2 = 1$ 代表什么样的曲面？

粗心的人肯定会毫不犹豫地说，它是一个圆．然而，在三维空间中，任何点的坐标都有三个 x, y 和 z，方程中有一个变元缺席，其中的 z 若不是休假去了，就可能是为了要躲在家里玩游戏而装病请假，反正它没露面就是了．因此，现在的情况是，z 不知跑到什么地方去了，方程 $x^2 + y^2 = 1$ 图形上的点 (x, y, z) 中，z 坐标不受任何限制，可以是任何值，但 x 和 y 必须

随时满足 $x^2+y^2=1$. 所以,如果点 $(x_0,y_0,0)$ 在图形上,z 坐标为任何值的点 (x_0,y_0,z) 也在图形上,所有的这些点在一条平行于 z 轴的直线上跑上跑下. 以此类推,就是 xOy 坐标面上的圆周,以平行于 xOy 坐标面的方式窜上窜下,最后的图形就是一个圆柱的侧表面,它就是圆柱面,如图 9-8 所示.

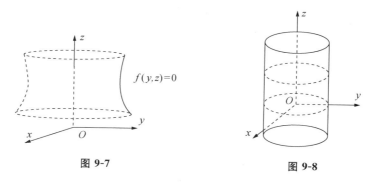

图 9-7　　　　　　　　　　　　　图 9-8

经过这个例子的练习,应该能够发现:可以利用以指定的曲线为基准的平行投影方法来产生**投影柱面**.

认识方程 $F(x,y,z)=0$ 表示的曲面是柱面的方法是:其中有一个变元缺席,缺少的一个变元所指示的东西,就是柱面的母线所平行的坐标轴,它直接地表明了柱面在空间中是"竖立的""平摆的"还是"穿越"纸面的,参考图 9-9.

例 9.2.4(柱面)　一条直线 L 沿指定的曲线 C 平行移动形成的图形叫做柱面,直线 L 叫做柱面的母线,曲线 C 叫做柱面的准线.

平常说到柱面,多半指圆柱或棱柱的表面. 可以想象你扛着一根旗杆,沿着某个平面上指定的曲线行走,那么,旗杆在空中形成的东西就是柱面了. 根据准线的样式,我们有圆柱面、抛物柱面(如图 9-10 所示)、椭圆柱面及双曲柱面等.

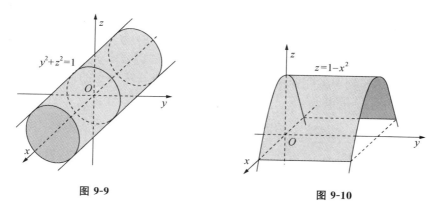

图 9-9　　　　　　　　　　　　　图 9-10

空间中的图形还有数不清的多种样式,它们的组合、拼接形成了我们眼前物体的外表面,如椭球面(如图 9-11 所示)、单叶双曲面(如图 9-12 所示)等. 想要在纸(平面)上把它们描绘出来,麻烦很大. 认识空间图形(曲面、立体)的基本方法是切片**投影**,也就是将它们从三维空间投影到二维平面,用大家熟知的对象来描述它.

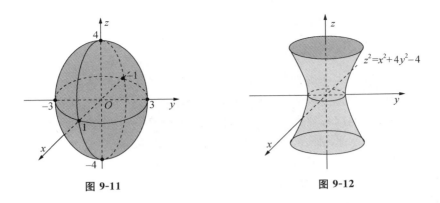

图 9-11   图 9-12

例 9.2.5 试描述 $z=4-x^2-y^2$ 表示的曲面.

方程中有三个变元,它展示的曲面应该在三维空间中.用平行于坐标面的平面(看成是无比锋利的宝刀),将曲面切出很多断面,看看它们都是些啥样式.

解 首先第一步,取平面 $x=0$,也就是 yOz 坐标面,竖直切过曲面.具体的做法是:在方程 $z=4-x^2-y^2$ 中令 $x=0$,那么 $z=4-y^2$.一看就知道,这是 yOz 坐标面上的一条开口朝下、最高点为 $z=4$ 的抛物线;

接着第二步,取平面 $y=0$,也就是 xOz 坐标面,竖直切过曲面.具体的做法是:在方程 $z=4-x^2-y^2$ 中令 $y=0$,那么 $z=4-x^2$.一看就知道,这也是 xOz 坐标面上的一条开口朝下、最高点为 $z=4$ 的抛物线;

瞧,这两刀切下来,似乎有点感觉:这个曲面可能是朝下的碗状.为了确认这个感觉,不妨多切几刀,比如取平面 $x=2$ 和 $y=1$,分别切出开口朝下、最高点降低的抛物线 $z=y^2$ 和 $z=3-x^2$.还真是朝下的碗状耶!

那么,碗口是什么样的?

第三步,取平面 $z=0$,也就是 xOy 坐标面,平直切过曲面.具体的做法是:在方程 $z=4-x^2-y^2$ 中令 $z=0$,那么 $x^2+y^2=4$.谁知道,这是 xOy 坐标面上圆心在 $(0,0)$,半径是 2 的圆周.而如此多切几刀,取的 z 值(最大取 $z=4$,不然啥也得不到)越小,切出来的圆的半径越大.

的的确确,$z=4-x^2-y^2$ 表示的曲面是一个最高点为 $(0,0,4)$,开口朝下的旋转抛物面,如图 9-13 所示.

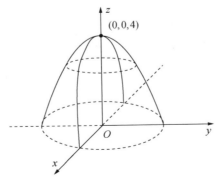

图 9-13

9.3　二元函数及其偏导数

人往高处走,你我都不会满足于平淡无奇的生活,每个人都希望有朝一日能住进景观大厦,俯视天下.同样的,在现实生活中,多变元函数比比皆是.正如人们常说的,世间万物都充满着变数,影响一件事的因素往往不止一个,微积分也愿意与有更多挑战性的多变元函数周旋,让自己看起来更有水平.那么,有两个自变量的函数(二元函数)是怎样呢?

二元函数就是一个有两张嘴的函数机器,只要给它塞进 x 和 y 两个数,它就吐出另外一个数 $f(x,y)$,记号为 $z=f(x,y)$.为了表明 x 和 y 是从什么地方找来的,通常写成 $(x,y)\in D$,D 叫做函数的定义(区)域,它是 xOy 平面上的一个点集,通常表示成 $D=\{(x,y)\mid x$ 和 y 满足的不等式$\}$.例如,$\{(x,y)\mid x^2+y^2\leqslant1\}$ 是包含圆周的圆形区域,而 $\{(x,y)\mid a\leqslant x\leqslant b,c\leqslant y\leqslant d\}$ 是矩形区域.

如果要画出一个二元函数的图形,需要在三维空间中画出所有的点 (x,y,z),其中 $(x,y)\in D$ 在 xOy 坐标平面上,z 是点 (x,y,z) 在 z 轴方向上的垂直高度,于是二元函数 $z=f(x,y)$ 的图形就是三维空间中的一个曲面.至于三个或以上变元的多变元函数,要想画出它的图形,已经是不可能的了.

例 9.3.1　认识函数 $f(x,y)=x^2+y^2-2y$.

函数的定义(区)域 $D=\{(x,y)\mid(x,y)\in \mathbf{R}^2\}$,它是两个自变量 x 和 y 的活动范围,这里就是整个 xOy 平面上的点.用 $z=f(x,y)$ 替换后,函数式变成了 $z=x^2+y^2-2y$,对于这个式子(曲面的方程),你应该有似曾相识的感觉吧.两个二次方项 x^2 和 y^2 的系数相同,它是一个旋转曲面,多出来的一项 $-2y$ 嘛,可以和 y^2 配平方.于是

$$z=x^2+(y-1)^2-1$$

也就是

$$z+1=x^2+(y-1)^2$$

这是一个旋转曲面,它的图形如图 9-14 所示,是一只最低点为 $(0,1,-1)$ 的,开口朝上的"古董碗"的外表面.

例 9.3.2　认识函数 $f(x,y)=\sqrt{1-x^2-y^2}$.

函数的定义域 $D=\{(x,y)\mid x^2+y^2\leqslant1\}$,这是 xOy 平面上单位圆周和圆内的点的全体(图 9-15 中阴影部分).用 $z=f(x,y)$ 替换后,函数式变成了 $x^2+y^2+z^2=1$,并且 $z\geqslant0$.它是一个球面在 xOy 坐标面上面的部分,它的图形如图 9-15 所示.

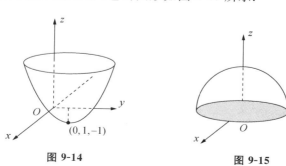

图 9-14　　　　　　　　　　图 9-15

提醒

　　每一个二元函数都对应着三维空间中的一个曲面,曲面在坐标面上的投影区域就是函数的定义域.经常把函数与其定义域的图形想象在一起(很像是一块侧面为柱面,底面为平面的,顶面泛着油光的美味蛋糕),这对了解二元函数有很大的帮助哦.

9.3.1　极限与连续性

　　还记得一元函数的极限是怎么一回事吧!二元函数的极限与一元函数的极限相比较,本质上没什么不一样,但因为有两个自变量,它们的活动范围(坐标面上的某个区域)大的缘故,由自变量变化导致的因变量变化很复杂,相应的麻烦也更多了.

　　当 (x,y) 趋近于某个定点 (x_0,y_0) 时,二元函数 $z=f(x,y)$ 的极限写成

$$\lim_{(x,y)\to(x_0,y_0)}f(x,y)=A$$

它的意义是说,只要 (x,y) 与 (x_0,y_0) 靠得足够近,那么 $|f(x,y)-A|$ 将会很小.

　　如果不论点 (x,y) 以什么方式趋近于 (x_0,y_0),函数值 $z=f(x,y)$ 的最终结局都是逼近常数 A,那么 $\lim\limits_{(x,y)\to(x_0,y_0)}f(x,y)=A$.

　　当 (x,y) 趋近于某个定点 (x_0,y_0) 时,两个变量 x 和 y 各自的变化并不受什么限制,也就是说,在 xOy 平面上,点 (x,y) 可能以任何方式或路线趋近于 (x_0,y_0).正是因为这一特点,二元函数的极限要复杂得多.(x,y) 在任何**指定**的方式,例如,沿着曲线 $y=\varphi(x)$ 趋于 (x_0,y_0),这时 $\lim\limits_{(x,y)\to(x_0,y_0)}f(x,y)$ 变成了 $\lim\limits_{(x,\varphi(x))\to(x_0,y_0)}f(x,\varphi(x))$,本质上就是一元函数的极限.所以,即使 $\lim\limits_{(x,\varphi(x))\to(x_0,y_0)}f(x,\varphi(x))$ 存在,仍然不能断定极限 $\lim\limits_{(x,y)\to(x_0,y_0)}f(x,y)$ 存在.

　　但是反过来,若能够断定 (x,y) 以特殊指定的方式趋于 (x_0,y_0) 时,函数 $f(x,y)$ 趋于不同的值,则可以肯定 $\lim\limits_{(x,y)\to(x_0,y_0)}f(x,y)$ 不存在.这是**判断** $\lim\limits_{(x,y)\to(x_0,y_0)}f(x,y)$ **不存在的基本方法**.

　　例 9.3.3　极限 $\lim\limits_{(x,y)\to(x_0,y_0)}\dfrac{x^2-y^2}{x^2+y^2}$ 不存在.

　　解　先设 $y=0$ 并且 $x\to0$,意思就是让 (x,y) 沿着 x 轴趋近于 $(0,0)$,原式极限变成了

$$\lim_{(x,y)\to(x_0,y_0)}\frac{x^2-y^2}{x^2+y^2}=\lim_{(x,0)\to(0,0)}\frac{x^2-0^2}{x^2+0^2}=\lim_{x\to0}\frac{x^2}{x^2}=1$$

再设 $x=0$ 并且 $y\to0$,意思就是让 (x,y) 沿着 y 轴趋近于 $(0,0)$,原式极限变成了

$$\lim_{(x,y)\to(x_0,y_0)}\frac{x^2-y^2}{x^2+y^2}=\lim_{(0,y)\to(0,0)}\frac{0^2-y^2}{0^2+y^2}=\lim_{x\to0}\frac{-y^2}{y^2}=-1$$

两个不同路径导出不同的结果,所以极限 $\lim\limits_{(x,y)\to(0,0)}\dfrac{x^2-y^2}{x^2+y^2}$ 不存在.

　　呵!居然连这样简单的二元函数,极限 $\lim\limits_{(x,y)\to(0,0)}\dfrac{x^2-y^2}{x^2+y^2}$ 都不存在!

　　对于二元函数的极限,我们的经验是,若 $(x,y)\to(0,0)$,考虑使用极坐标变换 $x=r\cos\theta$,$y=r\sin\theta$.这时,因为 $(x,y)\to(0,0)$ 时,r 会趋于 0,你可以使用无穷小的性质.在一些特殊的情形,可以考虑用两个一元函数的极限,把二元函数的极限"夹逼"出来.然而最好用的方法

是下面的连续性.

你的记忆里应该还留着一些连续性函数的温馨的例子.也许要复习一下一元函数连续的数学定义,才好接着谈二元函数的连续性.

函数 $f(x)$ 在点 a 处连续,说的是 $\lim\limits_{x \to a} f(x) = f(a)$.

这个定义说明了三件事:

(1) $f(x)$ 在点 a 有定义;

(2) 函数 $f(x)$ 在点 a 的极限存在;

(3) 函数 $f(x)$ 在点 a 的极限等于 $f(a)$.

不满足上面三条中任何一条的情况都叫做函数是不连续(间断)的.图 9-16 中标示了典型的不连续(可去间断点、跳跃间断点、无穷间断点)的情形.

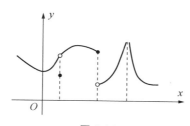

图 9-16

二元函数的连续性定义,与一元函数连续的定义完全相同,那就是

函数 $f(x,y)$ 在点 (x_0,y_0) 处连续,说的是 $\lim\limits_{(x,y) \to (x_0,y_0)} f(x,y) = f(x_0,y_0)$.

同样的,这个定义指出了以下三件事:

(1) $f(x,y)$ 在点 (x_0,y_0) 有定义;

(2) 函数 $f(x,y)$ 在点 (x_0,y_0) 的极限存在;

(3) 函数 $f(x,y)$ 在点 (x_0,y_0) 的极限等于 $f(x_0,y_0)$.

不满足上面三条中任何一条的情况都叫做函数是不连续(间断)的.图 9-17 中标示了典型的不连续(破洞、断崖、无穷凸出)的情形.

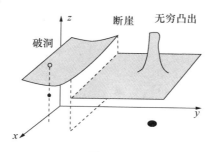

图 9-17

若某个二元函数在它的定义域上所有点都连续,那么该函数的图形就是一张连续的曲面片.幸运的是:由连续函数相加、相减、相乘、相除以及复合而得到的更复杂的函数,在函数有定义的点处仍然是连续的.总之,连续函数是很友善的,想要知道函数在这些有定义的点处的极限,只要计算出函数值就可以了.而相反的,不连续则代表危险,应该尽量避开后者,若不可避免,则须多加小心.

9.3.2　偏导数

我们已经知道,二元函数的图形是三维空间中的一张曲面片.如果你想去这样的山地踏青、看看风景,你所在的位置就是曲面上的某点.在你左顾右盼的时候会发现,不管面朝任何一个方向,山坡都有某种"倾斜",有的方向还很陡峭.你还记得怎样衡量平面上曲线的"倾斜"吗? 对了,用切线的斜率,也就是函数的导数.

现在所处的位置在三维空间,要搞清楚如何测量一个曲面 $z=f(x,y)$ 在某点的"倾斜",更确切地讲,应该是在某点处对着某个方向的"倾斜",办法就是:用平行于 xOz 坐标面的平面 $y=b$(一把锋利无比的宝刀)照着曲面切上一刀,这一刀切下去,就切出了曲面与该平面的交线 C.曲线上点 $M(a,b,f(a,b))$(也在曲面上)处的切线 MM_x 的斜率(相对于 x 轴),就说明了曲面在点 $M(a,b,f(a,b))$ 处相对于 x 轴的"倾斜"程度.另外一刀(平行于 yOz 坐标面的平面 $x=a$)的效果画成了虚线,如图 9-18 所示.

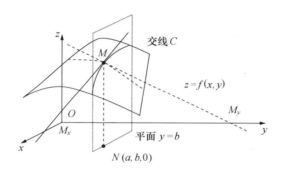

图 9-18

垂直于 xOy 面的平面 $y=b$ 与曲面的交线 C,是二维平面 $y=b$ 上的曲线 $z=f(x,b)$.由一元函数导数的意义,这条曲线上点 $M(a,b,f(a,b))$ 处的切线斜率为

$$\lim_{x\to a}\frac{f(x,b)-f(a,b)}{x-a}$$

称为函数 $z=f(x,y)$ 对 x 在点 (a,b) 处的**偏导数**,记号是

$$\frac{\partial z}{\partial x}\bigg|_{(x,y)=(a,b)}=\lim_{x\to a}\frac{f(x,b)-f(a,b)}{x-a}$$

更一般地,函数 $z=f(x,y)$ 对 x 的偏导数是

$$\frac{\partial z}{\partial x}=\lim_{h\to 0}\frac{f(x+h,y)-f(x,y)}{h}$$

同样的,函数 $z=f(x,y)$ 对 y 的偏导数是

$$\frac{\partial z}{\partial y}=\lim_{h\to 0}\frac{f(x,y+h)-f(x,y)}{h}$$

请注意,上述偏导数的极限式中,都仅仅对两个变量 x 和 y 中的一个改变了一下,而另一个变量没有任何变动,也就是把另外一个变量当作常数.二元函数的偏导数有两个.

求函数 $z=f(x,y)$ 偏导数的方法:

> 求 $\dfrac{\partial z}{\partial x}$ 时,把 y 当作常数,然后按一元函数的求导方法,对 x 求导.

> 求 $\dfrac{\partial z}{\partial y}$ 时，把 x 当作常数，然后按一元函数的求导方法，对 y 求导数.

例 9.3.4 求函数 $z = x^2 y + \sin x \cos y$ 的偏导数.

解 要求的偏导数有两个，其中

$$\frac{\partial z}{\partial x} = 2xy + \cos x \cos y, \quad \frac{\partial z}{\partial y} = x^2 + \sin x(-\sin y) = x^2 - \sin x \sin y$$

例 9.3.5 求函数 $z = x^2 y + \sin x \cos y$ 在点 $(0, \pi)$ 处的偏导数.

解 在给定点处的偏导数计算，直接把看作常数的变量的值代入函数式，就成另一个变元的一元函数了，即

$$\frac{\partial z}{\partial x}\bigg|_{(0,\pi)} = (\pi x^2 + \sin x \cos \pi)'\big|_{x=0} = (2\pi x - \cos x)\big|_{x=0} = -1$$

$$\frac{\partial z}{\partial y}\bigg|_{(0,\pi)} = (0)'\big|_{y=\pi} = 0$$

这与下面的结果是一样的

$$\frac{\partial z}{\partial x}\bigg|_{(0,\pi)} = (2xy + \cos x \cos y)\big|_{(0,\pi)} = (2xy + \cos x \cos y)\big|_{(0,\pi)} = -1$$

$$\frac{\partial z}{\partial y}\bigg|_{(0,\pi)} = (2xy + \cos x \cos y)\big|_{(0,\pi)} = (x^2 - \sin x \sin y)\big|_{(0,\pi)} = 0$$

注意，偏导数的写法不止一种，常见的有

$$\frac{\partial z}{\partial x}, \text{或 } f_x(x,y), \text{或 } f_1(x,y), \text{或 } z_x, \text{或} \frac{\partial f(x,y)}{\partial x}$$

$$\frac{\partial z}{\partial y}, \text{或 } f_y(x,y), \text{或 } f_2(x,y), \text{或 } z_y, \text{或} \frac{\partial f(x,y)}{\partial y}$$

* *

重要提醒

在求出函数的偏导数以后，你得到的新函数仍然具有与原来函数相同数目的变量，尽管有时候看上去变少了. 比较小心的做法是写出其中的变量，即

$$f_x(x,y), \text{或 } f_1(x,y), \text{或} \frac{\partial f(x,y)}{\partial x}$$

在需要求偏导数的偏导数的情况下，会表现出这些好处.

* *

高阶偏导数——偏导数的偏导数

在求出函数的偏导数以后，得到的新函数仍然具有与原来函数相同数目的变量. 想要求新函数的偏导数，就是求原来函数的偏导数的偏导数. 二阶及以上的偏导数都叫做**高阶偏导数**. 当我们取一个二元函数的二阶偏导数时，可能的组合共有 4 个，那就是

$$\frac{\partial^2 z}{\partial x^2}, \quad \frac{\partial^2 z}{\partial y^2}, \quad \frac{\partial^2 z}{\partial x \partial y}, \quad \frac{\partial^2 z}{\partial y \partial x}$$

记号的意义是这样的：分子上的那个小 2，是说前后一共取了两次偏导数，而分母则说这

两次偏导数的先后次序,从左到右,其中的

$$\frac{\partial^2 z}{\partial x \partial y} = \frac{\partial}{\partial y}\left(\frac{\partial z}{\partial x}\right) \text{和} \frac{\partial^2 z}{\partial y \partial x} = \frac{\partial}{\partial x}\left(\frac{\partial z}{\partial y}\right)$$

这两个偏导数叫做**混合偏导数**. 高阶偏导数比起一元函数的高阶导数实在是太复杂了,幸好数学之神很仁慈,让 $\frac{\partial^2 z}{\partial x \partial y} = \frac{\partial^2 z}{\partial y \partial x}$,这样组合数目少了一个,条件是只要它们都连续即可.

仿照上面的写法,你可以写出更高阶的偏导数. 例如

$$\frac{\partial^3 z}{\partial x^3} = \frac{\partial}{\partial x}\left(\frac{\partial^2 z}{\partial x^2}\right), \quad \frac{\partial^3 z}{\partial x^2 \partial y} = \frac{\partial}{\partial y}\left(\frac{\partial^2 z}{\partial x^2}\right)$$

例 9.3.6　求 $z = x^3 + y^3 - 3xy^2$ 的所有二阶偏导数.

解

$$\frac{\partial z}{\partial x} = 3x^2 - 3y^2, \quad \frac{\partial^2 z}{\partial x^2} = 6x, \quad \frac{\partial^2 z}{\partial x \partial y} = \frac{\partial}{\partial y}\left(\frac{\partial z}{\partial x}\right) = -6y,$$

$$\frac{\partial z}{\partial y} = 3y^2 - 6xy, \quad \frac{\partial^2 z}{\partial y^2} = 6y - 6x, \quad \frac{\partial^2 z}{\partial y \partial x} = \frac{\partial}{\partial x}\left(\frac{\partial z}{\partial y}\right) = -6y$$

看到了吧,其中的 $\frac{\partial^2 z}{\partial x \partial y} = \frac{\partial^2 z}{\partial y \partial x}$.

9.4　多变元函数的链式法则——复合函数的偏导数

在讲多变元函数的链式法则之前,先作一次悠闲的怀旧之旅,复习一下单变量函数的链式法则.

若函数 $y = f(u)$, $u = \varphi(x)$ 复合成函数 $y = f(\varphi(x))$,那么

$$\frac{\mathrm{d}y}{\mathrm{d}x} = \frac{\mathrm{d}y}{\mathrm{d}u} \cdot \frac{\mathrm{d}u}{\mathrm{d}x} = f'(\varphi(x)) \cdot \varphi'(x)$$

假如有二元函数 $w = f(u, v)$,其中 $u = \varphi(x, y)$, $v = \psi(x, y)$,它们复合以后就得到函数 $w = f(\varphi(x, y), \psi(x, y))$. 这些变量之间的关系是:$w$ 直接取决于 u 和 v,而 u 和 v 又跟 x 和 y 有直接联系,于是 w 跟 x 和 y 是间接的关系. u 和 v 叫做中间变量,x 和 y 是自变量. 当跳过中间人以后,就形成了函数 $w = f(\varphi(x, y), \psi(x, y))$.

我们把这个复杂关系想成是一个投资计划的流程图(如图 9-19 所示).

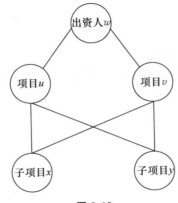

图 9-19

出资人 w 把资金分配给了两个项目 u 和 v,然后,又把项目资金分配给了子项目 x 和 y. 现在,想要知道子项目 x 和 y 是以怎样的速率消耗出资人 w 的资金的,那么我们关心的就是 $\dfrac{\partial w}{\partial x}$ 和 $\dfrac{\partial w}{\partial y}$.

二元复合函数偏导数的链式规则如下:

$$\frac{\partial w}{\partial x} = \frac{\partial w}{\partial u} \cdot \frac{\partial u}{\partial x} + \frac{\partial w}{\partial v} \cdot \frac{\partial v}{\partial x}$$

这个公式可以解读为:w 在子项目 x 上花费的资金的速率,等于 w 为了 x 在项目 u 上花掉的资金的速率,加上 w 为了 x 在项目 v 上花掉的资金的速率.

类似有

$$\frac{\partial w}{\partial y} = \frac{\partial w}{\partial u} \cdot \frac{\partial u}{\partial y} + \frac{\partial w}{\partial v} \cdot \frac{\partial v}{\partial y}$$

例 9.4.1　设 $w = u^2 v + 7u - v$,其中 $u = 2x^2 y$,$v = x + y^2$,求 $\dfrac{\partial w}{\partial x}$,和 $\dfrac{\partial w}{\partial y}$.

解　因为 $\dfrac{\partial w}{\partial x} = \dfrac{\partial w}{\partial u} \cdot \dfrac{\partial u}{\partial x} + \dfrac{\partial w}{\partial v} \cdot \dfrac{\partial v}{\partial x}$,

其中 $\dfrac{\partial w}{\partial u} = 2uv + 7$,　$\dfrac{\partial u}{\partial x} = 4xy$,并且 $\dfrac{\partial w}{\partial v} = u^2 - 1$,　$\dfrac{\partial v}{\partial x} = 1$. 故

$$\begin{aligned}
\frac{\partial w}{\partial x} &= (2uv + 7) \cdot (4xy) + (u^2 - 1) \cdot 1 \\
&= [2(2x^2 y)(x + y^2) + 7] \cdot (4xy) + [(2x^2 y)^2 - 1] \\
&= 28xy + 16x^3 y^4 + 20x^4 y^2 - 1
\end{aligned}$$

同样的,由 $\dfrac{\partial w}{\partial y} = \dfrac{\partial w}{\partial u} \cdot \dfrac{\partial u}{\partial y} + \dfrac{\partial w}{\partial v} \cdot \dfrac{\partial v}{\partial y}$ 得

$$\begin{aligned}
\frac{\partial w}{\partial y} &= (2uv + 7) \cdot (2x^2) + (u^2 - 1) \cdot 2y \\
&= [2(2x^2 y)(x + y^2) + 7] \cdot (2x^2) + 2y[(2x^2 y)^2 - 1] \\
&= 8x^5 y + 16x^4 y^3 + 14x^2 - 2y
\end{aligned}$$

如果你想到了直接把 $u = 2x^2 y$,$v = x + y^2$ 代入 $w = u^2 v + 7u - v$,然后就函数 $w = 4x^5 y^2 + 4x^4 y^6 + 14x^2 y - x - y^2$ 求偏导数,因为做对了而对这个法则不以为然,那么,看看下一题.

例 9.4.2　设 $z = (3x^2 + y^2)^{(x+2y)}$,求 $\dfrac{\partial z}{\partial x}$.

这个函数的样子是典型的"搭楼梯"结构,求导数的复杂性不言而喻. 还记得指数运算或对数求导法吗? 为了解决它,引入中间变量,使得函数成为一些简单形式函数的复合结果,再使用链式法则就会既快又不出错了.

解　记 $u = 3x^2 + y^2$,$v = x + 2y$,则 $z = u^v$,可得 $\dfrac{\partial z}{\partial u} = v \cdot u^{v-1}$,　$\dfrac{\partial z}{\partial v} = u^v \cdot \ln u$ 并且 $\dfrac{\partial u}{\partial x} = 6x$,　$\dfrac{\partial v}{\partial x} = 1$. 于是

$$\frac{\partial z}{\partial x} = v \cdot u^{v-1} \cdot 6x + u^v \cdot \ln u$$

$$= 6x(x+2y)(3x^2+y^2)^{(x+2y-1)} + (3x^2+y^2)^{(x+2y)} \ln(3x^2+y^2)$$

例 9.4.3 是一个未给出函数具体表达式的情形,做法和例 9.4.2 几乎一样,只是对出现的未知函数的偏导数要用一般的记号而已.

例 9.4.3 设 $w = f(x+y, xy)$ 具有二阶连续偏导数,求 $\dfrac{\partial^2 w}{\partial x \partial y}$.

解 引入中间变量,记 $u = x+y$,$v = xy$,则 $w = f(u,v)$,可得

$$\frac{\partial w}{\partial x} = \frac{\partial w}{\partial u} \cdot \frac{\partial u}{\partial x} + \frac{\partial w}{\partial v} \cdot \frac{\partial v}{\partial x} = \frac{\partial w}{\partial u} \cdot 1 + \frac{\partial w}{\partial v} \cdot y$$

因为 $\dfrac{\partial w}{\partial u}$ 和 $\dfrac{\partial w}{\partial v}$ 都还是 x,y 的复合函数,于是

$$\frac{\partial^2 w}{\partial x \partial y} = \frac{\partial}{\partial y}\left(\frac{\partial w}{\partial x}\right) = \frac{\partial}{\partial y}\left(\frac{\partial w}{\partial u} + \frac{\partial w}{\partial v} \cdot y\right) = \frac{\partial}{\partial y}\left(\frac{\partial w}{\partial u}\right) + \frac{\partial}{\partial y}\left(\frac{\partial w}{\partial v} \cdot y\right)$$

$$= \left(\frac{\partial^2 w}{\partial u^2} \cdot \frac{\partial u}{\partial y} + \frac{\partial^2 w}{\partial u \partial v} \cdot \frac{\partial v}{\partial y}\right) + \left(y\left[\frac{\partial^2 w}{\partial v^2} \cdot \frac{\partial v}{\partial y} + \frac{\partial^2 w}{\partial v \partial u} \cdot \frac{\partial u}{\partial y}\right] + \frac{\partial w}{\partial v} \cdot 1\right)$$

$$= \left(\frac{\partial^2 w}{\partial u^2} \cdot 1 + \frac{\partial^2 w}{\partial u \partial v} \cdot x\right) + \left(y\left[\frac{\partial^2 w}{\partial v^2} \cdot x + \frac{\partial^2 w}{\partial v \partial u} \cdot 1\right] + \frac{\partial w}{\partial v}\right)$$

$$= \frac{\partial^2 w}{\partial u^2} + x + y \cdot \frac{\partial^2 w}{\partial v \partial u} + xy \cdot \frac{\partial^2 w}{\partial v^2} + \frac{\partial w}{\partial v}$$

最后一个等式用到了 $\dfrac{\partial^2 w}{\partial v \partial u} = \dfrac{\partial^2 w}{\partial u \partial v}$.

例 9.4.4 设 $z = x[y + F(u)]$,　$u = \dfrac{y}{x}$,其中 $F(u)$ 可导,验证

$$x\frac{\partial z}{\partial x} + y\frac{\partial z}{\partial y} = z + xy$$

解 因为

$$\frac{\partial z}{\partial x} = [y + F(u)] + x \cdot F'(u) \cdot \frac{\partial u}{\partial x}$$

$$= y + F(u) + x \cdot F'(u) \cdot \left(-\frac{y}{x^2}\right) = y + F(u) - \frac{y}{x}F'(u)$$

$$\frac{\partial z}{\partial y} = x\left[1 + F'(u) \cdot \frac{\partial u}{\partial y}\right] = x\left[1 + \frac{1}{x}F'(u)\right] = x + F'(u)$$

所以 $x\dfrac{\partial z}{\partial x} + y\dfrac{\partial z}{\partial y} = x\left[y + F(u) - \dfrac{y}{x}F'(u)\right] + y[x + F'(u)] = z + xy$

> ⚠ **警　告**
>
> 　在多变元函数复合的情形下,变量之间的函数关系错综复杂,偏导数的记号必须清晰地表示变量之间的函数关系.如果你觉得函数的样子不太好认,那么引入中间变量吧,它可以帮助你搞清楚复合关系,而且偏导数的记号也简单明了啦.

　例如,对函数 $z = f(x+y, xy)$,引入中间变量 $u = x+y$,　$v = xy$,则它可看作函数 $z = f(u,v)$ 与 $u = x+y$,　$v = xy$ 的复合结果.而函数 $u = g(x^2 + y^2 + z^2)$ 就是一元函数

$u=g(v)$ 和三元函数 $v=x^2+y^2+z^2$ 的复合结果.

在如下的 $z=f(u,x,y)$，$u=\varphi(x,y)$ 复合关系中，引入中间变量 $u=\varphi(x,y)$，　$v=x$ 和 $w=y$，那么 $z=f(u,v,w)$ 是自变量 x 和 y 的函数(记为 $z=F(x,y)$)，于是应该有

$$\frac{\partial F}{\partial y}=\frac{\partial f}{\partial u}\cdot\frac{\partial u}{\partial y}+\frac{\partial f}{\partial v}\cdot\frac{\partial v}{\partial y}+\frac{\partial f}{\partial w}\cdot\frac{\partial w}{\partial y}=\frac{\partial f}{\partial u}\cdot\frac{\partial u}{\partial y}+\frac{\partial f}{\partial x}\cdot 0+\frac{\partial f}{\partial y}\cdot 1=\frac{\partial f}{\partial u}\cdot\frac{\partial \varphi}{\partial y}+\frac{\partial f}{\partial y}$$

如果不注意这个问题，将出现如 $\frac{\partial f}{\partial y}=\frac{\partial f}{\partial u}\cdot\frac{\partial u}{\partial y}+\frac{\partial f}{\partial y}$ 的错误(等式两边的 $\frac{\partial f}{\partial y}$ 不是同样的意思).

嘿，有没有检查一下你的练习，其中偏导数的记号是多么的难以辨认呀！你是否嫌麻烦，没有将练习的结果做到最简？请记住：学习微积分不止是为了会做习题，也是在训练你的工作水准，有谁会愿意看到潦草凌乱、半途而废的工作报告呢？

如果你的书写没有任何问题，那么，偏导数有啥用？真高兴你问这个问题，我们也乐意回答得让你满意.

9.5　偏导数的功用

9.5.1　由二元方程 $F(x,y)=0$ 确定的隐函数的导数

在求由二元方程 $F(x,y)=0$ 确定的隐函数的导数的时候，要把 y 看作 x 的函数，然后在方程两端关于 x 求导，得到一个包含 y' 的方程，最后解出 y'. 那个时候，经常会因为忘记了要把 y 看作 x 的函数而出错. 有了下面的办法，情况就会好很多了.

定理 9.5.1(隐函数存在定理 1)　设函数 $F(x,y)$ 在点 (x_0,y_0) 的某个邻域内有连续的一阶偏导数，且 $F(x_0,y_0)=0$，$F_y(x_0,y_0)\neq 0$，则由二元方程 $F(x,y)=0$ 在 x_0 的某个邻域内能够唯一确定一个具有连续导数的一元隐函数 $y=f(x)$，满足 $y_0=f(x_0)$ 并且

$$\frac{\mathrm{d}y}{\mathrm{d}x}=-\frac{F_x(x,y)}{F_y(x,y)}$$

例 9.5.1　求由方程 $\sin y+\mathrm{e}^x=xy^2$ 确定的隐函数 y 的导数.

解　令 $F(x,y)=\sin y+\mathrm{e}^x-xy^2$，则 $F_x(x,y)=\mathrm{e}^x-y^2$，　$F_y(x,y)=\cos y-2xy$，于是

$$y'=-\frac{\mathrm{e}^x-y^2}{\cos y-2xy}=\frac{y^2-\mathrm{e}^x}{\cos y-2xy}$$

⚠ **警　告**

不可设 $F(x,y)=\sin y+\mathrm{e}^x-xy^2=0$，看仔细定理是怎么说的.

定理 9.5.2(隐函数存在定理 2)　设函数 $F(x,y,z)$ 在点 (x_0,y_0,z_0) 的某个邻域内有连续的一阶偏导数，且 $F(x_0,y_0,z_0)=0$，$F_z(x_0,y_0,z_0)\neq 0$，则由三元方程 $F(x,y,z)=0$ 在 (x_0,y_0) 的某个邻域内能够唯一确定一个具有连续偏导数的二元隐函数 $z=f(x,y)$，满足 $z_0=f(x_0,y_0)$ 并且

$$\frac{\partial z}{\partial x}=-\frac{F_x(x,y,z)}{F_z(x,y,z)},\quad \frac{\partial z}{\partial y}=-\frac{F_y(x,y,z)}{F_z(x,y,z)}$$

例 9.5.2 设隐函数 $z=f(x,y)$ 由方程 $\dfrac{x}{z}=\ln\dfrac{z}{y}$ 所确定,求 $\dfrac{\partial z}{\partial x}$ 和 $\dfrac{\partial z}{\partial y}$.

解 令 $F(x,y,z)=\dfrac{x}{z}-\ln\dfrac{z}{y}=\dfrac{x}{z}-\ln z+\ln y$,则 $F_x(x,y,z)=\dfrac{1}{z}$, $F_y(x,y,z)=\dfrac{1}{y}$,

$F_z(x,y,z)=-\left[\dfrac{x}{z^2}+\dfrac{1}{z}\right]$,于是

$$\frac{\partial z}{\partial x}=-\frac{\dfrac{1}{z}}{-\left[\dfrac{x}{z^2}+\dfrac{1}{z}\right]}=\frac{z}{x+z}, \quad \frac{\partial z}{\partial y}=-\frac{\dfrac{1}{y}}{-\left[\dfrac{x}{z^2}+\dfrac{1}{z}\right]}=\frac{z^2}{y(x+z)}$$

9.5.2 曲面 $z=f(x,y)$ 上一点 (x_0,y_0,z_0) 处的切平面和法线的方程

每到春暖花开的季节,你和伙伴们免不了要去登山,饱览满眼的春色.作为领队的你,扛了一杆大旗指引着队伍前进,到了山上的某处小憩.那么,当前在整座山峰的什么地方?大伙左顾右盼,感受到了多个方向的"倾斜".假设那座山的表面用函数 $z=f(x,y)$ 的图形来描述,当前的位置是在点 $M(x_0,y_0,z_0)$ 处.于是想到了偏导数 $f_x(x_0,y_0,z_0)$ 和 $f_y(x_0,y_0,z_0)$,画出了曲面上的两条切线,而那一杆大旗 $\boldsymbol{n}$ 正竖立在山坡上,一个虚幻平面出现了,这个平面叫做曲面 $z=f(x,y)$ 上点 $M(x_0,y_0,z_0)$ 处的**切平面**,旗杆所在的直线叫做曲面 $z=f(x,y)$ 上点 $M(x_0,y_0,z_0)$ 处的**法线**,如图 9-20 所示.

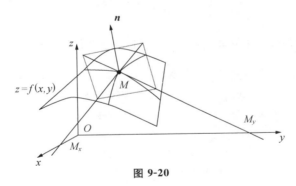

图 9-20

曲面 $z=f(x,y)$ 上一点 (x_0,y_0,z_0) 处的切平面的方程为
$$f_x(x_0,y_0)(x-x_0)+f_y(x_0,y_0)(y-y_0)-(z-z_0)=0$$
法线的方程为
$$\frac{x-x_0}{f_x(x_0,y_0)}=\frac{y-y_0}{f_y(x_0,y_0)}=\frac{z-z_0}{-1}$$

切平面的法向量 $\boldsymbol{n}=\{f_x(x_0,y_0),f_y(x_0,y_0),-1\}$ 也叫做曲面 $z=f(x,y)$ 上点 $M(x_0,y_0,z_0)$ 处的**法向量**.

你可以把曲面上任何点处的切平面,想象成紧贴着曲面飞动的魔毯.如果你坐在魔毯上很惬意、很舒服地欣赏美景,那么,这座山的表面一定很平缓.要是你感觉天翻地覆,那么曲面肯定是凹凸多变的.利用切平面的变化是考察曲面的一种方法哦.

9.5.3　全微分——多变元函数改变量的近似计算

如果用一个小计算器就可以得到你想要的数值,你多半不是在做很复杂的工作.近似计算真的是无处不在.举个例子,像$(1.04)^{2.02}$可能要你花费更多的资金来更新计算器.现在有个不用花钱的方法,只要你把学过的偏导数知识用用即可.看看$(1.04)^{2.02}$的样子,立刻想到函数$f(x,y)=x^y$,而$(1.04)^{2.02}$就是$f(1.04,2.02)$,你也能发现更容易计算的$f(1,2)=1$吧.

函数$z=f(x,y)$在点(x,y)处对应于自变量的增量$\Delta x,\Delta y$所产生的改变量,记为
$$\Delta z = f(x+\Delta x, y+\Delta y) - f(x,y)$$
称为函数$z=f(x,y)$在点(x,y)处的**全增量**.

定义 9.5.1　如果$\Delta z = f(x+\Delta x, y+\Delta y) - f(x,y) = A\Delta x + B\Delta y + \circ(\rho)$,其中$A,B$与$\Delta x,\Delta y$无关,$\circ(\rho)$是比$\rho=\sqrt{(\Delta x)^2+(\Delta y)^2}$高阶的无穷小量,则称函数在点$(x,y)$处**可微**,而$A\Delta x+B\Delta y$称为函数在点$(x,y)$处的**全微分**,记作
$$dz = A\Delta x + B\Delta y$$
这时,有近似公式$\Delta z \approx dz = A\Delta x + B\Delta y$.

定理 9.5.3(二元函数可微的必要条件)　如果函数$z=f(x,y)$在点(x,y)处可微,那么,偏导数$\dfrac{\partial z}{\partial x},\dfrac{\partial z}{\partial y}$存在,并且
$$dz = \frac{\partial z}{\partial x}\Delta x + \frac{\partial z}{\partial y}\Delta y = \frac{\partial z}{\partial x}dx + \frac{\partial z}{\partial y}dy$$

例 9.5.3　试用全微分近似公式求出$(1.04)^{2.02}$的近似值.

解　令$f(x,y)=x^y$,取$x=1,y=2,\Delta x=0.04,\Delta y=0.02$.因为
$$f_x(x,y) = yx^{y-1}, \quad f_y(x,y) = x^y\ln x$$
所以$f(1,2)=1,\quad f_x(1,2)=2,\quad f_y(1,2)=0$.于是有
$$(1.04)^{2.02} \approx 1+2\times0.04+0\times0.02 = 1.08$$

* *

　　　　　一般的小计算器不能告诉你这个数值.微积分可以帮助我们节省费用呢,不是吗?

* *

💡 **提　醒**

二元函数的连续性、偏导数存在以及可微之间的关系是:

可微 $\Rightarrow$ 偏导数存在;可微 $\Rightarrow$ 连续.但是,偏导数存在 $\nRightarrow$ 可微;偏导数存在 $\nRightarrow$ 连续;连续 $\nRightarrow$ 偏导数存在.

9.6　函数 $z = f(x, y)$ 的极值问题

继续谈关于登山的问题. 为了要确认的确到达过山顶, 需要知道如何证明所在的位置就是山顶, 你在山顶的感觉是什么呀?

假设山顶所在的位置是点 (x_0, y_0, z_0), 在山顶处的切平面是水平的, 那么 $f_x(x_0, y_0) = 0$, $f_y(x_0, y_0) = 0$. 可以利用这两个条件来找出一座山峰 $z = f(x, y)$ 上**可能**的山顶或山谷的位置, 即求出两个偏导数 $f_x(x, y)$ 和 $f_y(x, y)$ 并且令它们为 0, 然后解出同时符合 $f_x(x, y) = 0$ 和 $f_y(x, y) = 0$ 的点 (x_0, y_0), 这样的点叫做函数 $z = f(x, y)$ 的**驻点**, 同时也得到 $z_0 = f(x_0, y_0)$. 至于确认 (x_0, y_0, z_0) 是不是真的山顶或山谷, 使用下面的定理来判断.

定理 9.6.1　设函数 $z = f(x, y)$ 在 (x_0, y_0) 的某邻域内有连续的二阶偏导数, 并且 $f_x(x, y) = 0$ 和 $f_y(x, y) = 0$. 记 $f_{xx}(x_0, y_0) = A$, $f_{xy}(x_0, y_0) = B$, $f_{yy}(x_0, y_0) = C$. 则

(1) 当 $B^2 - AC < 0$ 时, 函数 $z = f(x, y)$ 在 (x_0, y_0) 取得极值, 并且

　　(a) 当 $A > 0$ 时, 函数值 $z_0 = f(x_0, y_0)$ 为极小值;

　　(b) 当 $A < 0$ 时, 函数值 $z_0 = f(x_0, y_0)$ 为极大值.

(2) 当 $B^2 - AC > 0$ 时, 函数 $z = f(x, y)$ 在 (x_0, y_0) 不取极值.

看上去还真有点复杂, 说实在的也没有更好的办法, 多变元函数的极值问题就是麻烦, 即使抱怨也没有用, 还是老老实实记住它吧.

例 9.6.1　找出函数 $z = x^3 + y^3 - 3xy$ 的所有驻点并判断是否极值点.

解　该函数的定义域为 $\{(x, y) \mid -\infty < x < +\infty, -\infty < y < +\infty\}$. 求出两个偏导数 $z_x = 3x^2 - 3y$, $z_y = 3y^2 - 3x$, 并解方程组

$$\begin{cases} z_x = 3x^2 - 3y = 0 \\ z_y = 3y^2 - 3x = 0 \end{cases}$$

你注意到这个方程组中的 x 和 y 交换以后没什么变化吧, 所以 $x = y$. 于是得驻点 $(0, 0)$, $(1, 1)$.

另, 计算出三个二阶偏导数, $z_{xx} = 6x$, $z_{xy} = -3$, $z_{yy} = 6y$. 于是, 判别式为

$$B^2 - AC = (z_{xy})^2 - z_{xx} z_{yy} = 9 - 36xy$$

将判别结果列成下表:

驻点	z_{xx}	判别式 $9 - 36xy$	该点属性
$(0, 0)$	0	$9 > 0$	不取极值
$(1, 1)$	$6 > 0$	$-27 < 0$	取极小值

在真实的世界里, 最常遇到的问题似乎都是在某种限制或约束条件下, 去找出某个量的极大值或极小值. 这类问题统称为受约束的极值问题, 也称为**条件极值**. 写成数学的形式就是: 在给定的约束条件 $g(x, y) = 0$ 下, 求出函数 $z = f(x, y)$ 的极值.

假设你无法在上午 8 点以前上班, 或是不能迟于下午 5 点才下班, 并且午休时间为 2 小时, 而你在上述条件下, 要求老板给你最高的工资. 这就是一个条件极值问题. 想要获得类似问题的答案, 动动脑筋还是值得的, 你说对吗?

例 9.6.2 有一位女顾客要你替她制作一个存放珠宝的长方体盒子,需要的容积是 8 立方尺.盒子的底部用钢板,四周用黄金平板,但顶面的盖子不需要制作,因为她自己想用其他的方式完成.最后,她愿意付给你 10 000 元作为制造这个珠宝箱的酬劳.假设当时的行情是:钢板 100 元/平方尺,黄金平板 1000 元/平方尺.试问,你应不应该接下这个任务(你该考虑的是:这笔生意有没有赚头)?

对于这样的问题,也许你有各种各样的想法,比如顾客为什么要做这么普通的珠宝盒? 你也可能会说,干吗要知道这个题目的解答? 其实,现在该做的应该是考虑怎样解决它.我们试着分步骤完成吧.

解 第一步 找出关于涉及的变量的约束条件.

长方体盒子有三个边长,但不知道具体的长度为何,体积却是限定的 8 立方尺.因此,设长方体盒子有三个边长分别为底长 x,底宽 y,高 z,那么 $xyz = 8$(立方尺),这是约束条件.

第二步 写出与变量相联系的目标函数的表达式.

盒子被分成了两种材料的部分,制造价格不同,需要分别计算各部分的本钱.

底面的造价=面积×单价=$100xy$

侧面的造价=面积×单价=$1000(2xz + 2yz)$

总的造价=$100xy + 1000(2xz + 2yz)$

要解决的问题就是:当 x, y, z 为何值时,函数 $100xy + 1000(2xz + 2yz)$ 取得最小值?

第三步 利用约束方程,将目标函数化简成两个变元的函数.

从 $xyz = 8$ 解出 $z = \dfrac{8}{xy}$,再代替总造价函数中的 z,得到

$$P(x, y) = 100xy + \frac{16\,000}{x} + \frac{16\,000}{y}$$

第四步 求目标函数的最小值.

令 $P_x(x, y) = 100y - \dfrac{16\,000}{x^2} = 0$,并且 $P_y(x, y) = 100x - \dfrac{16\,000}{y^2} = 0$. 解之得

$$x = y = 2\sqrt[3]{20}, \quad (x = y = 0 \text{ 舍去})$$

这是函数的唯一驻点,它就是最小值点.

当 $x = y = 2\sqrt[3]{20}$ 时,从约束条件得到 $z = \dfrac{2}{\sqrt[3]{400}}$. 于是,最低的总造价为

$$P = 100 \times 2\sqrt[3]{20} \times 2\sqrt[3]{20} + 4000 \times 2\sqrt[3]{20} \times \frac{2}{\sqrt[3]{400}} = \frac{24\,000}{\sqrt[3]{20}} \approx 8843 \text{ 元}$$

这个结果表明,你接下这笔业务的最大“利润”是 $10\,000 - 8843 = 157$ 元. 从“获利”的角度讲,似乎这笔生意值得做.不过,由于实际制造过程的许多原因,你接下这笔业务很可能是亏损的.

复杂条件极值问题的解法——拉格朗日乘数法

在上面的例子中,已经知道了如何在约束条件 $g(x, y, z) = 0$ 下,求函数 $f(x, y, z)$ 的极大(小)值.方法是:先从约束方程中,把一个变量 z 用其余的变量 x, y 表示出来,然后把它代入函数 $f(x, y, z)$,消去其中的变量 z,最后求二元函数的极值.不过,这个方法的使用有个先决条件,那就是必须从约束方程中能够解出其中的一个变量(标准的讲法是隐函数有显式

表达式). 每个人都应该知道,在大多数情况下,隐函数的显式表达式是没有的. 当遇到类似的难题:求解函数 $z = f(x,y)$ 在约束条件 $\varphi(x,y) = 0$ 下的极值时,需要**拉格朗日乘数法**.

第一步:构造拉格朗日函数 $L(x,y,\lambda) = f(x,y) + \lambda\varphi(x,y)$,其中 λ 称为拉格朗日乘数.

第二步:求出 $L(x,y,\lambda)$ 的偏导数并令它们等于零,即

$$\begin{cases} L_x(x,y,\lambda) = f_x(x,y) + \lambda\varphi_x(x,y) = 0 \\ L_y(x,y,\lambda) = f_y(x,y) + \lambda\varphi_y(x,y) = 0 \\ L_z(x,y,\lambda) = f_z(x,y) + \lambda\varphi_z(x,y) = 0 \\ \varphi(x,y) = 0 \end{cases}$$

第三步:求解上面的方程组得到 (x,y,λ),其中的 (x,y) 就是可能的极值点.

第四步:判断第三步得到的是否真的极值点,确定极值.

类似地,求解函数 $u = f(x,y,z)$ 在约束条件 $\varphi(x,y,z) = 0$ 和 $\psi(x,y,z) = 0$ 下的极值问题的**拉格朗日乘数法**只是增加一个拉格朗日乘数,即构造拉格朗日函数:

$$F(x,y,z,\lambda,\mu) = f(x,y,z) + \lambda\varphi(x,y,z) + \mu\psi(x,y,z)$$

求出 $F(x,y,z,\lambda,\mu)$ 的偏导数并令它们等于零,然后,解方程组

$$\begin{cases} F_x(x,y,z,\lambda,\mu) = f_x(x,y,z) + \lambda\varphi_x(x,y,z) + \mu\psi_x(x,y,z) = 0 \\ F_y(x,y,z,\lambda,\mu) = f_y(x,y,z) + \lambda\varphi_y(x,y,z) + \mu\psi_y(x,y,z) = 0 \\ F_z(x,y,z,\lambda,\mu) = f_z(x,y,z) + \lambda\varphi_z(x,y,z) + \mu\psi_z(x,y,z) = 0 \\ \varphi(x,y,z) = 0 \\ \psi(x,y,z) = 0 \end{cases}$$

* *

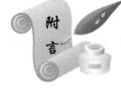

遗憾的是,利用拉格朗日乘数法找出的、可能的极值点究竟是不是真的极值点,还没有发现对任何情形都普遍适用的判断方法. 不过,在实际问题中,可以根据问题的实际意义来决定.

* *

例 9.6.3 假设方程式 $x^2 + 3y^2 + z^2 = 1$ 表示地球的表面,在太空有一个通信卫星向地球发射信号,其分布情形可以用函数 $f(x,y,z) = x + y + z$ 来表示. 试找出地球表面上接收到卫星信号最强的坐标位置在哪里?

这个问题是在约束条件 $\varphi(x,y,z) = x^2 + 3y^2 + z^2 - 1 = 0$ 下,函数 $f(x,y,z) = x + y + z$ 的最大值问题. 求助于拉格朗日乘数法,那么

解 令 $F(x,y,z,\lambda) = f(x,y,z) + \lambda\varphi(x,y,z) = x + y + z + \lambda(x^2 + 3y^2 + z^2 - 1)$,解下面的方程组

$$\begin{cases} F_x(x,y,z,\lambda) = 1 + 2\lambda x = 0 \\ F_y(x,y,z,\lambda) = 1 + 6\lambda y = 0 \\ F_z(x,y,z,\lambda) = 1 + 2\lambda z = 0 \\ x^2 + 3y^2 + z^2 - 1 = 0 \end{cases}$$

由前三个方程得 $\lambda = -\dfrac{1}{2x}$ 和 $\lambda = -\dfrac{1}{6y}$ 和 $\lambda = -\dfrac{1}{2z}$,于是 $x = z = 3y$.代入约束方程,得 $y^2 = \dfrac{1}{21}$,故 $y = \dfrac{1}{\sqrt{21}}$,$x = z = \dfrac{3}{\sqrt{21}}$.因为只有唯一一个可能的极值点 $\left(\dfrac{3}{\sqrt{21}}, \dfrac{1}{\sqrt{21}}, \dfrac{3}{\sqrt{21}}\right)$,故它就是所要求的点,其坐标是 $\left(\dfrac{3}{\sqrt{21}}, \dfrac{1}{\sqrt{21}}, \dfrac{3}{\sqrt{21}}\right)$.

关于拉格朗日乘数法,构造拉格朗日函数并求出偏导数是容易的事,真正困难的地方在于如何解出方程组.因为一般来讲,这个方程组包含有多个变量,而且通常也不是线性方程.以下是几个常用的方法,你可以试试.

方法 1 在方程组中,关于 λ 是一次幂的.所以,把 λ 写成用变量 x, y, z 来表示,这样得到关于 x, y, z 的等式,约简后代入约束方程,最后得出 x, y, z.

方法 2 根据约束方程的特点,在其余的方程中找出可以用常数代替的部分,从而简化其余的方程式或得到关于 x, y, z 的等式,约简后再代入约束方程,最后得出 x, y, z.

方法 3 逐个消去变量,直到剩下仅包含一个变量的方程并求出那个变量,然后再回代入其他的方程,最后得出 x, y, z.

例 9.6.4 求坐标原点到空间曲线 $\begin{cases} z = x^2 + y^2 \\ x + y + z = 1 \end{cases}$ 的最长距离和最短距离.

坐标原点到空间中任意点 x, y, z 的距离为 $\mathrm{d}(x, y, z) = \sqrt{x^2 + y^2 + z^2}$.这个问题是,在约束条件 $z = x^2 + y^2$, $x + y + z = 1$ 下,求函数 $\sqrt{x^2 + y^2 + z^2}$ 的最大和最小值.使用拉格朗日乘数法.

解 记函数 $f(x, y, z) = x^2 + y^2 + z^2$(为了求偏导数容易,并且注意到使 $f(x, y, z)$ 取得最大(小)值的点,也是使 $\mathrm{d}(x, y, z) = \sqrt{x^2 + y^2 + z^2}$ 取得 最大(小)值的点).

构造拉格朗日函数 $F(x, y, z, \lambda, \mu) = x^2 + y^2 + z^2 + \lambda(x^2 + y^2 - z) + \mu(x + y + z - 1)$,解方程组

$$\begin{cases} F_x = 2x + 2\lambda x + \mu = 0 & \qquad (1) \\ F_y = 2y + 2\lambda y + \mu = 0 & \qquad (2) \\ F_z = 2z - \lambda + \mu = 0 & \qquad (3) \\ x^2 + y^2 - z = 0 & \qquad (4) \\ x + y + z - 1 = 0 & \qquad (5) \end{cases}$$

从式(1)、式(2)得 $x = y$,代入式(5)得 $z = 1 - 2x$.再由式(4)得 $2x^2 + 2x - 1 = 0$,解出 $x_1 = \dfrac{-1 + \sqrt{3}}{2}$,$x_2 = \dfrac{-1 - \sqrt{3}}{2}$,于是得到可能的极值点

$$P_1 \left(\frac{-1 + \sqrt{3}}{2}, \frac{-1 + \sqrt{3}}{2}, 2 - \sqrt{3}\right), \quad P_2 \left(\frac{-1 - \sqrt{3}}{2}, \frac{-1 - \sqrt{3}}{2}, 2 + \sqrt{3}\right)$$

根据问题的实际意义,它们分别是函数 $f(x, y, z) = x^2 + y^2 + z^2$ 在约束条件 $z = x^2 + y^2$,$x + y + z = 1$ 下的最大值点和最小值点,也是函数 $\mathrm{d}(x, y, z) = \sqrt{x^2 + y^2 + z^2}$ 在同样约束条件下的最大值点和最小值点.简单计算后得

$$d_{\min} = \sqrt{9 - 5\sqrt{3}}, \quad d_{\max} = \sqrt{9 + 5\sqrt{3}}$$

第 10 章 二重积分——与体积相关的话题

现代人在茶余饭后的话题,似乎都离不了个人的体重. 一天到晚都会听到:"老天! 我这几天又胖了几斤!"除了体重计数器上的数字增大以外,这句话的真实含义却是某人的体积. 若不是因为体积增大使得某人担心自己的形象,体重有多少,怎会叫人关注呢? 关于体积,你立即可以想到的大概是:底面与顶面平行的(圆)柱体的体积,它等于"底面积×高". 若不是像一个"怪物",没有人的外形会是柱体的,当然也包括每个人身边的大部分物品. 所以,我们有兴趣想要计算各种立体的体积. 正如定积分能够计算出平面上一块区域的面积,二重积分能够计算出一个物体的体积.

10.1 二重积分的技术定义——曲顶柱体的体积

一个二元函数 $z=f(x,y)>0$, $(x,y)\in D$ 的图形,是三维空间中在 xOy 坐标面上方的一片曲面,函数的定义域恰好为该曲面片在 xOy 坐标面上的投影区域,再加上以 D 的边界为准线的投影柱面. 这样构成了一个立体,叫做**曲顶柱体**,它就像是经常吃的面包哦,如图 10-1 所示.

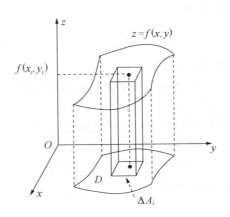

图 10-1　曲顶柱体

我们的兴趣是想要求出这个立体的体积. 除了顶面不是平的之外,它和我们都知道的平顶柱体差不多. 采用跟定积分同样的观念,就像总面积等于无数小长方形面积之和的极限,总体积也等于无数个细长的长方体体积之和的极限.

把区域 D 分割成许多面积为的 $\Delta A_i = \mathrm{d}\sigma$ 的小块,以它为底面,高取成这个小块上某点 (x_i,y_i) 的函数值 $f(x_i,y_i)$,那么,这个小平顶柱体的体积就是 $f(x_i,y_i)\Delta A_i$;把所有的小平顶柱体的体积加起来再取极限,就得到了二重积分的技术定义,表示为

$$\iint\limits_{D} f(x,y)\mathrm{d}\sigma = \lim_{\lambda \to \infty} \sum_{i=1}^{n} f(x_i,y_i)\Delta A_i$$

其中 λ 表示把区域 D 分割成的每个小块直径(小块内两点间的最长距离)的最大值.

 提　醒

当被积函数等于 1 时,二重积分的值就是积分区域的面积.

在直角坐标下,二重积分写成是

$$\iint\limits_{D} f(x,y)\mathrm{d}\sigma = \iint\limits_{D} f(x,y)\mathrm{d}x\mathrm{d}y$$

其中, $\iint$ 称为二重积分号; D 叫做积分区域;函数 $f(x,y)$ 叫做被积函数; $\mathrm{d}\sigma = \mathrm{d}x\mathrm{d}y$ 称为面积元素; x,y 称为积分变量.

现在,你见到了二重积分的样子.虽然我们是从曲顶柱体的体积说起的,同样的概念可以进一步运用到其他许多数量的计算上.例如,平面板的质量(面积×密度)、总降雨量(面积×单位面积雨量)等.

接下来,该考虑的是如何计算二重积分了.这个嘛,说简单就是计算两次定积分(逐次积分),复杂的方面是:如果被积函数非常难搞,特别是积分区域很古怪,就可能要费点周折了.

10.2　在直角坐标系下计算二重积分——切片吃面包的方法

二重积分的积分区域是平面上的一个点集,它是由若干条曲线围成的.在我们熟悉的情形下,曲线的方程用直角坐标表示.

如图 10-2 所示的图形是在直角坐标系下两种最简单的类型分别称为 X 型区域和 Y 型区域,它们分别是:

X 型区域 D　左右边界为两条平行于 y 轴的竖直线 $x=a$ 和 $x=b$,上下边界为两条以 x 为自变量的曲线 $y=\varphi_1(x)$ 和 $y=\varphi_2(x)$.

Y 型区域 G　上下边界为两条平行于 x 轴的水平直线 $y=c$ 和 $y=d$,左右边界为两条以 y 为自变量的曲线 $x=\psi_1(y)$ 和 $x=\psi_2(y)$.

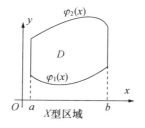 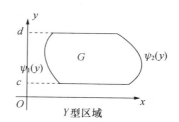

图 10-2

X 型区域 D 的集合表示为

$$D = \{(x,y) \mid a \leqslant x \leqslant b, \varphi_1(x) \leqslant y \leqslant \varphi_2(x)\} \qquad \text{(其中 } a,b \text{ 为常数)}$$

在这种特殊的积分区域上的二重积分，使用切片（截面积为 $\int_{\varphi_1(x)}^{\varphi_2(x)} f(x,y)\mathrm{d}y$，厚度为 $\mathrm{d}x$）再叠加（就是关于 x 积分）的方法，计算公式为

$$\iint\limits_{D} f(x,y)\mathrm{d}x\mathrm{d}y = \int_a^b \left(\int_{\varphi_1(x)}^{\varphi_2(x)} f(x,y)\mathrm{d}y \right)\mathrm{d}x$$

类似的，Y 型区域 G 集合表示为

$$G = \{(x,y) \mid c \leqslant y \leqslant d, \psi_1(y) \leqslant x \leqslant \psi_2(y)\} \qquad \text{（其中 } c,d \text{ 为常数）}$$

在这种特殊的积分区域上的二重积分，使用切片（截面积为 $\int_{\varphi_1(x)}^{\varphi_2(x)} f(x,y)\mathrm{d}x$，厚度为 $\mathrm{d}y$）再叠加（就是关于 y 积分）的方法，计算公式为

$$\iint\limits_{G} f(x,y)\mathrm{d}x\mathrm{d}y = \int_c^d \left(\int_{\psi_1(y)}^{\psi_2(y)} f(x,y)\mathrm{d}x \right)\mathrm{d}y$$

右端的积分叫做逐次积分，也称为二次积分，也就是接连作两次定积分．具体的计算方法是 **X 型区域 D 的上二重积分的求法：** 先作括号内的积分

$$\int_{\varphi_1(x)}^{\varphi_2(x)} f(x,y)\mathrm{d}y$$

这时，把 x 当作常数，关于 y 求定积分，其结果是 x 的函数，然后，再对第一次积分所得到的函数关于 x 求定积分．

Y 型区域 G 的上二重积分的求法： 先作括号内的积分：

$$\int_{\psi_1(y)}^{\psi_2(y)} f(x,y)\mathrm{d}x$$

这时，把 y 当作常数，关于 x 求定积分，其结果是 y 的函数，然后，再对第一次积分所得到的函数关于 y 求定积分．

摆平这两次定积分以后，就得到了二重积分的值．记住：积分总是从最里面的做起，然后向外，这有点像减掉身上难看的肥肉，必须由里向外才行．

例 10.2.1　计算二次积分 $\int_1^2 \left(\int_1^x xy\mathrm{d}y \right)\mathrm{d}x$．

解　$\int_1^2 \left(\int_1^x xy\mathrm{d}y \right)\mathrm{d}x = \int_1^2 \left[x \cdot \dfrac{y^2}{2} \right]_1^x \mathrm{d}x = \int_1^2 \left(\dfrac{x^3}{2} - \dfrac{x}{2} \right)\mathrm{d}x = \left[\dfrac{x^4}{8} - \dfrac{x^2}{4} \right]_1^2 = \dfrac{9}{8}$

这个积分对应的积分区域如图 10-3 所示．

有时候，题目里只是提到二重积分的区域是由若干条曲线所围成，并没有告诉我们二次积分的积分限都是什么，在这种情况下，找出积分限就显得相当关键了．我们的经验是：

根据给出的曲线方程，求出曲线的交点坐标，画出积分区域的图形，看积分区域能否夹在一个或多个平行于坐标轴的条带（$a \leqslant x \leqslant b$ 或 $c \leqslant y \leqslant d$）中，然后按另一个坐标轴的正方向，把区域的边界曲线的方程写成 X 型区域或 Y 型区域要求的样式，正确写出二次积分，然后计算它们．

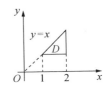

图 10-3

例 10.2.2　计算二重积分 $\iint\limits_{D} xy\mathrm{d}x\mathrm{d}y$，其中区域 D 由曲线 $x = y^2$ 和 $x = y+2$ 围成．

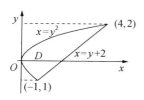

图 10-4

题目里给出了两条曲线,它们围成的区域 D 是什么样呢? 画出图形(只要画得出来,一定要记得先画图,哪怕是草图也行),找出曲线的交点坐标,如图 10-4 所示,积分区域被夹在水平的条形带 $-1 \leqslant y \leqslant 2$ 中,区域从左往右的边界方程(写成以 y 为自变量的形式)是 $x = y^2$ 和 $x = y + 2$. 然后,将积分区域表示成 Y 型区域的形式,按照对应区域的二次积分写出积分限,剩下的就是计算了.

解 把这个积分区域看作 Y 型区域,表示为

$$D = \{(x, y) \mid -1 \leqslant y \leqslant 2, y^2 \leqslant x \leqslant y + 2\}$$

于是

$$\iint\limits_{D} xy \, \mathrm{d}x\mathrm{d}y = \int_{-1}^{2} \left(\int_{y^2}^{y+2} xy \, \mathrm{d}x \right) \mathrm{d}y = \int_{-1}^{2} \left[\frac{x^2}{2} y \right]_{y^2}^{y+2} \mathrm{d}y = \frac{1}{2} \int_{-1}^{2} \left[y(y+2)^2 - y^5 \right] \mathrm{d}y = \frac{45}{8}$$

⚠ 警　告

把二重积分化为二次积分时,积分区域的正确描述是非常关键的一步,它关系到二次积分的积分限的设定. 一个重要的事实是,**外层积分的积分限必须为常数,内层积分的积分限中不能含有积分变元.**

例如,下列两个二次积分都是错误的.

$$\int_{y}^{2} \left(\int_{y^2}^{y+2} f(x, y) \, \mathrm{d}x \right) \mathrm{d}y \quad \text{或} \quad \int_{1}^{2} \left(\int_{x^2}^{x+2} f(x, y) \, \mathrm{d}x \right) \mathrm{d}y$$

认识到这些现象,至少可以帮助你发现错误已经出现,免得后续的积分白费工夫. 那么,怎样才能做到在第一步走上正确呢? 办法吗,那就是**画出积分区域**(只要画得出来,一定要先画图),然后按照 X 型区域或 Y 型区域的要求写出区域的集合表示,接着就写成二次积分.

例 10.2.3 计算积分 $\iint\limits_{D} y \sqrt{1-x^2-y^2} \, \mathrm{d}x\mathrm{d}y$,其中 D 是圆心在原点,半径为 1 的圆形区域 $x^2 + y^2 \leqslant 1$.

解 画出积分区域,如图 10-5 所示. 看作 X 型区域,那么

$D = \{(x, y) \mid -1 \leqslant x \leqslant 1, -\sqrt{1-x^2} \leqslant y \leqslant \sqrt{1-x^2}\}$,于是

$$\iint\limits_{D} y \sqrt{1-x^2-y^2} \, \mathrm{d}x\mathrm{d}y = \int_{-1}^{1} \left(\int_{-\sqrt{1-x^2}}^{\sqrt{1-x^2}} y \sqrt{1-x^2-y^2} \, \mathrm{d}y \right) \mathrm{d}x$$

$$= -\frac{1}{2} \int_{-1}^{1} \left(\int_{-\sqrt{1-x^2}}^{\sqrt{1-x^2}} \sqrt{1-x^2-y^2} \, \mathrm{d}(-y^2) \right) \mathrm{d}x$$

$$= -\frac{1}{3} \int_{-1}^{1} \left[(1-x^2-y^2)^{3/2} \right]_{-\sqrt{1-x^2}}^{\sqrt{1-x^2}} \mathrm{d}x = -\frac{1}{3} \int_{-1}^{1} 0 \, \mathrm{d}x = 0$$

呵呵,这个积分区域也可以看作 Y 型区域嘛! 你会不会问老师: 干吗不换成是 Y 型区域上的二次积分呢?

回答 若换成是 Y 型区域上的二次积分,则要先对 x 积分,内层积分为

$$\int_{-\sqrt{1-y^2}}^{\sqrt{1-y^2}} y\ \sqrt{1-x^2-y^2}\,\mathrm{d}x$$

这是无理函数的积分,它的计算很繁.

还有一点,在上面的计算过程中,积分 $\int_{-\sqrt{1-x^2}}^{\sqrt{1-x^2}} y\ \sqrt{1-x^2-y^2}\,\mathrm{d}y = 0$,这其实就是定积分中奇函数(关于变元 y)在对称区间上积分的性质.

有时候,二重积分的积分区域既是 X 型区域也是 Y 型区域,选择哪一种次序积分还要考虑被积函数的形式,特别是定积分计算的繁简程度.这种情况很考验你对积分难易的预判能力,特别在遇到那些所谓"积不出来"的被积函数时,把它们放在积分次序的最后才处理.

例 10.2.4 计算积分 $\displaystyle\iint_D e^{-y^2}\mathrm{d}x\mathrm{d}y$,其中 D 是由 y 轴,直线 $y=x$ 和 $y=2$ 围成的区域.

参考图 10-6.给出的积分区域既是 X 型区域,又是 Y 型区域.先关于 y 积分时,遭遇了积分 $\int e^{-y^2}\mathrm{d}y$,谁也求不出原函数.像这种世界性的难题,有一种"华丽转身"方法——交换积分次序,即把积分区域看成是 Y 型区域,选择先 x 后 y 的二次积分次序,马上就可以化腐朽为神奇了.

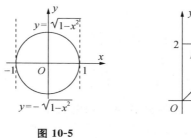

图 10-5   图 10-6

解 把积分区域描述成 Y 型区域,那么 $D=\{(x,y)\,|\,0\leqslant y\leqslant 2,0\leqslant x\leqslant y\}$ 于是 $\displaystyle\iint_D e^{-y^2}\mathrm{d}x\mathrm{d}y$

$$=\int_0^2\left(\int_0^y e^{-y^2}\mathrm{d}x\right)\mathrm{d}y=\int_0^2 y e^{-y^2}\mathrm{d}y=-\frac{1}{2}\int_0^2 e^{-y^2}\mathrm{d}(-y^2)=-\frac{1}{2}e^{-y^2}\bigg|_0^2=-\frac{1}{2}[e^{-4}-1]$$

一个人,要是思想有点深度,不论他是站着或是躺下,都不会被叫做头脑简单的家伙.同样的,复杂一些的积分区域从整体来看,会表现出既不是 X 型的也不是 Y 型的.若不巧碰到这种情况,二重积分也有一个叫做"区域可加性"的规则,让你可以把整片区域分割成若干个 X 型的或 Y 型的小区域,然后在各个小区域上积分,最后把它们加在一起.手续上是麻烦了许多,但基本的解决方法没变,这也叫做"各个击破".

例 10.2.5 计算 $\displaystyle\iint_D 2xy\,\mathrm{d}x\mathrm{d}y$,其中区域 D 由曲线 $y=x^2$,$\ y=\dfrac{x^2}{2}$ 和 $y=\dfrac{1}{x}$ 围成.

画出积分区域,如图 10-7 所示.

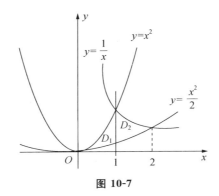

图 10-7

不幸的是,这个积分区域既不是 X 型也不是 Y 型,但可以沿着直线 $x=1$ 把整个区域分成两块 D_1 和 D_2,其中的每一个都是 X 型. 然后,在整个区域上的积分就是这两个小块上积分的和.

解 把积分区域分割成两块 D_1 和 D_2,则 $D=D_1 \bigcup D_2$. 其中

$$D_1 = \left\{ (x,y) \,\middle|\, 0 \leqslant x \leqslant 1, \frac{x^2}{2} \leqslant y \leqslant x^2 \right\}, \quad D_2 = \left\{ (x,y) \,\middle|\, 1 \leqslant x \leqslant 2, \frac{x^2}{2} \leqslant y \leqslant \frac{1}{x} \right\},$$

并且

$$\iint\limits_{D} 2xy\,\mathrm{d}x\mathrm{d}y = \iint\limits_{D_1} 2xy\,\mathrm{d}x\mathrm{d}y + \iint\limits_{D_2} 2xy\,\mathrm{d}x\mathrm{d}y$$

于是

$$\iint\limits_{D} 2xy\,\mathrm{d}x\mathrm{d}y = \int_0^1 \left(\int_{\frac{x^2}{2}}^{x^2} 2xy\,\mathrm{d}y \right)\mathrm{d}x + \int_1^2 \left(\int_{\frac{x^2}{2}}^{\frac{1}{x}} 2xy\,\mathrm{d}y \right)\mathrm{d}x$$

$$= \int_0^1 \frac{3x^5}{4}\,\mathrm{d}x + \int_1^2 \left(\frac{1}{x} - \frac{x^5}{4} \right)\mathrm{d}x = \frac{3x^6}{24}\Big|_0^1 + \left[\ln|x| - \frac{x^6}{24} \right]_1^2 = \ln 2 - \frac{5}{2}$$

瞧! 看似复杂的问题,采用各个击破的办法也顺利解决了. 顺便问一下,你对这里分块相加的解法有没有似曾相识的感觉? 还记得用定积分求平面图形面积的方法吗?

例 10.2.6 改换二次积分 $\int_1^e \left(\int_0^{\ln x} f(x,y)\,\mathrm{d}y \right)\mathrm{d}x$ 的积分次序.

二次积分 $\int_1^e \left(\int_0^{\ln x} f(x,y)\,\mathrm{d}y \right)\mathrm{d}x$ 说明了对积分区域是看作 X 型的. 所谓交换积分次序,是要你把积分区域当成 Y 型来看,按照 Y 型区域的描述方法,写出对应的二次积分.

⚠ **警 告**

这个工作可不是简单地交换原来积分中的 x 和 y. 真正必须做的事是:先根据给出的二次积分限和积分次序,画出对应的积分区域的图形;然后,将积分区域表示为另一种积分次序的形式,写出相应的二次积分.

解 给出的二次积分对应的积分区域表示为
$$D = \{ (x,y) \mid 1 \leqslant x \leqslant e, 0 \leqslant y \leqslant \ln x \}$$

在直角坐标系中,先画出两条竖直线 $x=1$ 和 $x=e$,再画出下边界 $y=0$ 和上边界曲线 $y=\ln x$,区域 D 就出现了,如图 10-8(a)所示.

接下来,歪歪脑袋看区域 D,先找到把区域 D 夹在其中的两条水平直线,这个不难,它们是 $y=0$ 和 $y=1$.然后,写出的左边界曲线 $x=e^y$ 和右边界曲线 $x=e$ 的方程,**记住:要以 y 为自变量**.那么,积分区域如图 10-8(b),又可表示为

$$D=\{(x,y)\mid 0\leqslant y\leqslant 1,e^y\leqslant x\leqslant e\}$$

于是,改换次序后的二次积分是

$$\int_0^1\left(\int_{e^y}^e f(x,y)\mathrm{d}x\right)\mathrm{d}y$$

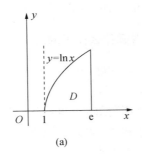
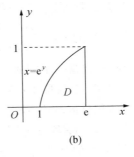

图 10-8

例 10.2.7 改换二次积分

$$\int_0^1\left(\int_{-\sqrt{x}}^{\sqrt{x}}f(x,y)\mathrm{d}y\right)\mathrm{d}x+\int_1^4\left(\int_{x-2}^{\sqrt{x}}f(x,y)\mathrm{d}y\right)\mathrm{d}x$$

的积分次序.

解 给出的积分是两个二次积分的和,画出对应的 X 型积分区域,它们合成了一个整体区域,如图 10-9(a)所示.把这个积分区域当成 Y 型来看,如图 10-9(b)所示.

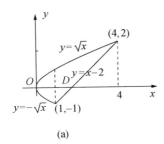
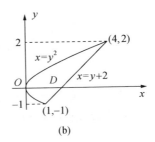

图 10-9

Y 型积分区域的集合表示为 $D=\{(x,y)\mid -1\leqslant y\leqslant 2,y^2\leqslant x\leqslant y+2\}$ 于是

$$\int_0^1\left(\int_{-\sqrt{x}}^{\sqrt{x}}f(x,y)\mathrm{d}y\right)\mathrm{d}x+\int_1^4\left(\int_{x-2}^{\sqrt{x}}f(x,y)\mathrm{d}y\right)\mathrm{d}x=\int_{-1}^2\left(\int_y^{y+2}f(x,y)\mathrm{d}x\right)\mathrm{d}y.$$

嗨,你对于二重积分交换积分次序的感觉怎么样啊!

10.3 利用极坐标计算二重积分——切片吃比萨的方法

我们对直角坐标系已经习以为常,就像是习惯了切片吃面包.但有的时候,想要吃比萨萨改善一下,切片的方式会换成扇形.在对付二重积分的时候,换用其他的坐标系,比如曾经提到过的极坐标,会让问题立刻大幅简化.

也许你在想:我可是好不容易才对直角坐标系下计算二重积分有了点感觉,自己觉得蛮高兴的.干吗在这个地方插上这么一段?是不是不想让我过好日子呀!嗯,啊,待会儿你就能发现,在许多节骨眼的地方,真庆幸多学了点东西.

言归正传,关于用来表示平面上点集(区域)的方法,不止一种.还是回忆一下平面上点的直角坐标 (x, y) 与极坐标 (r, θ) 的关系 $\begin{cases} x = r\cos\theta \\ y = r\sin\theta \end{cases}$,看看什么样子的二重积分会是极坐标的专属.谁都能看出来 $x^2 + y^2 = r^2$ 多像是一个圆的方程啊!的确,直角坐标系下的圆 $x^2 + y^2 = 2^2$,到了极坐标下,方程式就变成了 $r = 2$,简单了不知多少.

如果某个二重积分的积分区域有部分(是全部更好)边界曲线是圆弧,那么利用极坐标表示积分区域的不等式将简单许多.我们有兴趣知道,如何在极坐标下计算二重积分.幸运的是,方法和在直角坐标系下的计算方法一样,也是做两次定积分.不过,在换用极坐标之后,二重积分 $\iint\limits_{D} f(x, y) \mathrm{d}x\mathrm{d}y$ 的式子变成了

$$\iint\limits_{D} f(x, y)\mathrm{d}x\mathrm{d}y = \iint\limits_{D} f(r\cos\theta, r\sin\theta)r\mathrm{d}r\mathrm{d}\theta$$

呵呵,我发现了:在这个把直角坐标系下的二重积分转化成极坐标下二重积分的关系式中,**是把直角坐标 (x, y) 换成极坐标 (r, θ),面积元素 $\mathrm{d}x\mathrm{d}y$ 变成了 $r\mathrm{d}r\mathrm{d}\theta$,多出来了一个 r**,就当它是"小丫丫"吧.太容易了!

 警　告

极坐标下计算二重积分时,千万不可忘了"小丫丫"r!有的书上是"小肉肉"ρ 呢.

接下来,关注积分区域在极坐标下的表示方法.

一支从极点开始的箭,绕着极点转圈,组成了极坐标系.区域在两个方面延伸,θ 的变化产生两条直线,r 的变化指示了离开极点的距离.在极坐标下,一个标准的区域如图 10-10 所示,就像是一个扇面.

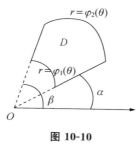

图 10-10

集合表示为 $D=\{(r,\theta)\,|\,\alpha\leqslant\theta\leqslant\beta,\varphi_1(\theta)\leqslant r\leqslant\varphi_2(\theta)\}$. 在这样的积分区域上,二重积分

$$\iint_D f(x,y)\mathrm{d}x\mathrm{d}y=\iint_D f(r\cos\theta,r\sin\theta)r\mathrm{d}r\mathrm{d}\theta=\int_\alpha^\beta\left(\int_{\varphi_1(\theta)}^{\varphi_1(\theta)}f(r\cos\theta,r\sin\theta)r\mathrm{d}r\right)\mathrm{d}\theta$$

免费的午餐　如果积分区域的边界曲线中含有 x^2+y^2 或 $\dfrac{y}{x},\dfrac{x}{y}$,选用极坐标来求积分会容易些;若是被积函数也是这样,那么用极坐标来求积分是不二之选.

例 10.3.1　计算 $\displaystyle\iint_D\sqrt{x^2+y^2}\mathrm{d}x\mathrm{d}y$,其中 D 是 $x^2+y^2=2y$ 围成区域在第一象限的部分.

解　仍然是画积分区域的图形. 先找出两条由极点出发的射线(这里是直线 $\theta=0$ 和 $\theta=\dfrac{\pi}{2}$),把区域夹在其中,再从极点开始,找出扇面的内外边界线(这里是 $r=0$ 和圆 $x^2+y^2=2y$ 的一部分,必须要写成极坐标方程. 因此,将极坐标变换代入圆的直角坐标方程得到 $r=2\sin\theta$).

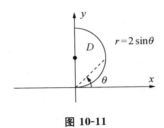

图 10-11

积分区域用极坐标表示为 $D=\left\{(r,\theta)\,|\,0\leqslant\theta\leqslant\dfrac{\pi}{2},0\leqslant r\leqslant 2\sin\theta\right\}$. 于是

$$\iint_D\sqrt{x^2+y^2}\mathrm{d}x\mathrm{d}y=\iint_D r\cdot r\mathrm{d}r\mathrm{d}\theta=\int_0^{\frac{\pi}{2}}\left(\int_0^{2\sin\theta}r^2\mathrm{d}r\right)\mathrm{d}\theta=\int_0^{\frac{\pi}{2}}\left(\frac{r^3}{3}\right)_0^{2\sin\theta}\mathrm{d}\theta$$

$$=\frac{8}{3}\int_0^{\frac{\pi}{2}}\sin^3\theta\mathrm{d}\theta=\frac{8}{3}\int_0^{\frac{\pi}{2}}(\cos^2\theta-1)\mathrm{d}\cos\theta$$

$$=\frac{8}{3}\left(\frac{\cos^3\theta}{3}-\cos\theta\right)_0^{\frac{\pi}{2}}=\frac{16}{9}$$

* *

　　这个积分,若使用直角坐标的二次积分,无论哪个次序,都会有好多的根式,计算起来很麻烦的. 不信你试试!

* *

例 10.3.2　计算积分 $\displaystyle\iint_D e^{-x^2-y^2}\mathrm{d}x\mathrm{d}y$,其中 D 是圆 $x^2+y^2=R^2$ 围成的区域在第一象限的部分.

　　这个二重积分是用直角坐标的形式给出的,因为积分 $\displaystyle\int e^{-t^2}\mathrm{d}t$ 不能写成初等函数,所以,

无论选择哪种次序,在直角坐标下都不能得到积分值,好在还有极坐标方法.

解 在极坐标系下,积分区域表示为 $D=\{(r,\theta)\,|\,0\leqslant\theta\leqslant\frac{\pi}{2},0\leqslant r\leqslant R\}$. 于是

$$\iint\limits_{D} e^{-x^2-y^2}\,\mathrm{d}x\mathrm{d}y = \int_0^{\frac{\pi}{2}}\left(\int_0^R e^{-r^2}r\mathrm{d}r\right)\mathrm{d}\theta = \int_0^{\frac{\pi}{2}}\left(-\frac{1}{2}\int_0^R e^{-r^2}\,\mathrm{d}(-r^2)\right)\mathrm{d}\theta$$

$$= -\frac{1}{2}\int_0^{\frac{\pi}{2}}(e^{-R^2}-1)\,\mathrm{d}\theta = \frac{\pi}{4}(1-e^{-R^2})$$

* *

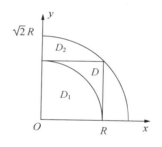

著名的泊松积分 $\int_{-\infty}^{+\infty} e^{-x^2}\,\mathrm{d}x = \sqrt{\pi}$ 可以由上面的积分推导出来,以下是推导技巧之一.

* *

考虑函数 $e^{-x^2-y^2}$ 在下面三个区域(小圆扇形 D_1、正方形 D、大圆扇形 D_2,参考图 10-12)上的二重积分,其中 $D_1=\left\{(r,\theta)\,\middle|\,0\leqslant\theta\leqslant\frac{\pi}{2},0\leqslant r\leqslant R\right\}$ 和 $D=\{(x,y)\,|\,0\leqslant x\leqslant R,0\leqslant y\leqslant R\}$ 以及 $D_2=\left\{(r,\theta)\,\middle|\,0\leqslant\theta\leqslant\frac{\pi}{2},0\leqslant r\leqslant\sqrt{2}R\right\}$.

图 10-12

三个区域(小圆扇形 D_1、正方形 D、大圆扇形 D_2)之间有关系 $D_1\subset D\subset D_2$,而 $e^{-x^2-y^2}>0$,所以 $\iint\limits_{D_1} e^{-x^2-y^2}\,\mathrm{d}x\mathrm{d}y < \iint\limits_{D} e^{-x^2-y^2}\,\mathrm{d}x\mathrm{d}y < \iint\limits_{D_2} e^{-x^2-y^2}\,\mathrm{d}x\mathrm{d}y$.

在直角坐标下计算 $\iint\limits_{D} e^{-x^2-y^2}\,\mathrm{d}x\mathrm{d}y = \int_0^R e^{-x^2}\,\mathrm{d}x \cdot \int_0^R e^{-y^2}\,\mathrm{d}y = \left(\int_0^R e^{-x^2}\,\mathrm{d}x\right)^2$. 再利用例 10.3.2 的结果可得 $\iint\limits_{D_1} e^{-x^2-y^2}\,\mathrm{d}x\mathrm{d}y = \frac{\pi}{4}(1-e^{-R^2})$,$\iint\limits_{D_2} e^{-x^2-y^2}\,\mathrm{d}x\mathrm{d}y = \frac{\pi}{4}(1-e^{-2R^2})$. 故 $\frac{\pi}{4}(1-e^{-R^2}) < \left(\int_0^R e^{-x^2}\,\mathrm{d}x\right)^2 < \frac{\pi}{4}(1-e^{-2R^2})$,令 $R\to+\infty$,使用极限的夹逼准则得到 $\int_0^{+\infty} e^{-x^2}\,\mathrm{d}x = \frac{\sqrt{\pi}}{2}$,于是 $\int_{-\infty}^{+\infty} e^{-x^2}\,\mathrm{d}x = 2\int_0^{+\infty} e^{-x^2}\,\mathrm{d}x = \sqrt{\pi}$.

10.4 应用二重积分

曲面片的面积

你和伙伴们游览了一整天,到了要宿营的时候,忽然想起帐篷够不够大的问题,是否要安排部分人寻找其他的宿营地? 思考一会儿后,你想到了在微积分中学到的求面积的方法. 可是,到目前为止,知道的都是怎样求平面区域的面积. 而且你很清楚,帐篷一定是要架起的,在空间就是一张曲面. 所以,我们也急于想知道怎样求空间中一块曲面的面积.

和前面谈过的定积分、二重积分一样,用来求曲面面积的积分,也是由分割、近似、取极限的程序得来. 任意划分曲面为小曲面片,用小曲面片上任意点处的切平面上对应的小片面积作为小曲面片面积的近似值(这个近似效果不错),再把它投影(对照切平面的法向量)到坐标面上,产生一块平面片,用最后的这个小平面片的面积近似代替曲面片的面积,取极限就得到了整块曲面的面积,如图 10-13 所示.

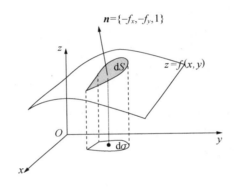

图 10-13

现在,假设曲面的方程为 $z = f(x, y)$,它在 xOy 坐标面上的投影区域为 D,则曲面片的面积

$$S_{\text{上、下}} = \iint\limits_{D} \sqrt{1 + \left(\frac{\partial f}{\partial x}\right)^2 + \left(\frac{\partial f}{\partial y}\right)^2}\, \mathrm{d}x\mathrm{d}y$$

亦即:**以曲面法向量 $\vec{n} = \{-f_x, -f_y, 1\}$ 的模(长)作被积函数,曲面在坐标面上的投影 D 为积分区域的二重积分就是该曲面的面积.**

在大多数人的印象中,像帐篷、屋顶、遮阳伞之类的曲面,方程式都以 $z = f(x, y)$ 为标准样式. 要是用曲面片抵挡来自身体左(右)侧或是前(后)方溅起来的泥水,这时曲面的方程式将是 $y = g(x, z)$ 或 $x = h(y, z)$ 的样式,上面的公式稍作修改,可以得到相应的计算曲面片面积的公式. 其中 G 是曲面片在 xOz 坐标面上的投影,H 是曲面片在 yOz 坐标面上的投影.

$$S_{\text{左、右}} = \iint\limits_{G} \sqrt{1 + \left(\frac{\partial g}{\partial x}\right)^2 + \left(\frac{\partial g}{\partial z}\right)^2}\, \mathrm{d}x\mathrm{d}z$$

$$S_{\text{前、后}} = \iint\limits_{H} \sqrt{1 + \left(\frac{\partial h}{\partial y}\right)^2 + \left(\frac{\partial h}{\partial z}\right)^2}\, \mathrm{d}y\mathrm{d}z$$

上面的三个公式清楚地表明,曲面的方程形式是直接影响曲面片面积的计算方法的. 当曲面片由好几块拼接而成时,必定要分块计算再相加.

考验你的一种情形就是:曲面方程由一般式 $F(x,y,z)=0$ 给出,该怎样处理? 解决的方法为:了解曲面的空间位置,以便决定是否要将曲面分块以及向哪个坐标面作投影,然后将曲面的方程改写成对应公式要求的样子,套用公式计算. **必须注意曲面上任何部分在坐标面的投影区域的面积不能是零.**

例如,要计算圆柱面 $x^2+y^2=4$ 在 $z=0$ 和 $z=3$ 之间部分的表面积,就不能向 xOy 坐标面投影. 尽管大家都知道,圆柱面的表面积是用矩形面积求出来的.

例 10.4.1 计算球面 $x^2+y^2+z^2=R^2$ 的表面积.

解 由球面的对称性,只计算上半球面的面积 S_1.

上半球面的方程为
$$z=\sqrt{R^2-x^2-y^2}$$
它在 xOy 坐标面的投影区域是圆心在原点、半径为 R 的圆形,用极坐标表示为
$$D=\{(r,\theta)\mid 0\leqslant\theta\leqslant 2\pi,0\leqslant r\leqslant R\}$$
计算偏导数 $\dfrac{\partial z}{\partial x}=\dfrac{-x}{\sqrt{R^2-x^2-y^2}}$ 和 $\dfrac{\partial z}{\partial y}=\dfrac{-y}{\sqrt{R^2-x^2-y^2}}$,由公式得
$$S=\iint\limits_{D}\sqrt{1+\left(\frac{\partial f}{\partial x}\right)^2+\left(\frac{\partial f}{\partial y}\right)^2}\mathrm{d}x\mathrm{d}y=\iint\limits_{D}\frac{R}{\sqrt{R^2-x^2-y^2}}\mathrm{d}x\mathrm{d}y$$
注意到被积函数在积分区域上,点 (x,y) 越靠近圆周,函数值越大,以至于趋向 $+\infty$,被积函数在积分区域上无界. 这里的积分是**反常的二重积分**,可以通过求极限的方法完成. 为此,取 $a<R$,先计算被积函数在积分区域 $D_1=\{(r,\theta)\mid 0\leqslant\theta\leqslant 2\pi,0\leqslant r\leqslant a\}$ 上的二重积分
$$\iint\limits_{D_1}\frac{R}{\sqrt{R^2-x^2-y^2}}\mathrm{d}x\mathrm{d}y=R\iint\limits_{D_1}\frac{r}{\sqrt{R^2-r^2}}\mathrm{d}r\mathrm{d}\theta$$
$$=R\int_0^{2\pi}\left[\int_0^a\frac{r}{\sqrt{R^2-r^2}}\mathrm{d}r\right]\mathrm{d}\theta$$
$$=2\pi R\left(R-\sqrt{R^2-a^2}\right)$$
再让 $a\rightarrow R$,取极限得 $S_1=\lim\limits_{a\rightarrow R}2\pi R\left(R-\sqrt{R^2-a^2}\right)=2\pi R^2$,于是球面的表面积
$$S=2S_1=4\pi R^2$$
它就是以前我们背下的球面积公式.

例 10.4.2(无穷限二重积分的例子) 计算积分 $\iint\limits_{D}f(x,y)\mathrm{d}x\mathrm{d}y$,其中积分区域 D 是整个 xOy 坐标面,函数
$$f(x,y)=\begin{cases}8xy, & 0\leqslant x\leqslant 1,0\leqslant y\leqslant x\\ 0, & \text{其他}\end{cases}$$

积分区域 xOy 坐标面的集合表示为
$$D=\{(x,y)\mid -\infty<x<+\infty,-\infty<y<+\infty\}$$
它是一个无穷区域,在这种区域上的积分称为无穷限二重积分. 在积分收敛的情况下,其计

算完全类似于二重积分的方法.这类积分在后续课程《概率论》中经常出现.

解　因为给定的函数 $f(x,y)$ 在除了区域 $\{(x,y)\mid 0\leqslant x\leqslant 1,0\leqslant y\leqslant x\}$(恰好是 X 型区域)外的其他地方都为 0,所以

$$\iint\limits_{D}f(x,y)\mathrm{d}x\mathrm{d}y=\int_{-\infty}^{+\infty}\int_{-\infty}^{+\infty}f(x,y)\mathrm{d}x\mathrm{d}y$$

$$=8\int_{0}^{1}\left[\int_{0}^{x}xy\mathrm{d}y\right]\mathrm{d}x=4\int_{0}^{1}x^{3}\mathrm{d}x=1$$

除了物理的和工程应用方面的小部分材料,像质量、重心、做功、通量、场论、傅里叶级数(它们的学习完全依赖于到现在为止介绍的东西)等,微积分课程的大部分内容到此结束啦.

在庆祝微积分课程结束的派对开始之前,别忘了还有期末考试,所以,继续看下一章……

第11章　有关考试的话题

大部分的学生都不了解,准备考题和批阅试卷都是费力不讨好的事.要是教授们能够找到其他的方法督促学生用功念书的话,每个人就再也不用担心考试了,然而……那么,会考些什么?

1. 极限问题　（所有的考卷上都会出现）

题目的样子大致有以下的几个.

（1）直接给出极限的式子.这类题目必须写出计算步骤.常用的方法有等价无穷小替换、洛比达法则、根式有理化、两个重要的极限.分值较高的题目,可能是多种方法的综合.

（2）与连续性、可导性有关的题目.这类题目考察你对连续性和可导性的认识,出现的函数95％是分段函数,你必须使用左、右极限,除了写出计算步骤,多少还需要一些说明或论证.

（3）二元函数的极限,较少出现在考卷上.

2. 导数或微分、偏导数或全微分　（所有的考卷上都会出现）

题目的样子大致有以下的几个.

（1）丢给你一个看上去很复杂的函数式子,要你求出函数的导数或微分或者是偏导数或全微分.毋庸置疑,考察的就是复合函数的求导技能,你应该能很好地完成这个任务,不是吗?（参考链式法则）

（2）隐函数的微分.题目的样子或是一个等式或是参数形式的方程,解决这类问题的方法是固定的（参考隐微分法）.容易出错的地方在于要求高阶（一般不超过二阶）导数或偏导数的时候,还得使用链式法则.

在指定点处的导数值,经常关联到曲线上某点的切线斜率.所以,有时候还要你写出切线甚至法线的方程,这些你懂的,是吧?!

3. 极值问题　（所有的考卷上都会出现）

一般来说,这类题目是一个文字叙述的问题,你需要把它翻译成数学式,然后求某一函数的极值.最容易出问题的地方,通常是在写出那个要讨论的函数表达式（目标函数）上.这可能会涉及一些数学的、经济的、物理的常识,通常都不是很高深.要看是一元函数的极值问题还是多元函数的极值问题,具体的步骤略有差异.特别要注意,对条件极值问题使用拉格朗日乘数法,最容易出现在期末考卷上.

4. 积分问题　（所有的考卷上都会出现）

通常在试卷上列出几个积分,包括不定积分、定积分、反常积分和二重积分,但不会要求你用什么方法,处理的正确与否得你自己决定了.**能够判断出积分问题应该用什么方法,跟知道怎样使用这些技巧具有同等的重要性.**

5. 应用定积分的问题　（95％的考卷上都会出现）

题目要你求出平面上几个函数曲线所围成的图形的面积或是某个旋转体的体积,更复杂一些的题目还会涉及切线、法线等.这类问题的标准解题步骤是:第一步,画出图形（这是必须要做的事）,标出曲线的交点坐标;第二步,根据定积分的几何意义,将图形（可能是多个非标准的曲边梯形拼接而成)的面积或体积表示成定积分,而在第一步的工作会帮你写出正确的积分限以及被积函数;第三步,就是计算相应的积分了.值得注意的是,如果你的答案看上去很怪甚至是负值,那通常表示你已经搞错了.

6.级数

题目的类型大致如下.

(1)级数的收敛性判别(考卷上的出现率 100%).你应该熟悉所有的收敛性检验法,还得多留意条件收敛和绝对收敛的区别.

(2)求幂级数的收敛域,还可能叫你求出和函数(出现率 70%);千万不要忘了检验幂级数在收敛区间端点处对应的数值级数的敛散性,当然,你应该知道级数展开式

$$\sum_{n=0}^{\infty} x^n = \frac{1}{1-x} \quad (-1 < x < 1)$$

的作用吧.

7.微分方程　(考卷上的出现率约 30%)

解某个微分方程或是通过文字叙述问题,要求建立方程并求解.按照既定的模式求解即可.你应该知道都有哪些方程的样子可以解出来吧.

8.绘图题和近似计算　(较少出现在考卷上,偶尔会有考卷做这些要求)

比较典型的问题叙述如下:讨论下面函数的单调性、凹凸性并指出单调区间、凹凸区间以及是否有拐点.

具体的步骤,那就是复制一遍讨论函数单调性和凹凸性的工作.为了让阅卷人喜欢,最好把所有的结果列成一个表.

9.证明题　(点缀试卷用的,样式最无法说清楚的一类考题)

一般的学期考试会选择你的练习册中的某个,若平时的练习是自己动手完成的,那当然占便宜了.

如何准备考试

对于在考场上摸爬滚打了十几年的你,估计各有各的备考方略.我们要说的只有以下两点.

(1)平时的学习没有努力,在临考前到处打听考试重点,想要通过三两天的突击,通过的可能性较低,除非你是绝对的天才或是幸运儿.所以,在平时多加用功吧.

(2)若是你的老师在考前加开复习课,不管你是喝浓咖啡或是拿钢针刺大腿也罢,务必集中注意力,把老师讲过的一切都搞明白.

参 考 文 献

［1］〔美〕C.亚当斯,J.哈斯,A.汤普森.微积分之屠龙宝刀［M］.张菽,译.长沙：湖南科学技术出版社,2010.

［2］同济大学数学系.高等数学［M］.北京：高等教育出版社,2002.

［3］胡显佑,等.微积分学习参考［M］.北京：中国人民大学出版社,2007.

［4］彭勤文.高等数学方法［M］.北京：北京大学出版社,2009.

［5］程吉树,等.大学数学(上、下)［M］.北京：科学出版社,2011.

［6］彭勤文,等.大学数学(上、下)学习辅导［M］.北京：科学出版社,2011.